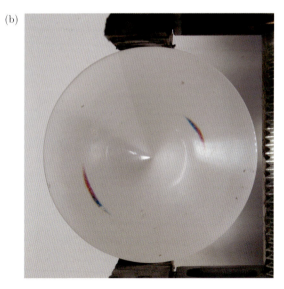

口絵 1 重力レンズ現象を模した円錐レンズを通して観測することで 2 つに分離して観測される光源の像 [1.3.3 項参照, 撮影者：辻井未来]

口絵 2　左は，ハッブル宇宙望遠鏡で得られた遠方銀河団 CL0024+17 の中心部の画像。重力レンズ効果により複数に分離して観測された銀河団の背景にある銀河が写っている。右は，近傍の車輪銀河の画像で，複数に分離して観測された銀河は，重力レンズ効果で像が変形しなければこのように観測されたと考えられる。[1.3.4 項参照，引用：NASA/ESA HST]

口絵 3　ヘラクレス座球状星団メシエ 13 (M13) の画像
[3.10.1 項参照，提供：仙台市天文台]

解析力学入門

－天文学者の視点から－

服部 誠 著

共立出版

まえがき

天文学者と解析力学

　"天文学者の視点"という書名から天体力学の教科書を連想される方もおられるであろうが，この教科書は初学者を対象とした解析力学の入門書である。では，なぜ書名で天文学者の視点であることを明示したのだろうか。そもそも天文学者の定義はなんだろうか？　先日，自称哲学者の男が道路交通法違反で逮捕されたというニュースに触れる機会があった。仮に筆者がニュースで取り上げられる機会があった場合は，おそらく大学准教授という肩書きで紹介され，天文学者と呼ばれることはないだろう。筆者自身，海外渡航時に入国管理官に職業を聞かれたとき，大学就職後は大学の教員と答えており，天文学者と答えていたのはポスドクの間だけである。これもいまから振り返ると入国管理官には"自称天文学者"と捉えられていたかもしれず，何事もなく通過できたのは運がよかっただけかもしれない。それでも書名に天文学者の視点と入れることにこだわったのは，長年天文学の研究・教育に携わってきた者の視点で書いた解析力学の教科書であることを表に出したかったからである。すなわち，ここでの天文学者の定義は，長年天文学の研究・教育に携わってきた研究者である。

　天文学の研究・教育に携わってきた研究者による解析力学の教科書は，筆者が知る限り国内では須藤靖氏の『解析力学・量子論』（東京大学出版会）[8] があるのみである。ただこの教科書は，天文学者の独自の視点が表に出ているというよりも，須藤氏の個性と独自の視点で書かれている良書である。その意味でも，本書は類を見ない視点で書かれた教科書と言ってよいだろう。

　解析力学の創始者であるハミルトンは，光学への数学的手法の応用で大きな功績を残しており，数学者，物理学者であるとともに天文学者でもある。したがって，そもそも解析力学は天文学者によって創設された分野とも言えるだろう。また，天文学者にとって解析力学は，天体現象の解析や観測に用いる光学機器の設計において有益なツールである。実際の天体現象の解析にどのように

ii　まえがき

応用されているのか具体的に示せることが，天文学者が書くことの長所の 1 つ
であろう。そのような事例をいくつかの項目で示した。例えばフェルマーの原
理は，光路長が最短になる経路だけではなく，停留値をとる全ての経路が光の経
路として実現されると多くの教科書で記載されているが，具体例を記載した例
がない。天文学では，重力レンズ効果により重力源となる天体の背景にある同
一の天体の像が複数観測されることが知られているが，これこそがフェルマー
の原理が光路長停留値の原理であることの実証例である。重力レンズ現象の記
述には，一般相対論のある程度の理解が必要であるが，本書では，一般相対論
の素養がなくても理解できる範囲で詳しく解説した。

　3.10 節で紹介するビリアル定理は，第二次世界大戦前夜に人類がはじめて暗
黒物質の存在を突き止めたときに用いられた定理であり，現在も天体の物質構
成の研究に広く用いられている。銀河の密度分布の進化や磁場中のプラズマの
運動など非線型性が強く現れている系の記述には，4.1 節で紹介する断熱不変
量が絶大な威力を発揮する。B.7 節で示した，エテンデゥの保存は，3.9 節で示
したリュウビルの定理を光学に応用することで導かれる光学機器の設計に欠か
せない定理である。証明の過程で用いる，光の伝搬が正準運動方程式で書ける
ことの解説は既存の教科書では十分になされていない。例えば，L. D. ランダ
ウ，E. M. リフシッツ著『場の古典論』（東京図書）[13] では，詳細な導出過程
なしでほぼ天下り的に与えられている。本書では詳細な導出過程を A.4 節で示
した。

天文学者の視点によるラグランジュ形式入門

　既に星の数ほど国内外で解析力学の教科書が出版されている中で，天文学者
が新たな教科書を出版することは，慣例に従った記述をするのではなく，一天
文学者のフィルターを通して整理し直した解析力学の理解の仕方を提供できる
点でも，意義があるものと考えている。

　一般に認識されている解析力学を教授する意義は，量子力学や場の量子論を学
ぶために必須の道具だからというものだと思う。例えば，高橋康氏の解析力学
の名著 [7] は，明示的にこのことを意識して書かれている。須藤氏の教科書 [8]
が，解析力学と量子論がセットになって書かれているのもこのことを意識して

のものと想像する。本書ではもう一歩踏み込んで，量子力学の基本原理である
"全てのものには物質と波動の二重性が内在している"という考えを前提に解析
力学の理論体系を組み上げることを試みる。解析力学は，量子論の登場よりも
100年も前に創設された理論体系なので，このような姿勢は受け入れ難く感じ
る読者もおられるだろう。しかし，本書の4.6節でも示すように，解析力学の
基本方程式の1つであるハミルトン-ヤコビ方程式は，有限の質量を持つ光速に
比べて十分ゆっくり運動する粒子の量子論的波動性を記述するシュレーディン
ガー方程式において，プランク定数をゼロに近づけた極限での解の位相が満た
す方程式であることは，量子力学創設当初からよく知られた事実である。これ
は，量子論が解析力学で記述される古典力学の世界を内包していることの1つ
の証左である。本書では，物質の波動性からの帰結で導出された原理は，波動
性が無視できる古典力学極限（すなわちプランク定数をゼロに近づけた極限）で
も適用可能であるという立場をとる。言い換えると，物質の粒子性だけに着目
すると天下り的に受け入れざるを得ない原理（最小作用の原理など）に，物質の
波動性からの帰結であるとすることで，なぜそうなるべきなのか理解を与える。

　本書では，光の波動性に基づいた原理であるホイヘンスの原理と，光線の進
行方向を決定するフェルマー原理の間の密接な関係を解説することから始める。
量子論が創設される以前には，光が現代では光子と呼ばれる粒子の集合体であ
るという概念はなかったが，光線という概念は存在した。光の波動性が現れる
現象は回折や干渉である。光を光線として扱う近似を幾何光学近似と呼ぶ。幾
何光学近似が成り立つのは，光が伝搬する媒質の物理量の変化が現れるスケー
ルが光の波長に比べて十分長い極限である。幾何光学近似のもとでは，光の波
としての性質は無視でき，始点から終点を結ぶ最短経路（光路長が停留値をと
る経路）を進む光線として扱われる。4.5節で議論するように，光の伝搬はマ
クスウェル方程式から導出される波動方程式により記述されるが，幾何光学近
似のもとで，この方程式は光の位相が満たすアイコナール方程式に還元される。
幾何光学近似が成り立つ極限が，前述したプランク定数をゼロに近づけた極限
でシュレーディンガー方程式から古典力学に移行することに対応している。1.3
節で議論するフェルマーの原理は，幾何光学近似のもとで光の伝搬を光線の伝
搬とみなし，指定された始点と終点を光線が通る経路を導く原理である。量子

iv　まえがき

論によれば，光線は同一方向に進む光子の集合とみなされる。したがって，フェルマーの原理は，光子一個一個が辿る古典的経路を与える原理とみなすことができる。ここで古典的経路とは，量子的揺らぎを伴わない明確に定義できる経路のことを指す。一方，1.3.2 項で議論するようにフェルマーの原理は，光の波動性に基づいた原理であるホイヘンスの原理から導出できる。言い換えると，光が波動であることに立ち返ることで，フェルマーの原理がなぜ成り立つのか理解が与えられるのである。このことが，上の段落で述べた，本書がとる立場の正当性を裏付ける根拠の 1 つである。

　本書がとる立場は，定量的には "粒子の作用積分をプランク定数で割り 2π を掛けたものは，その粒子を物質波とみなしたとき，その波が始点から終点まで伝搬する間の位相変化量に等しい" と表現できる。B.3 節で紹介するアハラノフ-ボーム効果の実験による実証は，この前提が正しいことの実験的検証である。明確な回答を筆者は依然として持ち合わせていないが，筆者が大学院を受験したときの面接で受けた「座標とそれに共役な正準運動量のポアソン括弧式は 1 になるが，それは量子力学における位置と共役な運動量の交換関係式とプランク定数分の違いを除いてよく似ている。それは偶然か？ それとも必然的理由があると思うか？」という問いも，量子論の出現以前に創設された解析力学に実は量子論の存在を内包していたことを示唆している。

　多くの解析力学の教科書では，A.1 節で解説した，ダランベールの原理から帰納的にオイラー-ラグランジュ方程式を導出するところから解説を始めている。本書では，そのやり方はあくまで付録として位置付け，本論では触れない。通常の教科書でダランベールの原理を用いた，いわば帰納的方法でのオイラー-ラグランジュ方程式の導出から始めているのは，この説明がないと，なぜラグランジアンが（運動エネルギー）−（ポテンシャルエネルギー）の形になるのか，なぜ最小作用の原理から運動方程式が導かれるのかについて，天下り的に与えざるを得ないからだと思われる。本書では，粒子が波動的性質を併せ持つという前提を採用することで，上記の帰納的方法に頼ることなくラグランジアンの導出を試みる。

宇宙に秘められた美しさを顕在化する解析力学

　色々書いてきたが，筆者が解析力学を魅力的に感じる主な理由は，その理論体系の美しさと全く新しいものの見方を与えてくれることである。特に，系の対称性と保存則についての議論は，高橋康氏の『量子力学を学ぶための解析力学入門』（講談社）[7] で筆者がはじめて解析力学を学んだとき，学んだことを今すぐ誰かに伝えたいという強い衝動に駆られるほど感銘を受けた。学んでからしばらくの間，当時住み込みで新聞配達していた宿舎で，同年代の同僚の迷惑そうな様子にお構いなしに熱弁をふるったり，毎朝じゃれ合うのが習慣になっていた配達先のアパートの飼い犬に対称性の重要性を教えるために両前足でのお手を仕込んだりしていた。そういった経験もあり，このたび物理の学習に意欲を燃やす方々を対象に教科書という形で伝える機会が与えられたことは望外の喜びである。対称性と保存則の強い結びつきを明らかにする理論は，宇宙に秘められた美しさを私たちの目の前に顕在化してくれる。その美を味わうことができるのは解析力学を学ぶ者のみの特権である。とにかく味わい深い学問なので，十分堪能してほしいと思う。

　2025 年 2 月　　　　　　　　　　　　　　　　　　　　　服部　誠

目　次

第 1 章　変分原理 ——————————————————————— 1

1.1　オイラーの微分方程式　2
1.1.1　適用例：直線　4
1.1.2　適用例：最速降下線　6

1.2　ラグランジュの未定乗数法　8

1.3　フェルマーの原理　12
1.3.1　波の位相：アイコナール　13
1.3.2　ホイヘンスの原理からのフェルマーの原理の導出　17
1.3.3　光の波動性に基づいたフェルマーの原理の定量的理解　19
1.3.4　フェルマーの原理：重力レンズ効果　24
1.3.5　なぜ光は与えられたゴールに向かって自らの進むべき道を
　　　　ゴール到達前に知っているのか　27

1.4　モーペルテュイの原理　28
1.4.1　モーペルテュイの原理　28
1.4.2　自由粒子の運動への応用　29
1.4.3　保存力場中を運動する粒子への応用　30

1.5　ラグランジュ関数　35
1.5.1　光の位相変化量のガリレイ変換に対する不変性　36
1.5.2　ラグランジアンの導入　39

1.6　位相空間　40

1.7　オイラー-ラグランジュ方程式　43
1.7.1　オイラー-ラグランジュ方程式　43

viii 目 次

    1.7.2 ラグランジアンのガリレイ変換に対する変換性 46

    1.7.3 ラグランジュ形式の非慣性系への拡張 48

    1.7.4 まとめ 56

1.8 拘束条件がある系のラグランジュ形式 56

    1.8.1 坂を転がり落ちる車輪 57

    1.8.2 拘束条件がある系の運動の扱い 59

付録A 61

A.1 オイラー-ラグランジュ方程式の運動方程式からの導出 61

    A.1.1 単純な場合 61

    A.1.2 拘束条件のもとで運動する質点 62

A.2 光の回折と観測の不確定性関係 66

    A.2.1 スリットを透過する光の回折 66

    A.2.2 回折限界 70

    A.2.3 観測の不確定性関係 71

    A.2.4 物質の二重性 73

A.3 粒子の速度が光速に近いときの自由粒子のラグランジアン 74

A.4 波動の基礎 75

    A.4.1 格子を伝わる振動：位相速度 76

    A.4.2 群速度 82

    A.4.3 ダランベールの方程式 85

    A.4.4 ナイキストのサンプリング定理・エイリアシング 89

A.5 物質波のモデルとしての連成振り子 90

第2章 系の対称性と保存量 93

2.1 系の対称性と保存量 93

目次 ix

2.1.1 時間推進対称性：エネルギー 93

2.1.2 空間推進対称性：運動量 94

2.1.3 座標回転対称性：角運動量 96

2.2 循環座標 100

2.3 ネーターの定理 104

第3章 正準形式 —————— 113

3.1 ルジャンドル変換 113

3.2 正準形式 115

3.3 正準変換と母関数 118

3.3.1 ラグランジアンの不定性 118

3.3.2 正準変換と変換の母関数 122

3.3.3 正準変換を用いた運動の解析の例 125

3.3.4 母関数の変数選択の自由度 126

3.3.5 恒等変換 127

3.3.6 無限小変換 128

3.4 ポアソン括弧式 129

3.5 系の対称性と無限小変換の母関数の保存 130

3.6 正準変換としての正準運動方程式 134

3.7 非慣性系の正準形式 136

3.8 電磁場中の荷電粒子の運動を記述する正準形式 138

3.9 リウヴィルの定理 141

3.10 ビリアル定理 143

3.10.1 自己重力平衡系 143

3.10.2 調和振動子 147

3.10.3 一般の保存力場 149

x 目 次

付録 B — 152

B.1 ルジャンドル変換の応用例：強磁性転移 152
B.1.1 ランダウの理論 152
B.1.2 強磁性転移の微視的理解 157

B.2 電磁場ポテンシャルのゲージ変換自由度 158

B.3 アハラノフ-ボーム効果 159

B.4 非圧縮性流体 164

B.5 3次元空間を運動する粒子系のリウヴィルの定理の証明 168

B.6 無衝突ボルツマン方程式 170

B.7 リウヴィルの定理の幾何光学への応用： エテンデゥの保存 171
B.7.1 光線の正準運動方程式 171
B.7.2 エテンデゥの保存 175

第4章 断熱不変量およびハミルトン-ヤコビ理論 177

4.1 断熱不変量 177
4.1.1 作用変数・断熱不変量 177
4.1.2 粒子が閉じ込められた容器の体積の断熱変化 178
4.1.3 単振り子 182
4.1.4 磁気ミラー効果 185
4.1.5 摂動論を用いた強度がユックリ変動する 一様磁場中の荷電粒子の運動の解析 191
4.1.6 一般的な系に対する作用変数の断熱不変性の証明 195

4.2 作用変数と運動の周期 197

4.3 前期量子論で作用変数が活躍した理由 198

目 次 xi

4.4 ケプラー運動の作用変数を用いた解析 198

    4.4.1 ケプラーの第3法則 198

    4.4.2 ポテンシャルの断熱変化と長軸短軸比の保存 204

4.5 アイコナール方程式 206

4.6 ハミルトン-ヤコビ方程式 207

4.7 ハミルトン-ヤコビ方程式とラグランジュ形式の関係 209

4.8 シュレーディンガー方程式とハミルトン-ヤコビ方程式 211

4.9 ハミルトンの特性関数 212

4.10 作用変数と角変数 215

付録 C 218

C.1 ポアンカレの積分不変式 218

    C.1.1 絶対積分不変式 218

    C.1.2 ポアンカレの相対積分不変式の定理 219

C.2 アイコナール方程式の導出 233

参考文献 237

索 引 239

第1章

変分原理

　粒子の運動は運動方程式の解として与えられることを力学で習う。ある時刻の粒子の位置と速度が与えられると，次の瞬間の粒子の速度と位置が運動方程式から求められる。一方，**変分原理** (variational principle) を用いると，粒子の運動の軌跡（位置と速度の時間発展）をその始点と終点の粒子の位置と速度を指定することで大局的に求めることができる。そこで用いられる技法が**変分法**である。本章では，まず変分法の考え方に慣れるために，オイラーの微分方程式の変分法を用いた導出とその応用を解説する。与えられた始点と終点を結ぶ光線の経路を決定するフェルマーの原理を，光が始点から終点まで伝搬する間の位相変化量が停留値をとる経路を選択する原理として捉える。量子論の基本概念である，全ての物質は粒子性と波動性の二重性を備えているという物質の二重性を前提にすることで，フェルマーの原理から得た知見を質量を持つ粒子に拡張することで自然な帰結として定常状態の運動を記述するモーペルテュイの原理に至ることを示す。光の位相変化量がガリレイ変換に対して不変であることを手掛かりに質量を持った粒子のラグランジアンが運動エネルギーから位置エネルギーを引いたものとなることが自然に導かれることを解説し，最小作用の原理を採用することで粒子の運動方程式が得られることを示す。

　多くの教科書で，A.1 節で解説したような，運動方程式から帰納的にラグランジアンを構成する方法から解説している理由は，ラグランジアンが（運動エネルギー）－（位置エネルギー）の形になることの根拠を与えるためである。本書ではそのような議論を経ずに，ラグランジアンが（運動エネルギー）－（位置エネルギー）の形になることが自然であると感じられる解説を試みる。

1.1 オイラーの微分方程式

　力学の問題への変分原理の適用について解説する前に，変分法の典型的な問題への応用例を解説する。独立変数 x とその関数を y，y の x による導関数を $y' = dy/dx$ とする。関数 $f(y(x), y'(x))$ は，$y(x), y'(x)$ を通じて独立変数 x に依存し，x に陽に依存しない関数とする。この関数の始点 a から終点 b の間での積分

$$I \equiv \int_a^b f(y(x), y'(x)) dx \tag{1.1}$$

を定義する。始点と終点での y, y' の値を固定し，その間での $y = y(x)$ の関数形を変化させると積分 I の値も変化する。

　積分 I が停留値をとる関数形 $y(x)$ が満たすべき方程式を導出する。図 1.1 に示したように実線で示した経路から微小な変分 $\delta y(x)$ を与える。その結果生じる，積分値の変分量は次のように計算される。

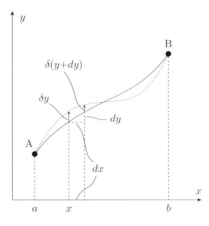

図 1.1　変分

$$\delta I = \int_a^b f(y(x) + \delta y(x), y'(x) + \delta y'(x))dx - \int_a^b f(y(x), y'(x))dx$$

$$= \int_a^b \left(\frac{\partial f}{\partial y} \delta y + \frac{\partial f}{\partial y'} \delta y' \right) dx \tag{1.2}$$

ここで

$$\delta \left(\frac{dy}{dx} \right) = \frac{d}{dx}(\delta y) \tag{1.3}$$

が成り立ち，導関数の変分と変分量の導関数が等しい。この関係式は導関数の定義を用いて以下のように証明できる。

$$\delta \left(\frac{dy}{dx} \right) = \delta \left[\lim_{\Delta x \to 0} \frac{y(x + \Delta x) - y(x)}{\Delta x} \right]$$

$$= \lim_{\Delta x \to 0} \left[\frac{y(x + \Delta x) + \delta y(x + \Delta x) - (y(x) + \delta y(x))}{\Delta x} - \frac{y(x + \Delta x) - y(x)}{\Delta x} \right]$$

$$= \lim_{\Delta x \to 0} \frac{\delta y(x + \Delta x) - \delta y(x)}{\Delta x}$$

$$= \frac{d}{dx} \delta y(x) \tag{1.4}$$

関係式 (1.3) を用いると，式 (1.2) の右辺第 2 項を部分積分できる。

$$\delta I = \int_a^b \frac{\partial f}{\partial y} \delta y dx + \left[\frac{\partial f}{\partial y'} \delta y \right]_a^b - \int_a^b \frac{d}{dx} \left(\frac{\partial f}{\partial y'} \right) \delta y dx$$

$$= \int_a^b \left(\frac{\partial f}{\partial y} - \frac{d}{dx} \left(\frac{\partial f}{\partial y'} \right) \right) \delta y dx \tag{1.5}$$

ここで始点と終点を固定していること，すなわち $\delta y(a) = \delta y(b) = 0$ を用いた。図 1.1 の実線が積分 I の停留値をとる軌跡であるとき，任意の変分 δy に対して変分 δI がゼロになる。したがって，以下の方程式を満たす $y(x)$ が積分 I の停留値を与える。

$$\frac{\partial f}{\partial y} - \frac{d}{dx} \left(\frac{\partial f}{\partial y'} \right) = 0 \tag{1.6}$$

この方程式を**オイラーの微分方程式**と呼ぶ。

4 第 1 章 変分原理

　前述の導出過程で，任意の変分 $\delta y(x)$ に対して $\delta I = 0$ であるためには，オイラーの微分方程式 (1.6) が成り立たなければならない，という論法にいまいち納得がいかない読者のためにもう少し解説を試みる。具体的なイメージがつきやすくなるように式 (1.5) を以下のように離散積分で表す。

$$\delta I = \sum_{n=1}^{N} \left[\frac{\partial f(y(x_n), y'(x_n))}{\partial y(x_n)} - \frac{d}{dx_n} \left(\frac{\partial f(y(x_n), y'(x_n))}{\partial y'(x_n)} \right) \right] \delta y(x_n) \Delta x \tag{1.7}$$

ここで

$$x_n = a + \left(n - \frac{1}{2} \right) \Delta x \qquad \Delta x = \frac{b-a}{N} \tag{1.8}$$

であり x_n は $a + (n-1)\Delta x$ と $a + n\Delta x$ の中点である。式 (1.7) は，各微小間隔での積分値を，関数値を離散化した微小間隔の中点での関数値で一定であるとして離散積分で近似したことに対応する。任意の変分 $\delta y(x)$ を選択できるということは，異なる n に対する $\delta y(x_n)$ は独立で，それぞれ任意の値をとることができることを意味する。例えば，$\delta y(x_n)$ が $n = m$ のときのみ有限の値をとり，その他はゼロであるような場合もありうる。すなわち $\delta y(x_m) \neq 0$ で $n \neq m$ のとき $\delta y(x_n) = 0$ と選ぶということである。この場合，式 (1.7) がゼロであるためには

$$\frac{\partial f(y(x_m), y'(x_m))}{\partial y(x_m)} - \frac{d}{dx_m} \left(\frac{\partial f(y(x_m), y'(x_m))}{\partial y'(x_m)} \right) = 0 \tag{1.9}$$

さえ成り立てばよい。これを $m = 1$ から $m = N$ まで逐次繰り返すことで全ての x_n $(n = 1, \cdots, N)$ に対して

$$\frac{\partial f(y(x_n), y'(x_n))}{\partial y(x_n)} - \frac{d}{dx_n} \left(\frac{\partial f(y(x_n), y'(x_n))}{\partial y'(x_n)} \right) = 0 \tag{1.10}$$

が成り立たなければならないことが納得できる。式 (1.6) の導出は，$N \to \infty$ の極限をとり連続無限個に分割した場合に相当する。

1.1.1　適用例：直線

　平面内の 2 点 A (a, b), B (c, d) を結ぶ曲線の長さが最短になる経路を求める。

x–y 平面内の微小距離離れた 2 点間の距離は $\sqrt{dx^2 + dy^2}$ である。したがって，2 点間の距離を I とすると，I を求める式は以下のようになる。

$$I = \int_{\mathrm{A}}^{\mathrm{B}} \sqrt{dx^2 + dy^2} = \int_a^c \sqrt{1 + y'^2} dx \tag{1.11}$$

この例では，オイラーの微分方程式 (1.6) における関数 f は $\sqrt{1 + y'^2}$ である。オイラーの微分方程式に代入すると 2 点間の距離を最短にする y の満たす方程式が得られる。

$$\frac{d}{dx}\left(\frac{y'}{\sqrt{1 + y'^2}}\right) = 0 \tag{1.12}$$

積分すると積分定数 C を用いて

$$\frac{y'}{\sqrt{1 + y'^2}} = C \tag{1.13}$$

を得る。これから $C \neq \pm 1$ であれば

$$y' = \frac{\pm C}{\sqrt{1 - C^2}} = C' \tag{1.14}$$

であり右辺は新しい定数 C' である。したがって

$$y = C'x + D \tag{1.15}$$

が解となる。積分定数 C', D は，2 点 A, B を始点，終点とするという条件から決まる。点 A は (a, b)，点 B は (c, d) なので

$$C' = \frac{d - b}{c - a} \qquad D = \frac{bc - da}{c - a} \tag{1.16}$$

となる。ここで $a \to c$ のとき C' は発散する。これは上で除外した $C = \pm 1$ の場合に該当しており，y 軸に平行な直線である。式 (1.15) は直線の方程式であり，2 点間を結ぶ最短経路が“直線”であることが示された。

6　第 1 章　変分原理

1.1.2　適用例：最速降下線

　重力加速度 g のもとで自由落下する質点が，初速度ゼロで与えられた 2 点間を最短で移動する経路を求める。重力の方向，すなわち鉛直下方を y 軸にとり水平方向を x 軸にとる。質点の運動は x–y 平面内に限られるとし，点 $(0,0)$ から点 $(a,0)$ への移動を考える。摩擦などによるエネルギー散逸は無視できるとする。始点から高さ y 落下したときの速度はエネルギー保存則から $\sqrt{2gy}$ である。経路上の微小距離離れた 2 点間の距離は $ds = \sqrt{dx^2 + dy^2} = \sqrt{1 + y'^2}dx$ であり，この間を移動する時間は

$$\frac{ds}{\sqrt{2gy}} = \sqrt{\frac{1 + y'^2}{2gy}}dx$$

である。よって点 $(0,0)$ から点 $(a,0)$ まで移動するのにかかる時間は

$$I = \int_0^a \sqrt{\frac{1 + y'^2}{2gy}}dx$$

で計算される。この積分の被積分関数をオイラーの微分方程式に代入して y が満たす方程式を求める。

$$\frac{d}{dx}\left(\frac{y'}{\sqrt{y(1 + y'^2)}}\right) + \frac{\sqrt{1 + y'^2}}{2y^{3/2}} = 0 \tag{1.17}$$

整理すると以下の方程式を得る。

$$2yy'' + 1 + y'^2 = 0 \tag{1.18}$$

ここで $y' = p$ とおく。すると

$$y'' = \frac{dp}{dx} = \frac{dp}{dy}\frac{dy}{dx} = p\frac{dp}{dy}$$

となる。これらを用いて方程式 (1.18) を書き換えると以下のようになる。

$$2yp\frac{dp}{dy} + 1 + p^2 = 0$$

$$\therefore \frac{2pdp}{1+p^2} + \frac{dy}{y} = 0 \tag{1.19}$$

これを積分すると積分定数 C を用いて

$$y(1 + y'^2) = C \tag{1.20}$$

を得る。これから以下の方程式を得る。

$$\sqrt{\frac{y}{C-y}}dy = dx \tag{1.21}$$

ここで

$$y = C\sin^2\frac{\theta}{2} = C(1 - \cos\theta) \tag{1.22}$$

とおいて方程式 (1.21) に代入すると

$$dx = \frac{C}{2}(1 - \cos\theta)d\theta \tag{1.23}$$

を得る。これは簡単に積分ができて

$$x = \frac{C}{2}(\theta - \sin\theta) + C' \tag{1.24}$$

が解である。ここで C' は新たな積分定数である。始点では，$x = 0$ かつ $y = 0$ なので $\theta = 0$ かつ $C' = 0$ である。終点では，$y = 0$ であるので $\theta = 2\pi$ である。終点で $x = a$ であることから

$$a = \frac{C}{2}2\pi = C\pi$$

となり積分定数 C が求まる。以上から最速降下線は

$$x = \frac{a}{2\pi}(\theta - \sin\theta) \qquad y = \frac{a}{2\pi}(1 - \cos\theta) \tag{1.25}$$

で与えられる曲線である。この曲線は**サイクロイド**と呼ばれる。図 1.2 にサイクロイド曲線を描いた。

図 1.2　最速降下線：サイクロイド

1.2　ラグランジュの未定乗数法

　積分 (1.1) が停留値をとる関数 $y(x)$ を求める問題で，関数に補助的な制約が課せられている場合について扱う。例えば，以下のような制約である。

$$\int_a^b g(y, y')dx = \ell \tag{1.26}$$

ここで ℓ は定数である。変分 $\delta y, \delta y'$ は，この制約のもとでとる必要がある。つまり，変分は

$$\delta \int_a^b g(y, y')dx = 0 \tag{1.27}$$

を満たすものでなければならない。制約条件が 1 つ課されると自由度が 1 つ減少する。例えば，10 個の好きな整数を自由に選ぶことを考える。1 回目から 10 回目まで毎回なんの制約もなく好きな整数を選択でき，自由度は 10 である。しかし，足して 10 になるようにしなさいという制約を課せられると，9 回目までは自由に選択できるが，最後の 10 回目は 1 回目から 9 回目までに選択した整数の総和と 10 の差で自動的に決まってしまい，選択の余地がない。自由度は，制約条件の数 1 だけ減少して 9 になる。

　イメージがつきやすくなるように制約 (1.27) を紐の全長が ℓ であるという制約とする。紐の長さは減少させることができないので，始点から逐次 $y(x)$ を決定して途中で ℓ を超えてしまうと，制約条件を満たすことができない。常にそこまでの長さの総和が ℓ を超えていないことを意識しながら $y(x)$ を決定していく必要があり，上述した総和が 10 になるように 10 個の整数を選択する例に比べて単純ではない。式 (1.1) で定義される量の変分をゼロにする $y(x)$ を制約 (1.26) を満たすよう決定するのは困難な作業である。そこで，以下のように定義される新たな関数 $h(y, y')$ を導入する。

$$h(y, y') = f(y, y') + \lambda g(y, y') \tag{1.28}$$

ここで λ は，任意の定数で

$$\delta \int_a^b h(y, y') dx = 0 \tag{1.29}$$

から決定される。式 (1.28) に現れた未定な乗数 λ をラグランジュの**未定乗数** (Lagrange multiplier) と呼ぶ。λ は方程式 (1.29) を解くことではじめて決定される。式 (1.27) から式 (1.1) の変分をゼロにする $y(x)$ は，式 (1.29) も自動的に満たす。未定乗数を制約条件に掛けた項を足し合わせた量の変分をとり，得られた方程式から λ を求めることで，制約条件が自動的に満たされる。そこで，h をオイラーの微分方程式に代入して制約条件のことを気にせず方程式の解を求めればよい。制約条件の存在は，未定乗数に押し付けてしまうわけである。

　例として，長さ ℓ の紐の両端を $(-x_0, 0)$, $(x_0, 0)$ に固定し吊るした結果，つり合いの状態にあるときの紐の形を求める。要するに，しめ縄を吊るしたときの形を求める問題である。重力加速度を g とし，鉛直下方を y 軸の正の向きとし，水平方向に x 軸をとる。紐の単位長さあたりの質量は ρ で一様であるとする。重力の位置エネルギーは

$$U = -\int_{(-x_0, 0)}^{(x_0, 0)} \rho\, ds\, g\, y \tag{1.30}$$

である。ここで $ds = \sqrt{dx^2 + dy^2} = \sqrt{1 + y'^2} dx$ は紐に沿った微小線素の長さである。つり合いの状態は，位置エネルギーが最小になる状態であるから，この U の変分をゼロにする $y(x)$ が分かれば知りたい紐の形状が分かることになる。紐の形状決定において，g, ρ は本質的ではないので以降の計算では落とす。一方，制約条件は以下のものである。

$$\int_{(-x_0, 0)}^{(x_0, 0)} ds = \int_{-x_0}^{x_0} \sqrt{1 + y'^2}\, dx = \ell \tag{1.31}$$

以上から，この問題の h は以下のように与えられる。

$$h(y, y') = y\sqrt{1 + y'^2} + \lambda\sqrt{1 + y'^2} \tag{1.32}$$

10　第 1 章　変分原理

これをオイラーの微分方程式に代入すると，以下の方程式を得る。

$$\frac{d}{dx}\frac{(y+\lambda)y'}{\sqrt{1+y'^2}} - \sqrt{1+y'^2} = 0 \tag{1.33}$$

ここで $y' = p$ とおく。すると $\frac{d}{dx} = \frac{dy}{dx}\frac{d}{dy} = p\frac{d}{dy}$ である。これらを用いると式 (1.33) は，以下のようになる。

$$0 = \frac{p^2}{\sqrt{1+p^2}} + \frac{(y+\lambda)}{\sqrt{1+p^2}}p\frac{dp}{dy} - \frac{(y+\lambda)p^2}{(1+p^2)^{3/2}}p\frac{dp}{dy} - \sqrt{1+p^2}$$

$$\Rightarrow \begin{aligned} 0 &= p^2(1+p^2) + (y+\lambda)(1+p^2)p\frac{dp}{dy} - (y+\lambda)p^3\frac{dp}{dy} - (1+p^2)^2 \\ &= -1 - p^2 + (y+\lambda)p\frac{dp}{dy} \end{aligned}$$

$$\therefore \frac{pdp}{1+p^2} = \frac{dy}{y+\lambda} \tag{1.34}$$

両辺を積分すると，積分定数 C, c_1 を用いて解が

$$\frac{1}{2}\ln(1+p^2) = \ln(y+\lambda) + C$$

$$\therefore y + \lambda = c_1\sqrt{1+p^2} \tag{1.35}$$

と表される。p を元の y' に戻すと以下の微分方程式が得られる。

$$\pm dx = \frac{dy}{\sqrt{\left(\frac{y+\lambda}{c_1}\right)^2 - 1}} \tag{1.36}$$

$u = \frac{y+\lambda}{c_1}$ とおいて積分すると以下のようになる。

$$c_1\ln(u+\sqrt{u^2-1}) = (x+c_2)$$

$$\therefore u = \frac{1}{2}\left(\exp\left(\frac{x+c_2}{c_1}\right) + \exp\left(-\frac{x+c_2}{c_1}\right)\right) \tag{1.37}$$

図 1.3 間隔 2 の 2 点で吊るされた長さ 2.35 のしめ縄の平衡状態での形

$$c_1 \ln(u + \sqrt{u^2 - 1}) = -(x + c_2)$$

$$\therefore u = \frac{1}{2}\left(\exp\left(\frac{x+c_2}{c_1}\right) + \exp\left(-\frac{x+c_2}{c_1}\right)\right) \quad (1.38)$$

± の 2 つの解が同じ解を与えることが分かる。よって

$$y = \frac{c_1}{2}\left(\exp\left(\frac{x+c_2}{c_1}\right) + \exp\left(-\frac{x+c_2}{c_1}\right)\right) - \lambda \quad (1.39)$$

を得る。紐の端 $x = \pm x_0$ の 2 箇所で $y = 0$ であるためには $c_2 = 0$ でなければならない。よって

$$y = c_1 \cosh \frac{x}{c_1} - \lambda \quad (1.40)$$

となる。紐の長さに対する制約条件 (1.31) に，この結果を代入すると

$$\ell = \int_{-x_0}^{x_0} \sqrt{1 + y'^2}\, dx = \int_{-x_0}^{x_0} \cosh \frac{x}{c_1}\, dx$$
$$= c_1 \left(\sinh \frac{x_0}{c_1} - \sinh\left(-\frac{x_0}{c_1}\right)\right) = 2c_1 \sinh \frac{x_0}{c_1} \quad (1.41)$$

を得る。この関係式から積分定数 c_1 が決定される。こうして決まった c_1 を解 (1.40) に代入し，$x = \pm x_0$ で $y = 0$ を代入することで未定乗数 λ が以下のように決まる。

$$\lambda = c_1 \cosh \frac{x_0}{c_1} \quad (1.42)$$

得られた曲線を**カテナリー曲線**という。例として，図 1.3 に間隔 2 の同じ高さの 2 点で吊るされた長さ 2.35 のしめ縄の平衡状態での形を示した。

12　第 1 章　変分原理

1.3　フェルマーの原理

前節までは，オイラーの微分方程式の適用例として質点の軌跡や吊るされた紐の形について考えてきた。ここでは光線の辿る経路について考える。

> **フェルマーの原理 (Fermat's principle)**
>
> 空間の始点 P から終点 Q までの 2 点間を伝搬する光は，光学的光路長（2 点間を光が伝搬するのに要する時間）が停留値をとる経路を辿る。

真空中であれば，光学的光路長は光が辿った経路の幾何学的距離に等しい。一方，屈折率が場所 $\boldsymbol{r}$ によって異なる，光学的に非一様な媒質中を伝搬する光の場合，屈折率 $n(\boldsymbol{r})$ を用いて光学的光路長 $\ell_{\mathrm{PQ}}(C)$ は

$$\ell_{\mathrm{PQ}}(C) = \int_{\mathrm{P}:C}^{\mathrm{Q}} n(\boldsymbol{r})ds \tag{1.43}$$

で定義される。ここで，C は光が辿った経路であり，$ds = \sqrt{dx^2 + dy^2 + dz^2}$ はその経路上の微小線素の長さである。屈折率 $n(\boldsymbol{r})$ の媒質中を伝搬する光の速度は，$\frac{c}{n(\boldsymbol{r})}$ である。ここで，$c = 2.99792458 \times 10^8$ m/s は，真空中の光の速度である。したがって，微小距離 ds を光が進むのに要する時間 dt が

$$dt = \frac{n(\boldsymbol{r})}{c}ds \tag{1.44}$$

で与えられ，2 点 P, Q 間を経路 C を通って光が伝搬するのに要する時間 $t_{\mathrm{PQ}}(C)$ が

$$t_{\mathrm{PQ}}(C) = \frac{\ell_{\mathrm{PQ}}(C)}{c} = \frac{1}{c}\int_{\mathrm{P}:C}^{\mathrm{Q}} n(\boldsymbol{r})ds \tag{1.45}$$

で与えられる。また，光学的光路長 $\ell_{\mathrm{PQ}}(C)$ を真空中の光の波長 λ で割った量

$$\frac{\ell_{\mathrm{PQ}}(C)}{\lambda} = \frac{1}{\lambda}\int_{\mathrm{P}:C}^{\mathrm{Q}} n(\boldsymbol{r})ds \tag{1.46}$$

は，2 点間に含まれる光の波の数である。これが $\ell_{\mathrm{PQ}}(C)$ が，"光学的" 光路長

と呼ばれる理由である。フェルマーの原理は，光学的光路長が最短となる経路を光が辿る，と表現されることがあるが，式 (1.45) からその経路は，光が 2 点間を伝搬するのに要する時間が最短となる経路であることが分かる。真空中，すなわち屈折率が 1 の媒質中では，2 点を結ぶ光学的光路長が最短となる経路は，幾何学的距離が最短となる直線と一致する。一方，光学的に非一様な媒質中を伝搬する光の場合，両者は必ずしも一致しないだけでなく，光が辿る経路は光学的光路長が最短となる経路のみではなく，極大，極小，鞍点など停留値をとる全てが実現される。1.3.4 項で解説する重力レンズ現象は，このような例が実際に自然界で起きていることを示す例である。フェルマーの原理は，光の波動的性質を無視して光線の軌跡を与える原理である。光線は，同じ方向に進行する光子の集団と捉えることができる。したがって，フェルマーの原理は，一つの光子が辿る古典的経路を与える原理とみなすことができる。古典的経路とは，量子的揺らぎを伴わない明確に定義できる経路のことを指す。しかし，ここまでの議論では，そもそもどうしてフェルマーの原理が成立するのか不明であり，原理として受け入れる以外ない。

そのような疑問に答えるため，本節ではフェルマーの原理がそもそも光の波動性と密接に関連した原理であることを解説する。1.3.2 項では，光の波動性が現れる代表的現象である**ホイヘンスの原理** (Huygens' principle) からフェルマーの原理が導かれることを示す。すなわち，光が粒子的性質と波動的性質の両方を兼ね備えていることがフェルマーの原理が成立する本質であることを解説する。

ここでは光を波長 λ の単色波として扱う。真空中の光の速度 c を用いて，振動数 ν，および角振動数 ω は以下のように定義される。

$$\nu \equiv \frac{c}{\lambda} \tag{1.47}$$

$$\omega \equiv 2\pi \frac{c}{\lambda} \tag{1.48}$$

1.3.1　波の位相：アイコナール

波の波面とは，位相が一定の面のことである。時刻 t，位置ベクトル $\boldsymbol{r}$ での角振動数 ω の波の位相は

14 第 1 章 変分原理

$$\psi(\boldsymbol{r}, t, \omega) = -\omega t + \varphi(\boldsymbol{r}, \omega) \tag{1.49}$$

と書ける。ここで $\varphi(\boldsymbol{r}, \omega)$ は，$\varphi(\boldsymbol{r}, \omega) = $ 一定となる面が $t = 0$ での位相一定面を表す関数である。特に，式 (1.49) が光の位相を表すとき，$\varphi(\boldsymbol{r}, \omega)$ は**アイコナール** (eikonal) と呼ばれる。アイコナールという呼び名は，ギリシャ正教会で聖なる像を表すイコンの英語読みであるアイコンに由来する。

　平面波の場合，波数ベクトル $\boldsymbol{k}$ を用いて

$$\varphi(\boldsymbol{r}, \omega) = \boldsymbol{k} \cdot \boldsymbol{r} + \delta_0 \tag{1.50}$$

と表される。ここで δ_0 は，$t = 0$, $\boldsymbol{r} = \boldsymbol{0}$ での波の位相である。また，波数ベクトルはその向きが波の伝搬方向を表し，その大きさは，分散関係式により角振動数と結ばれる量である（A.4 節参照）。例えば，真空中を伝搬する光の分散関係式は

$$\omega = ck \tag{1.51}$$

である。ここで k は波数ベクトルの大きさである。式 (1.50) が平面波を表すことを解説する。時刻 t を固定すると位相一定面は，次の方程式を満たす位置ベクトル $\boldsymbol{r}$ の集合として与えられる。

$$\boldsymbol{k} \cdot \boldsymbol{r} = \text{定数} \tag{1.52}$$

波数ベクトルが波面上の任意の点で定ベクトル，すなわち大きさと向きを変えないとき右辺の定数を面上のある点 O の位置ベクトル $\boldsymbol{r}_0$ を用いて $\boldsymbol{k} \cdot \boldsymbol{r}_0$ と表し，方程式 (1.52) は以下のように書き換えることができる。

$$\boldsymbol{k} \cdot (\boldsymbol{r} - \boldsymbol{r}_0) = 0 \tag{1.53}$$

方程式 (1.53) は，図 1.4 に示したように，点 O を含み波数ベクトル $\boldsymbol{k}$ を法線ベクトルとする平面の方程式である。すなわち，波数ベクトルが波面内で定ベクトルの波は，位相一定面が平面であり，このような波を平面波と呼ぶ。オイラーの公式を用いて指数関数で波を表現すると数学的取り扱いが便利なので平面波は $\mathrm{e}^{-i(\omega t - \boldsymbol{k} \cdot \boldsymbol{r} - \delta_0)}$ を用いて表現する。

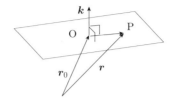

図 1.4　法線ベクトル k の平面。点 P は同一平面内の任意の点である。

　点光源から等方的に発せられる光の同位相面，すなわち波面は，光源を中心とした球面状に伝搬していく。このように波面の形状が球面状の波を球面波と呼ぶ。球面波の位相を表すアイコナールは光源からの距離 r を用いて

$$\varphi(\boldsymbol{r},\omega) = kr + \delta_0 \tag{1.54}$$

と書ける。任意の波面形状の波は，以下の式により表現される。

$$f(\boldsymbol{r},t,\omega) = a(\boldsymbol{r})\mathrm{e}^{-i(\omega t - \varphi(\boldsymbol{r},\omega))} \tag{1.55}$$

平面波の位相がスカラーであること

　座標系のとり方に値が依存しない量，言い換えると座標変換に対して値が不変な量を**スカラー量**と呼ぶ。座標系は，観測者が自分が測定しやすいように勝手に設定するものである。物理法則は，観測者の都合によって設定された座標系のとり方に依存すべきではない。スカラー量は，座標系のとり方に依存しないような物理量を表現できる最も単純な量である。逆に，ある量がスカラー量である保証が得られれば，物理法則や現象を表現する量として適切な量であるための必要条件を満たしていることになる。

　角振動数 ω，波数ベクトル k の平面波のある 2 点間に存在する波の位相がスカラー量であることを具体的な座標変換の例に対して検証する。簡単のため $\delta_0 = 0, t = 0$ とする。観測した波に含まれる波の山の数を波の数と呼ぶことにすると波の数は観測した波の位相を 2π で割ったものとなる。位置ベクトルが $\boldsymbol{r}$ で与えられる点 A と $\boldsymbol{r} + d\boldsymbol{r}$ で与えられる点 B の間に同時刻に存在する波の数は

16 第1章 変分原理

$$\frac{\boldsymbol{k} \cdot d\boldsymbol{r}}{2\pi} \tag{1.56}$$

である。同時刻に点 A と B の間にある波の数は，座標系のとり方に依存しないので，スカラーであることは明らかである。これを具体的な変換を取り上げて解説する。

座標回転

式 (1.56) は，波数ベクトルと 2 点間を結ぶベクトルの内積であるから，任意の座標回転に対して不変である。

座標推進

以下のような変換により座標原点をズラす座標推進変換を考える。

$$\boldsymbol{r}' = \boldsymbol{r} + \boldsymbol{\epsilon} \tag{1.57}$$

この変換で波数ベクトルは変化せず不変である。2 点 A,B 間を結ぶベクトルも $d\boldsymbol{r}$ で不変である。したがって，式 (1.56) は座標推進変換に対して不変である。

スケール変換

以下で定義されるスケール変換を考える。

$$\boldsymbol{r}' = a\boldsymbol{r} \tag{1.58}$$

ここで $a \neq 0$ の定数である。単位を cm から m に変換する変換はこれにあたる。スケール変換に伴って波の波長が a 倍になり，波数ベクトルの大きさは $1/a$ 倍になる。したがって，式 (1.56) はスケール変換に対して不変である。

1.3.2　ホイヘンスの原理からのフェルマーの原理の導出

> **ホイヘンスの原理 (Huygens' principle)**
>
> 媒質中を伝搬する波がある時刻 t に形成する波面が指定されたとき，この波が伝搬した後に形成される波の波面は，その波面上の各点に仮想的波源を想定し，それらから発せられ各方向に等方的に伝搬する2次波の包絡面となる．

　この原理は，光波に限らず波動一般に共通に適用できる原理である．屈折率が場所に依存しない一様媒質中に置かれた点源 P から等方的に発せられた光波の伝搬の様子を図 1.5 に示した．ここでは簡単のため2次元平面を伝搬するとした．波が発せられてから時間 t 経過後の波面 $\Phi_\mathrm{P}(t)$ は，図のように半径 ct の弧である．波面上の点 Q_1 に置かれた仮想的波源から等方的に発せられた波の時間 t 経過後の波面を半径 ct の弧 $\Phi_{\mathrm{Q}_1}(t)$ の破線で示した．同様に，同一波面上の点 Q_2 および点 Q_3 に置かれた仮想的波源から等方的に発せられた波の時間 t 経過後の波面を破線 $\Phi_{\mathrm{Q}_2}(t)$ および $\Phi_{\mathrm{Q}_3}(t)$ で示した．ホイヘンスの原理によれば，点 P から等方的に発せられた波の時間 $2t$ 経過後の波面は，これらの波面の包絡線 $\Phi_\mathrm{P}(2t)$ となる．これは，期待通り点 P を中心とした半径 $2ct$ の円弧である．ホイヘンスの原理は，点 P から発せられ，点 Q_1 に至った波は，次

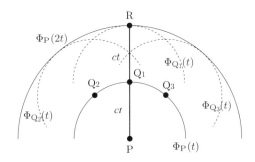

図 1.5　ホイヘンスの原理による一様媒質中を伝搬する波の波面形成の様子

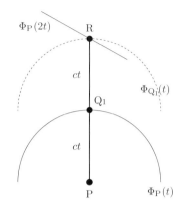

図 1.6　波面形成がホイヘンスの原理に従わなかった場合

の時間 t 後には，波面 $\Phi_{Q_1}(t)$ 上の様々な点に伝搬する可能性がある中で包絡線 $\Phi_P(2t)$ と波面 $\Phi_{Q_1}(t)$ との接点 R が伝搬先として選択されることを主張している。図から明らかなように選択された経路は直線であり，点 P から点 R に至る最短経路である。直線 PR が，点 P から発せられた光線あるいは光子が点 R に至るまでに辿る経路であり，その経路として最短距離となる経路が選択されるというフェルマーの原理が導かれた。この証明過程から分かるように，ホイヘンスの原理は，光線の伝搬方向が各時刻・各場所の波面の法線方向であることを保証している。

逆に，フェルマーの原理からホイヘンスの原理を導くこともできる。図 1.6 にホイヘンスの原理に従わずに波面形成が起きた場合の例を示した。点 P から発せられ時間 t 経過後の波面が $\Phi_P(t)$ で，それからさらに時間 t 経過後の波面が $\Phi_P(2t)$ のようになったとする。波面 $\Phi_P(t)$ 上の点 Q_1 に置かれた仮想的波源から発せられた波の時間 t 経過後の波面を波線 $\Phi_{Q_1}(t)$ で示した。波面 $\Phi_P(2t)$ は，波面 $\Phi_{Q_1}(t)$ に接しておらず交差している。点 P から発し点 Q_1 を通過した波は，波面 $\Phi_P(2t)$ と波面 $\Phi_{Q_1}(t)$ の交点 R に到達する。しかしながら，図中点 R の右側の領域では波面 $\Phi_P(2t)$ が，波面 $\Phi_{Q_1}(t)$ より内側，すなわち波源 P に近い側に存在する。そのため点 P から発して点 Q_1 に至った波は，点 R

に至るより点 R より右側の領域に至った方が光路長が直線 PR，すなわち長さ $2ct$ の直線より短いことになる．これはフェルマーの原理に反する．まとめると，図 1.6 のように点 Q_1 上の仮想的波源から発せられた波の波面と交差する形で波面が形成されることは，フェルマーの原理に反することになる．フェルマーの原理を満たし波面形成がされるには，図 1.5 のように，点 Q_1 から発せられた波の波面に接する形で波面が形成される必要がある．以上のことは，フェルマーの原理を満たしつつ波が伝搬するには，ホイヘンスの原理に従って波面形成される必要があることを示している．

A.2 節では，ホイヘンスの原理を用いた波面形成によりスリットを通過する平面波の回折現象を解説した．

1.3.3 光の波動性に基づいたフェルマーの原理の定量的理解

ここでは，1.3.2 項で解説したホイヘンスの原理からのフェルマーの原理の導出を簡単なモデルを用いて定量的に解説する．これにより，なぜ光線が停留値をとる複数の経路を辿るのかに対する説明を試みる．まず，図 1.7 の始点 P から発して，屈折率が一定な光学的に一様な媒質を伝搬し，終点 Q に至る光の軌跡が，なぜ図中の直線 0 になるのかをフェルマーの原理を用いて解説する．以下では，角振動数は ω で一定で，時間的に定常な状態を考える．

波面の形状の変化が現れるスケールが，波長に比べて十分大きいとき，各場

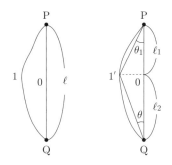

図 1.7 始点 P から発し終点 Q に至る光の軌跡

20 第 1 章 変分原理

所の波面は，各点で定義される波数ベクトル $\boldsymbol{k}$ を進行方向とする平面波でよく近似できる。始点 P から終点 Q までを結ぶ任意の積分路 C に沿った以下の積分量を定義する。

$$\psi(C) = \int_{\mathrm{P}:C}^{\mathrm{Q}} \boldsymbol{k} \cdot d\boldsymbol{\ell} \tag{1.59}$$

積分路が実際に光が辿る軌跡に等しいとき，ψ はアイコナール φ に等しい。左辺の関数の引数 C は，積分実行時にどのような軌跡を選択したかを表す変数である。図中の 1 に対応する軌跡を選択した場合を考える。光がこの軌跡に沿って伝搬したということは，波数ベクトル $\boldsymbol{k}$ の向きが常に軌跡 1 の接線と平行であったということである。したがって，$\psi(C)$ の積分は，軌跡の長さを求めて最後に波数ベクトルの大きさ k を掛けることで求められる。この軌跡を，図 1.7 の右側の図で $1'$ に対応するような 2 つの直線で表した軌跡で近似する。そこで軌跡 1 を光が辿った場合の積分を，軌跡 1 を軌跡 $1'$ に置き換えることで行う。図から明らかなように，関係式

$$\tan \theta_1 = \frac{\ell_2}{\ell_1} \tan \theta$$

で θ_1 は θ で表される。軌跡の長さは θ のみの関数となるので，$\psi(C)$ を $\psi(\theta)$ と表すことにする。すると以下のようになる。

$$\psi(\theta) = k \left(\frac{\ell_1}{\cos \theta_1} + \frac{\ell_2}{\cos \theta} \right) = k \left(\ell_1 \sqrt{\frac{\ell_1^2 - \ell_2^2}{\ell_1^2} + \frac{\ell_2^2}{\ell_1^2} \frac{1}{\cos^2 \theta}} + \frac{\ell_2}{\cos \theta} \right) \tag{1.60}$$

計算が厄介になるだけで物理の本質に影響がないので，以下では $\ell_2 = \ell_1 = \ell/2$ とし，この場合 $\theta = \theta_1$ なので

$$\psi(\theta) = \frac{k\ell}{\cos \theta} \tag{1.61}$$

と簡略化する。これが，始点から終点まで軌跡 $1'$ に沿って光が伝搬した間の位相変化量である。この軌跡から微小角 $\delta\theta$ だけズレた軌跡を考える。テイラー展開を行い，元の位相からのズレを評価すると以下のようになる。

$$\delta\psi(\theta) \sim k\ell \left[\frac{d\psi(\theta)}{d\theta} \delta\theta + \frac{1}{2} \frac{d^2\psi(\theta)}{d\theta^2} \delta\theta^2 + \cdots \right]$$

$$= k\ell \left[\frac{\sin\theta}{\cos^2\theta} \delta\theta + \frac{1}{2} \left(\frac{1}{\cos\theta} + \frac{2\sin^2\theta}{\cos^3\theta} \right) \delta\theta^2 + \cdots \right] \qquad (1.62)$$

ここまでの議論に登場した軌跡のズレを解析力学では**軌跡の変分**と呼ぶ。

ものには揺らぎというものが必ず付随する。A.2 節で述べたように，波の重ね合わせで表現できる現象では，観測の不確定性原理により位置と波数ベクトルの不確定さを同時にゼロにすることができず，どちらもある程度の不確定さを必ず伴っている。基本的に光の軌跡が軌跡 1 を辿るとして，そこから多少ずれた軌跡が混在する。微小角 $\delta\theta$ だけズレた軌跡を辿ってきた光は，軌跡 1 を辿ってきた光と比べて位相が $\delta\psi$ だけズレる。ズレの原因が揺らぎであると考えると，角度 $\theta - \delta\theta$ から $\theta + \delta\theta$ の間の軌跡がほぼ一様に混在していると想定してもよいであろう。位相のズレの最大値が 2π 以上であるとき，全ての軌跡を辿った光の重ね合わせは，位相のズレが 0 から 2π をほぼ一様に分布した軌跡を辿った光の重ね合わせとなる。その結果，互いに打ち消し合い，光の振幅がゼロとなってしまう。しかし，$\theta = 0$ のときは，式 (1.62) の $\delta\theta$ の 1 次の項は消え，位相のズレは $\delta\theta$ の 2 次からとなる。進行方向の揺らぎ $\delta\theta$ は，1 ラジアンに比べて十分小さい値をとるので，$\delta\theta^2$ は圧倒的に小さな値になる。このため，角度が $-\delta\theta$ から $\delta\theta$ の間に分布する軌跡間の位相差が 2π より十分小さくなり，重ね合わせの結果，有限の振幅を持つことができる。

以上の結果をまとめると，光は始点と終点を結ぶ軌跡を辿る間の位相の変化量の軌跡の変分に対する 1 次の変化量がゼロとなる軌跡を辿る，と表現することができる。この例のように，軌跡の変分の 1 次の変化量をとることを，単純に，位相の変分をとると言い，$\delta\psi$ と表現する。すなわち，光は

$$\delta\psi = 0 \qquad (1.63)$$

となる軌跡を通るということである。フェルマーの原理は，光は始点と終点を結ぶ軌跡の間の位相変化量が停留値をとる軌跡を通る，と言うこともできる。角度 $\theta = 0$ とは，始点と終点をまっすぐ結ぶ軌跡 0 のことである。以上が光がまっすぐ進むことの，より定量的な説明である。

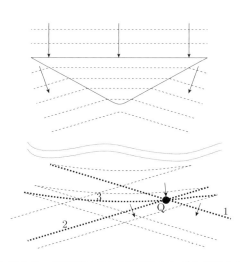

図 1.8 屈折率が 1 以上の一様媒質でできた円錐状レンズを透過する平面波の伝搬。破線は波面を表し，終点 Q 付近以外では波長間隔で示している。P は始点であり，Q は終点である。太い破線は，終点 Q に到来する 3 つの波面である。始点 P の光源から同時刻に発した波面は，波面 1, 2, 3 の順番に終点 Q に矢印で示した方向から到来する。

位相 ψ を 2π で割った量は，始点から終点までの間に含まれる波の山の数であり，それは座標系のとり方に依らず，誰が数えても同じスカラー量である。光の軌跡は，スカラー量の変分がゼロになるものが選択されるので，フェルマーの原理から選択される軌跡も座標系のとり方に依らず同一のものが選択されることが保証されている。

図 1.8 に屈折率が 1 以上の一様媒質でできた円錐状レンズを透過する平面波の伝搬の様子を示した。レンズの頂点と底面の中心点を結ぶ延長線上の十分遠方にある始点 P の点光源から，放射状に球面波が放射されることにより，このような状態を実現することができる。

1.3 フェルマーの原理　23

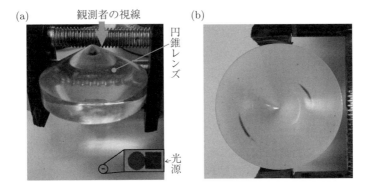

図 1.9 重力レンズ現象を模した円錐レンズ［口絵 1 参照，撮影者：辻井未来］。(a) 光源が描かれたシートの真上に円錐レンズを設置した様子を示した。(b) 視線をレンズの中心からわずかにズラして"観測者の視線"と記した矢印の方向真上からこのレンズを覗いたとき，観測される光源の像の写真を示した。同一の光源の像が 2 つに分離して観測されている。この系では，レンズの中心付近に現れる像は非常に小さく収縮されるため観測されていない。

もし，光源がある瞬間だけピカッと光った場合には，1, 2, 3 の順番に時間差で 3 回終点 Q にシグナルが届くことになる。終点 Q に観測者を置くと発光現象が観測される方向は，1 回目は波面 1 に垂直な方向，すなわちレンズを見込む方向から右手の方向にズレた方向に観測される。2 回目は，逆に左手方向にズレた方向に観測される。3 回目は，ほぼレンズの中心を見込む方向だが，少し左手方向にズレた方向に観測される。

これらの 3 つの光が辿る軌跡全てがフェルマーの原理を満たし，それぞれの軌跡に対して位相変化量 ψ の変分は 0 である。波面 1 が辿る軌跡は，位相変化量 ψ を最小にする。波面 2 の終点 Q への到達が波面 1 に対して遅れるのは，波面 2 が辿る軌跡が波面 1 のそれより光学的に長く，波面 2 の位相変化量が波面 1 の位相変化量より大きいためである。そのため波面 2 の辿る軌跡は，位相変化量 ψ の極小値を与えるが，最小値ではない。波面 3 が辿る軌跡の位相変化量 ψ は，波面到達までの時間が最も長いことから，他の 2 つより大きいことが分かる。これらのことを考慮すると，始点 P から終点 Q までの間の位相変化量 ψ の光の到来方向角 θ 依存性は，図 1.10 に示したような形になることが納

24　第1章　変分原理

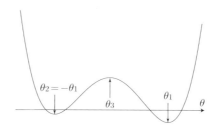

図 1.10 始点 P から終点 Q に到達するまでの間の位相変化量 ψ の光の到来方向角 θ 依存性。縦軸が位相変化量 ψ である。角度 θ は，光源 P からレンズに入射する光線の方向から測った角度である。$\theta_1, \theta_2, \theta_3$ はそれぞれ波面 1, 2, 3 が終点 Q に到達したときの波面の法線方向，すなわち光の到来方向である。

得できる。図のように，波面3が辿る軌跡の位相変化量 ψ は極大値をとる。この例は，**光は始点と終点を結ぶ軌跡の間の位相変化量が停留値をとる軌跡を通るのであって最小値をとる軌跡だけを通るわけではないことを示す具体的な例**である。

図1.9に示したレンズは，宇宙で観測されている重力レンズ現象を再現するレンズで，多くの市民天文台に展示してあるので，一度来訪して手に取って体験することをお勧めする。この例では，光源が定常的に同じ明るさで輝いているため，像が複数に分離して観測されている。

1.3.4　フェルマーの原理：重力レンズ効果

ある天体の質量密度分布を $\rho(\boldsymbol{r})$ とする。この天体がつくる重力ポテンシャル $\Phi(\boldsymbol{r})$ は，次のポアソン方程式で与えられる。

$$\Delta\Phi(\boldsymbol{r}) = 4\pi G\rho(\boldsymbol{r}) \tag{1.64}$$

ここで，Δ は3次元のラプラシアン，G は重力定数（万有引力定数）で

$$G = 6.67430 \times 10^{-11}\,\mathrm{m^3\,kg^{-1}\,s^{-2}} \tag{1.65}$$

である。重力ポテンシャルは，無限遠でゼロになるように基準を選ぶ。一般相対性理論によると，重力場の存在は屈折率

1.3 フェルマーの原理　25

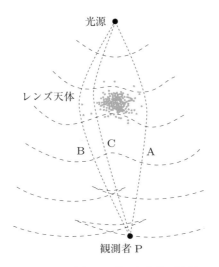

図 1.11　重力レンズによる光の屈折

$$n(\boldsymbol{r}) = 1 - \frac{2\Phi(\boldsymbol{r})}{c^2} \tag{1.66}$$

の媒質と同じ役割を果たすことが分かっている．重力ポテンシャルは，負の値を持ち，その絶対値は天体の中心に近づくほど大きくなる．したがって，天体の中心に近づくほど屈折率が大きくなる．

図 1.11 に光源から発せられた光が宇宙空間を伝搬して観測者に届くまでの光の波面の伝搬の様子を示した．光源から発せられた直後は球面波として伝搬する．伝搬途中に星や銀河の集団のような質量が大きな天体が存在しているとする．天体の中心部ほど，重力ポテンシャルが深いため，屈折率が大きく位相速度が遅くなる．その結果，波面に図のような変形が生じる．分かりやすくするため，光源は超新星爆発のような突発性天体であり，図はその第 1 波の伝搬を表しているとする．1.3.2 項で解説したように，波面の垂直方向が光の進行方向である．観測者 P には 3 つの波面が到達する．まず始めに到達する波面は光線 A の方向から届く．したがって，天球面上の A の方向に天体が観測される．しばらくすると次の波面が到達し，同じ天体が B の方向に観測される．最

26　第1章　変分原理

図 1.12　ハッブル宇宙望遠鏡で得られた遠方銀河団 CL0024+17 の中心部の画像を左に示した（口絵 2 参照）．右は近傍の車輪銀河の画像で，複数に分離して観測された銀河は，重力レンズ効果で像が変形しなければこのように観測されたと考えられる．[引用：NASA ESA, M. J. Lee and H. Ford (Johns Hopkins University)]

後に 3 つ目の波面が到達し，同じ天体が C の方向に観測される．つまり，重力レンズ現象により同じ天体が複数回観測されること，光が到達するまでにかかる時間にそれぞれの像で差があることになる．この効果は，**重力レンズ効果**と呼ばれ，現代の最先端の宇宙観測技術により，その効果が精密に測定され，宇宙の様々な研究分野の最先端で活用されている．図 1.12 にハッブル宇宙望遠鏡で得られた遠方銀河団 CL0024+17 の中心部の画像を示した（口絵 2 参照）．中心部に密集しているオレンジ色の天体は，この銀河団を構成する銀河である．銀河は，太陽のような自ら光を放つ恒星約千億個程度で構成される星の集団である．銀河団は，このような銀河約千個で構成される銀河の集団である．右は，近傍の車輪銀河の画像で，複数に分離して観測された銀河は，重力レンズ効果で像が変形しなければこのような銀河として観測されたと考えられる．中心部をよく観察すると右の写真で示した像と同じような天体の像が，中心部を取り囲むように複数写っていることが分かる．さらに注意深く観察すると中心付近に小さく写っていることが分かる．この像は，銀河団の巨大な重力による重力レンズ効果で，同一の天体の像が複数に分離して観測されたものである．像が

複数に分離して観測された天体は，銀河団 CL0024+17 の背景に存在する銀河である。銀河団 CL0024+17 と光源となった銀河までの距離は，我々と銀河団 CL0024+17 の間の距離と同程度離れている。重力レンズ効果による像の現れ方からレンズの役割を担った銀河団の質量を測定できる。その結果，銀河団中で光を放つ物質の総質量の約 6 倍程度の質量を持つことが示された。銀河団の総質量の約 8 割は，未知の暗黒物質が占めていることになる。銀河団の重力レンズ効果については，例えば文献 [19, 20] に詳しい解説がある。

1.3.5 なぜ光は与えられたゴールに向かって自らの進むべき道をゴール到達前に知っているのか

フェルマーの原理は，光は始点と終点が与えられたとき，方程式 $\delta\psi = 0$ を満たす軌跡を辿るという原理であった。始点と終点を結ぶ軌跡のうち，どの軌跡が位相変化量 ψ の停留値を与えるかは，色々な軌跡で始点と終点を結んでみないと判別できないように思われる。もしそうだとすると，一発で通るべき道，すなわち位相変化量 ψ が停留値をとる軌跡を光が言い当てて，それを選択して始点から終点に至ることは，"奇跡" に近いように思われる。その答えは，「光はある時々刻々波面に垂直な方向に進んでいるだけ」である。光が時々刻々波面に垂直な方向に進むことは，1.3.2 項で解説した。その積み重ねが ψ の停留値を与える軌跡となるのである。ただ，この議論では終点 Q に届くかどうかは進み切ってみないと分からない。実際，図 1.10 や図 1.11 から分かるように光源からの光は様々な場所に到達している。この例では，光源からの光は様々な場所に到達しており，終点 Q に到達した光の軌跡は，これら多数の光の軌跡のうち，たまたま Q に到達したものにすぎない。始点 P を出発した時点で終点（言い方を変えると観測者）が点 Q にいることを光が知っていてそこに向かって飛んできたわけではない。

28　第1章　変分原理

1.4　モーペルテュイの原理

ここまでの議論を，始点と終点を固定したとき有限の質量 m を持つ粒子が辿る軌跡を導出する問題に拡張する。元々は，量子論の登場前に古典力学の範疇で行われた拡張であるが，量子論からの帰結である，全ての物質には粒子性と波動性の二重性が備わっていることを前提として議論を進める。物質の二重性の詳細については，A.2.4 項で解説した。また，4.8 節で解説したように，プランク定数をゼロに近づける極限で，量子力学の基本方程式であるシュレーディンガー方程式が，古典力学の基本方程式であるハミルトン-ヤコビ方程式（4.6 節を参照）に還元されることも，解析力学の構築に物質の二重性を前提とすることへの一つの裏付けを与えている。

1.4.1　モーペルテュイの原理

A.2.4 項で述べたように，量子論によると角振動数 ω，波数ベクトル $\boldsymbol{k}$ の光波は，運動量 $\boldsymbol{p} = \hbar\boldsymbol{k}$，エネルギー $E = \hbar\omega$ の光子の集まりである。ここで h は，**プランク定数** (Planck constant)

$$h \equiv 6.62607015 \times 10^{-34}\,\mathrm{m^2\,kg\,s^{-1}} \tag{1.67}$$

を用いて

$$\hbar \equiv \frac{h}{2\pi} \tag{1.68}$$

で定義される定数であり，**ディラック定数** (Dirac constant) または**換算プランク定数** (reduced Planck constant) と呼ばれる定数である。波の位相 (1.49) を以下のように整理し直すことで，1 つの光子に対する式とみなすことができる。

$$\psi(\boldsymbol{r}, t, \boldsymbol{k}, \omega) = -\omega t + \boldsymbol{k} \cdot \boldsymbol{r} = \frac{1}{\hbar}(\boldsymbol{p} \cdot \boldsymbol{r} - Et) \tag{1.69}$$

量子論によれば，有限の質量を持つ運動量 $\boldsymbol{p}$ の粒子は，ド・ブロイ波長

$$\lambda_{\mathrm{dB}} = \frac{h}{|\boldsymbol{p}|} \tag{1.70}$$

を持つ波の性質を持つことが知られている。すなわち，有限の質量を持つ運動量 $\boldsymbol{p}$ の粒子は，波数ベクトル

$$\boldsymbol{k}_{\mathrm{dB}} = \frac{\boldsymbol{p}}{\hbar} \tag{1.71}$$

を持つ波（物質波）としての性質も併せ持つことになる。物質波の波数ベクトルを用いることで，有限の質量を持つ粒子が始点 P から終点 Q に至るまでの間の位相変化量を式 (1.59) と同様に定義することができる。ここで，$\hbar$ は量子論との対応から導入された定数なので省き，以下のように定義される位相変化量と等価な量を改めて導入する。

$$S_0 \equiv \int_{\mathrm{P}}^{\mathrm{Q}} \boldsymbol{p} \cdot d\boldsymbol{\ell} \tag{1.72}$$

ここで，積分は始点 P から終点 Q までの間を粒子が辿る軌跡に沿って行う。これを作用積分と呼ぶ。S_0 が停留値をとる軌跡を粒子が辿る，というのがフェルマーの原理を光子 1 個が辿る古典的経路を与える原理と捉えた場合の有限な質量を持つ粒子への拡張であり，これを**モーペルテュイの原理** (Maupertuis' principle) と呼ぶ。有限の質量を持った粒子が式 (1.71) で定義される波数ベクトルを持った波の性質を併せ持つことを受け入れれば，物質波にもホイヘンスの原理が適用され，その帰結としてモーペルテュイの原理が成り立つことが期待される。以下では，モーペルテュイの原理からよく知られた粒子の運動が導かれることを検証し，ここまでの議論の裏付けを得ることにする。

1.4.2 自由粒子の運動への応用

まず自由粒子について適用する。粒子の速度 $\boldsymbol{v}$ は，粒子の軌跡に沿った微小線素ベクトル $d\boldsymbol{\ell}$ の時間微分として

$$\boldsymbol{v} = \frac{d\boldsymbol{\ell}}{dt} \tag{1.73}$$

で表される。粒子の運動量 $\boldsymbol{p}$ は，速度 $\boldsymbol{v}$ と以下のように結ばれる。

$$\boldsymbol{p} = m\boldsymbol{v} = m\frac{d\boldsymbol{\ell}}{dt} \tag{1.74}$$

30 第 1 章 変分原理

自由粒子のエネルギー E は，運動エネルギーのみが寄与するので，

$$E = \frac{1}{2}mv^2 = \frac{1}{2}m\left(\frac{d\ell}{dt}\right)^2 \tag{1.75}$$

のように軌跡に沿った線素 $d\ell$ の時間微分で表される。これから以下の関係式を得る。

$$dt = \sqrt{\frac{m}{2E}}\,d\ell \tag{1.76}$$

以上を用いると，自由粒子の作用積分 (1.72) を以下のように表すことができる。

$$S_0 = \int_{\mathrm{P}}^{\mathrm{Q}} m\boldsymbol{v}\cdot d\boldsymbol{\ell} = \int_{\mathrm{P}}^{\mathrm{Q}} m\frac{d\boldsymbol{\ell}}{dt}\cdot d\boldsymbol{\ell} = \int_{\mathrm{P}}^{\mathrm{Q}} m\sqrt{\frac{2E}{m}}\,\frac{1}{d\ell}d\ell^2 = \int_{\mathrm{P}}^{\mathrm{Q}} \sqrt{2mE}\,d\ell \tag{1.77}$$

自由粒子のエネルギーは一定であるから，自由粒子に対するモーペルテュイの原理は以下のようになる。

$$\delta S_0 = \sqrt{2mE}\,\delta\int_{\mathrm{P}}^{\mathrm{Q}} d\ell = \sqrt{2mE}\,\delta\int_{\mathrm{P}}^{\mathrm{Q}} \sqrt{dx^2 + dy^2 + dz^2} = 0 \tag{1.78}$$

ここで dx, dy, dz は，微小線素ベクトルの成分であり $d\boldsymbol{\ell} = (dx, dy, dz)$ である。よって，この作用積分の変分がゼロとなるのは，P, Q 間を結ぶ線分の長さが最小となる P, Q 間が直線で結ばれるときである。したがって，モーペルテュイの原理から導出される自由粒子の軌跡は直線であり，期待される通りの結果が得られた。

1.4.3　保存力場中を運動する粒子への応用

次に，位置エネルギー $U(\boldsymbol{r})$ の勾配で力が表される保存力場中を運動する粒子にモーペルテュイの原理を適用する。粒子に働く力 $\boldsymbol{F}(\boldsymbol{r})$ は，位置エネルギーの勾配により以下のように求まる。

$$\boldsymbol{F} = -\boldsymbol{\nabla}U = \left(-\frac{\partial U}{\partial x}, -\frac{\partial U}{\partial y}, -\frac{\partial U}{\partial z}\right) \tag{1.79}$$

粒子のエネルギーは以下のように書ける。

$$E = \frac{1}{2}mv^2 + U(\boldsymbol{r}) \tag{1.80}$$

1.4 モーペルテュイの原理

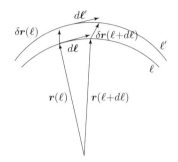

図 **1.13** 変分前後の軌跡の接ベクトル

これから自由粒子のときと同様の式変形を経て，以下の関係式を得る．

$$dt = \sqrt{\frac{m}{2(E-U(\boldsymbol{r}))}}\, d\ell \tag{1.81}$$

これを用いると，保存力場中の粒子の作用積分は以下のようになる．

$$S_0 = \int_{\mathrm{P}}^{\mathrm{Q}} \sqrt{2m(E-U(\boldsymbol{r}))}\, d\ell \tag{1.82}$$

図 1.13 に変分前後の粒子の軌跡を示した．始点から軌跡に沿って測ったそれぞれの軌跡の長さが ℓ, ℓ' である．微小線素ベクトル $d\boldsymbol{\ell}$ は，位置ベクトル $\boldsymbol{r}(\ell)$ の点における変分前の軌跡の接ベクトルで，微小線素ベクトル $d\boldsymbol{\ell}'$ は，変分後の軌跡上の位置ベクトル $\boldsymbol{r}(\ell) + \delta\boldsymbol{r}(\ell)$ の点における軌跡の接ベクトルである．位置ベクトル $\boldsymbol{r}(\ell)$ の点における変分前の軌跡の単位接ベクトルを $\boldsymbol{t}(\ell)$ とすると $d\boldsymbol{\ell} = d\ell\, \boldsymbol{t}(\ell)$ である．また，$d\boldsymbol{\ell} \to 0$ の極限で

$$\boldsymbol{r}(\ell + d\ell) - \boldsymbol{r}(\ell) \to d\boldsymbol{\ell} = d\ell\, \boldsymbol{t} \tag{1.83}$$

のように同じ軌跡上の微小距離離れた点同士の位置ベクトルの差が接ベクトルに漸近する．これから以下の関係式を得る．

$$\frac{d\boldsymbol{r}(\ell)}{d\ell} = \boldsymbol{t} \tag{1.84}$$

32　第 1 章　変分原理

　図 1.13 に示したような軌跡の変分を与えた結果生じる作用積分の変分は以下
のようになる。

$$
\delta S_0 = \delta \int_{\mathrm{P}}^{\mathrm{Q}} \sqrt{2m(E - U(\boldsymbol{r}))}\, d\ell
$$
$$
= \int_{\mathrm{P}:\ell'}^{\mathrm{Q}} \sqrt{2m(E - U(\boldsymbol{r}(\ell')))}\, d\ell' - \int_{\mathrm{P}:\ell}^{\mathrm{Q}} \sqrt{2m(E - U(\boldsymbol{r}(\ell)))}\, d\ell \quad (1.85)
$$

2 つ目の等号の第 1 項は，変分後の軌跡に沿った作用積分，第 2 項は変分前の
軌跡に沿った作用積分である。2 つの積分の差を計算するために第 1 項の積分
経路を第 2 項と揃える必要がある。積分変数を ℓ' から ℓ に変換するには，まず

$$
\frac{d\ell'}{d\ell} = 1 + \frac{d\delta\ell}{d\ell} \quad (1.86)
$$

を求める必要がある。

$$
d\ell' = d\ell + \frac{d\delta\ell}{d\ell} d\ell \quad (1.87)
$$

$$
d\boldsymbol{\ell}' = \boldsymbol{r}(\ell + d\ell) - \boldsymbol{r}(\ell) + \delta\boldsymbol{r}(\ell + d\ell) - \delta\boldsymbol{r}(\ell) = d\boldsymbol{\ell} + \frac{d\delta\boldsymbol{r}(\ell)}{d\ell} d\ell \quad (1.88)
$$

それぞれの右辺の第 2 項は，第 1 項に比べ，微小量 $\delta\ell$ あるいは $\delta\boldsymbol{r}$ の 1 次の微
小量である。ここで $d\ell'^2 = d\boldsymbol{\ell}' \cdot d\boldsymbol{\ell}'$ の両辺にそれぞれ式 (1.87) と式 (1.88) を
代入し，両辺の 1 次の微小量の比較から以下の式を得る。

$$
\frac{d\delta\ell}{d\ell} d\ell^2 = d\boldsymbol{\ell} \cdot \frac{d\delta\boldsymbol{r}(\ell)}{d\ell} d\ell
$$

これより

$$
\frac{d\delta\ell}{d\ell} = \frac{d\boldsymbol{\ell}}{d\ell} \cdot \frac{d\delta\boldsymbol{r}(\ell)}{d\ell} = \boldsymbol{t} \cdot \frac{d\delta\boldsymbol{r}(\ell)}{d\ell} \quad (1.89)
$$

を得る。ここで式 (1.83) を用いた。以上の結果を用いて作用積分の変分を計算
する。

$$
\delta S_0 = \int_{\mathrm{P}}^{\mathrm{Q}} d\ell \left\{ \left(1 + \boldsymbol{t} \cdot \frac{d\delta\boldsymbol{r}(\ell)}{d\ell} \right) \sqrt{2m(E - U(\boldsymbol{r}(\ell) + \delta\boldsymbol{r}(\ell)))} \right.
$$
$$
\left. - \sqrt{2m(E - U(\boldsymbol{r}(\ell)))} \right\}
$$

$$
\begin{aligned}
=& \int_{\mathrm{P}}^{\mathrm{Q}} d\ell \Bigg\{ \left(1 + \boldsymbol{t} \cdot \frac{d\delta\boldsymbol{r}(\ell)}{d\ell}\right) \sqrt{2m(E - U(\boldsymbol{r}(\ell)))} \left(1 - \frac{\boldsymbol{\nabla}U(\boldsymbol{r}(\ell)) \cdot \delta\boldsymbol{r}(\ell)}{2(E - U(\boldsymbol{r}(\ell)))}\right) \\
& - \sqrt{2m(E - U(\boldsymbol{r}(\ell)))} \Bigg\} \\
=& \int_{\mathrm{P}}^{\mathrm{Q}} d\ell \left\{ \boldsymbol{t} \cdot \frac{d\delta\boldsymbol{r}(\ell)}{d\ell} \sqrt{2m(E - U(\boldsymbol{r}(\ell)))} - \frac{\sqrt{m}\boldsymbol{\nabla}U(\boldsymbol{r}(\ell)) \cdot \delta\boldsymbol{r}(\ell)}{\sqrt{2(E - U(\boldsymbol{r}(\ell)))}} \right\}
\end{aligned}
$$
$$(1.90)$$

最後の等号の第 1 項の部分積分を行う。

$$
\begin{aligned}
\delta S_0 =& \left[\boldsymbol{t}(\ell) \cdot \delta\boldsymbol{r}(\ell) \sqrt{2m(E - U(\boldsymbol{r}(\ell)))} \right]_{\ell=0}^{\ell=\ell_{\mathrm{Q}}} \\
& - \int_{\mathrm{P}}^{\mathrm{Q}} d\ell \left\{ \frac{d}{d\ell}\left(\boldsymbol{t}\sqrt{2m(E - U(\boldsymbol{r}(\ell)))} \right) \cdot \delta\boldsymbol{r}(\ell) + \frac{\sqrt{m}\boldsymbol{\nabla}U(\boldsymbol{r}(\ell)) \cdot \delta\boldsymbol{r}(\ell)}{\sqrt{2(E - U(\boldsymbol{r}(\ell)))}} \right\}
\end{aligned}
$$
$$(1.91)$$

軌跡の変分は，始点と終点は固定してとっているので，始点および終点では $\delta\boldsymbol{r} = \boldsymbol{0}$ であり，右辺第 1 項が消える。以上から，作用積分の変分は以下のようになる。

$$
\delta S_0 = - \int_{\mathrm{P}}^{\mathrm{Q}} d\ell \left\{ \frac{d}{d\ell}\left(\boldsymbol{t}(\ell)\sqrt{2m(E - U(\boldsymbol{r}(\ell)))} \right) + \frac{\sqrt{m}\boldsymbol{\nabla}U(\boldsymbol{r}(\ell))}{\sqrt{2(E - U(\boldsymbol{r}(\ell)))}} \right\} \cdot \delta\boldsymbol{r}(\ell)
$$
$$(1.92)$$

モーペルテュイの原理より，粒子は，任意の変分 $\delta\boldsymbol{r}(\ell)$ に対して，変分 (1.92) がゼロになる軌跡を辿ることになるので，以下の方程式を満たす軌跡が粒子の軌跡である。

$$
2\sqrt{(E - U(\boldsymbol{r}(\ell)))} \frac{d}{d\ell}\left(\boldsymbol{t}(\ell)\sqrt{(E - U(\boldsymbol{r}(\ell)))} \right) = -\boldsymbol{\nabla}U(\boldsymbol{r}(\ell)) \qquad (1.93)
$$

　左辺の微分の計算のため，軌跡上の点 A における単位接ベクトル $\boldsymbol{t}(\ell)$ の軌跡に沿った微分を計算する。図 1.14 に示したように，微小距離 $d\ell$ 離れた点 B での単位接ベクトル $\boldsymbol{t}(\ell + d\ell)$ の始点を点 A に合わせるように平行移動する。

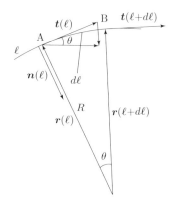

図 1.14 単位接ベクトルの軌跡に沿った微分

微小距離離れた 2 点間の軌跡は，必ずある半径の円で近似できる。この図では，点 A までの位置ベクトルの起点を，AB 間を円軌道で近似したときの円の中心にとった。図では，理解を助けるため 2 つの単位接ベクトルの違いを強調して書いているが，これらの差は非常に小さく図中の角度 θ は非常に小さい角度である。この円の半径が R のとき，以下の関係が成り立つ。

$$d\ell = R\theta \tag{1.94}$$

これを用いると，点 A と B の単位接ベクトルの差が，点 A における軌跡の単位法線ベクトル $\boldsymbol{n}(\ell)$ を用いて以下のように求まる。

$$\boldsymbol{t}(\ell + d\ell) - \boldsymbol{t}(\ell) = \theta \boldsymbol{n}(\ell) = \frac{d\ell}{R}\boldsymbol{n}(\ell) \tag{1.95}$$

したがって，単位接ベクトルの軌跡に沿った微分は以下のようになる。

$$\frac{d\boldsymbol{t}(\ell)}{d\ell} = \frac{1}{R}\boldsymbol{n}(\ell) \tag{1.96}$$

これを用いると，方程式 (1.93) は以下のようにまとめられる。

$$-\nabla U(\boldsymbol{r}(\ell)) = 2(E - U(\boldsymbol{r}(\ell)))\frac{\boldsymbol{n}(\ell)}{R} - \boldsymbol{t}(\ell)\frac{dU(\boldsymbol{r}(\ell))}{d\ell}$$

$$= 2(E - U(\boldsymbol{r}(\ell)))\frac{\boldsymbol{n}(\ell)}{R} - \boldsymbol{t}(\ell)\left(\nabla U(\boldsymbol{r}(\ell)) \cdot \frac{d\boldsymbol{r}(\ell)}{d\ell}\right)$$

$$= 2(E - U(\boldsymbol{r}(\ell)))\frac{\boldsymbol{n}(\ell)}{R} - \boldsymbol{t}(\ell)(\nabla U(\boldsymbol{r}(\ell)) \cdot \boldsymbol{t}(\ell)) \qquad (1.97)$$

力と位置エネルギーの関係式 (1.79) および $E - U = mv^2/2$ を用いてこの式を整理すると以下の式を得る。

$$\boldsymbol{n}\frac{mv^2}{R} = \boldsymbol{F} - \boldsymbol{t}(\boldsymbol{F} \cdot \boldsymbol{t}) = \boldsymbol{n}(\boldsymbol{F} \cdot \boldsymbol{n}) \qquad (1.98)$$

この結果は，粒子が曲率半径 R の曲線軌道を運動するとき，遠心力と粒子に働く外力の軌道の法線成分がつり合うことを示している。言い換えると速度 v，質量 m の粒子に軌道に垂直方向に外力 $\boldsymbol{F} \cdot \boldsymbol{n}$ が働くとき，粒子は

$$R = \frac{\boldsymbol{F} \cdot \boldsymbol{n}}{mv^2} \qquad (1.99)$$

で決まる曲率半径の円軌道で近似できる曲線を運動することがモーペルテュイの原理から導かれた。

////1.5 ラグランジュ関数

フェルマーの原理から，定常状態の仮定のもとで，始点と終点を固定したとき，光がどのような軌跡を辿るかを導出することができた。モーペルテュイの原理からは，有限な質量を持った粒子が始点と終点を結ぶどのような軌跡を辿るかが導かれるが，運動方程式は導出できなかった。フェルマーの原理の導出過程を振り返ると，光の波の位相の空間依存性の部分であるアイコナールだけを取り出して変分を行った。このことから，波の位相の時間依存性の部分も扱えば，粒子の軌跡の時間発展を追えることが期待される。言い換えると，変分原理から粒子の運動方程式の導出が期待される。そのための必要条件は，取り扱う量がスカラー量であることである。

1.5.1 光の位相変化量のガリレイ変換に対する不変性

式 (1.49) で定義される，光の位相 ψ の差分が座標のとり方に依存しないスカラー量であることを証明する。アイコナールの勾配により，以下のように波数ベクトルを定義する。

$$\boldsymbol{k} = \boldsymbol{\nabla}\varphi \tag{1.100}$$

光が伝搬する媒質の物理量の変化が緩やかで，変化が現れるスケールが光の波長に比べて十分大きいとき，ある座標系 K における時刻 t，位置 $\boldsymbol{x}$ での位相 $\psi(\boldsymbol{x}, t, \omega)$ と，時刻 $t + dt$，位置 $\boldsymbol{x} + d\boldsymbol{x}$ での位相 $\psi(\boldsymbol{x} + d\boldsymbol{x}, t + dt, \omega)$ の差分 $d\psi$ は，微小量の 1 次のテイラー展開で，以下のように表すことができる。

$$d\psi = -\omega dt + \boldsymbol{\nabla}\varphi \cdot d\boldsymbol{x} = -\omega dt + \boldsymbol{k} \cdot d\boldsymbol{x} \tag{1.101}$$

この量が，座標回転，座標推進，スケール変換に対してスカラー量であることは，これらの変換が ωdt に影響を与えないことから自明である。そこで，$d\psi$ のガリレイ変換に対する不変性を調べる。座標系 K に対して，速度 $\boldsymbol{v}$ で動いている座標系 K$'$ の原点に静止している観測者を考える。この座標系で観測した角振動数を ω' とすると，観測者が光を dt' 秒間観測したとき，その位相の変化量は

$$|\Delta\psi| = \omega' dt' \tag{1.102}$$

である。位相の変化量，すなわち dt' 秒間にこの観測者を通過した光の波の数は誰から見ても不変であるから，この量は任意の座標変換に対して不変，すなわちスカラー量である。ここで，通過した光の波の数は位相変化量 (1.102) を 2π で割った量で定義する。次に，座標系 K の原点に静止した観測者による，座標系 K$'$ の原点に静止した観測者が dt' 秒間に観測した波の山の数の測定を考える。観測者 2 人の時計を合わせ，

$$t = t' \tag{1.103}$$

とする。また $t = 0$ のとき，2 つの座標系の原点が一致するようにする。この様子を図 1.15 に示した。座標系 K の原点から観測すると，観測者を $dt = dt'$ 秒の間に通過した光の位相変化量は ωdt である。$t = 0$ から dt 秒の間に座標系

1.5 ラグランジュ関数 37

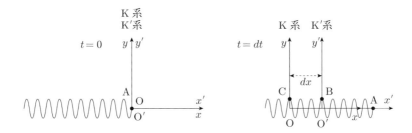

図 1.15 相対運動するそれぞれの系の原点にいる観測者を通過する波の数の関係

K′ の原点の観測者を座標系 K の原点の観測者から観測すると $d\boldsymbol{x} = \boldsymbol{v}dt$ だけ移動する様子が観測される。式 (1.102) で与えられた座標系 K′ の原点の観測者を dt' 秒間に通過する波の位相を，座標系 K の物理量を用いて表すには，K系の原点の観測者を通過する波の位相から，K系原点と K′ 系原点の間にある波の位相を差し引けばよいので，以下のようになる。

$$\omega' dt' = \omega dt - \boldsymbol{k} \cdot d\boldsymbol{x} = (\omega - \boldsymbol{k} \cdot \boldsymbol{v})dt \tag{1.104}$$

波数ベクトル $\boldsymbol{k}$ と速度 $\boldsymbol{v}$ のなす角を θ とすると，式 (1.104) から相対速度 $\boldsymbol{v}$ で運動する観測者が観測する光の角振動数 ω' が，ω を用いて

$$\omega' = \left(1 - \frac{v}{c}\cos\theta\right)\omega \tag{1.105}$$

のように表せる。ここで真空中の光の分散関係式 $\omega = ck$ を用いた。これはドップラー効果の公式である。以上から，K系の物理量を用いて，式 (1.102) は以下のように書ける。

$$|d\psi| = \omega dt - \boldsymbol{k} \cdot d\boldsymbol{x} \tag{1.106}$$

ここまでの議論は，式 (1.106) で定義される位相変化量は，ガリレイ変換に対して不変，すなわちガリレイ変換に対してスカラー量であることを示している。

式 (1.106) がガリレイ変換に対して不変であることを図を使って説明する。以下，$t' = t$ であることから t' と t の区別はつけない。図 1.15 に示したように，時刻 $t = 0$ のとき原点が一致し，K系に対して x 軸正の方向に移動している座

38 第 1 章 変分原理

標系 K′ を考える。左の図のように x 軸正の方向に進行する波が，時刻 $t = 0$ で座標系原点に到達した。波の先端を点 A とした。dt だけ時間が経つと，K′ 系の原点 O′ は $x = dx$ に移動している。この間に波の先端 A は，図 1.15 の右図に示した位置まで進む。この間に原点 O′ にいる観測者を通過した波は点 A から点 B の間にある波であり，その数は dt/T' である。ここで T' は，K′ 系で観測したときの波の周期である。したがって，原点 O′ にいる観測者を通過する波の位相の変化量は $2\pi \times dt/T' = \omega'dt$ である。一方，この間に K 系の原点 O にいる観測者を通過する波は点 C と点 A の間にある波であり，その数は dt/T である。ここで T は K 系で測定した波の周期である。したがって，K 系の原点 O にいる観測者を通過する波の位相変化量は $2\pi \times dt/T = \omega dt$ である。観測者 O′ には，観測者 O を通過する波のうち，点 B と点 C の間にある波が届かない。点 B と点 C の間にある波の数は dx/λ である。ここで，λ は K 系で測定した波の波長である。これに該当する位相は，$2\pi \times dx/\lambda = kdx$ である。ここで，k は K 系の観測者にとっての波の波数ベクトルの振幅である。以上の考察から O′ を通過した波の位相変化量と O を通過した波の位相変化量を結ぶ以下の関係式を得る。

$$\omega'dt = \omega dt - kdx \tag{1.107}$$

ここまでは簡単のため座標系の移動方向が波の進行方向 $\boldsymbol{k}$ と一致しているとしたが，dx と $\boldsymbol{k}$ が平行ではない一般の場合に拡張すると式 (1.107) は以下のように書ける。

$$\omega'dt = \omega dt - \boldsymbol{k} \cdot d\boldsymbol{x} \tag{1.108}$$

式 (1.108) の左辺は，特定の観測者 O′ を通過する波の位相の変化量であり，これは世界で 1 つだけ，すなわち座標系に依存せず不変な量である。したがって

$$|d\psi| = \omega dt - \boldsymbol{k} \cdot d\boldsymbol{x} \tag{1.109}$$

で定義される量は，ガリレイ変換に対して不変，すなわちスカラー量である。言い換えると

$$d\psi = -\omega dt + \boldsymbol{k} \cdot d\boldsymbol{x} \tag{1.110}$$

で定義される量は全ての慣性系で同じ値を持つ。

1.5.2 ラグランジアンの導入

以上を踏まえて，光が始点 P から終点 Q まで移動する間の位相変化量として次の量を定義する。

$$\overline{\psi}(C) = \int_{\text{P}:C}^{\text{Q}} (\boldsymbol{k} \cdot d\boldsymbol{\ell} - \omega dt) \tag{1.111}$$

ここで $\boldsymbol{\ell}(t)$ は，時刻 t のときの光のある波面の位置であり，$d\boldsymbol{\ell}(t)$ は微小時間 dt の間の波面の移動方向と距離を表している。前項の議論では，$d\boldsymbol{x}$ は任意であったが，ここでは光が dt 秒間に進んだ変位と指定した。したがって，

$$d\boldsymbol{\ell}(t) = c\,dt\,\boldsymbol{n}(t) \tag{1.112}$$

である。ここで $\boldsymbol{n}(t)$ は光の進行方向を向く単位ベクトルである。これを用いると，式 (1.111) は，以下のようにゼロになる。

$$\overline{\psi}(C) = \int_{t_{\text{P}}}^{t_{\text{Q}}} \left(\boldsymbol{k} \cdot \frac{d\boldsymbol{\ell}}{dt} - \omega \right) dt = \int_{t_{\text{P}}}^{t_{\text{Q}}} (kc - \omega)dt = 0 \tag{1.113}$$

ここで，真空中の光の分散関係式 $\omega = kc$ を用いた。また，t_{P} は始点を出発した時刻であり，t_{Q} は終点に到着した時刻である。ここで式 (1.112) を選択したことは，K′ 系として光に乗って一緒に運動する観測者を選択したことに対応する。この観測者は，波に乗ったサーファーのようなもので，観測者から観測すると波の位相は変化しない。したがって，式 (1.113) の結果は当然期待される結果である。

ここまでの議論を有限の質量を持つ粒子の作用積分 (1.72) の時間依存性を含めた形に拡張することを試みる。光子のエネルギーと角振動数の間の関係式 $\omega = E/\hbar$ を意識して次の量を作用積分と定義し直す。

$$S = \int_{\text{P}}^{\text{Q}} (\boldsymbol{p} \cdot d\boldsymbol{\ell} - Edt) \tag{1.114}$$

40 第 1 章 変分原理

粒子の速度を $\boldsymbol{v}(t)$ とすると，

$$\boldsymbol{v}(t) = \frac{d\boldsymbol{\ell}}{dt} \tag{1.115}$$

である。したがって，式 (1.114) は以下のようになる。

$$S = \int_{t_{\mathrm{P}}}^{t_{\mathrm{Q}}} dt \left(\boldsymbol{p}(t) \cdot \boldsymbol{v}(t) - E(t) \right) \tag{1.116}$$

被積分関数をラグランジアン (Lagrangian) と呼び，L と書く。これから扱う多くの例は保存力場なので，粒子のエネルギー E は運動エネルギー K と位置エネルギー U を用いて $E = K + U$ と書ける。運動エネルギーは $K = mv^2/2$ と書ける。すると，ラグランジアン L は以下のように書ける[†1]。

$$L(\boldsymbol{x}, \dot{\boldsymbol{x}}) = \boldsymbol{p} \cdot \boldsymbol{v} - E = \frac{1}{2}mv^2 - U = K - U \tag{1.117}$$

ラグランジアンは，粒子の位置の座標とその時間微分（速度の各成分）の関数であることを明示した。ここまでは，1 つの粒子の 3 次元空間内の運動を扱ってきたが，最後の表式のようにラグランジアンを運動エネルギーから位置エネルギーを引いたものと定義すれば，多数の粒子を持つ多粒子系や剛体など一般の物理系に拡張できる。

///1.6　位相空間

　粒子の運動が決まる，あるいは力学的状態が決まるとは，ある時刻以降の系の位置と速度が予言できることである。粒子の運動が運動方程式によって記述できるとき，ある時刻の粒子の座標と速度が決まれば，それ以降のその粒子の運動が原理的に予言できる。扱う物理系の運動を指定できる全ての座標の数を**系の自由度**と呼ぶ。例えば，3 次元空間中を拘束条件なく運動できる 1 つの粒子が存在する物理系の自由度は 3 である。そのような粒子の数が N 個の場合，

[†1] 1.7.3 項で解説するように，非慣性系ではラグランジアンは（運動エネルギー）−（位置エネルギー）の形で書けない。ラグランジアンが（運動エネルギー）−（位置エネルギー）の形で書けるのは，慣性系に限られる。

自由度は $3N$ である。

座標は必ずしも長さの次元を持つとは限らない。そこで以下では，座標を**一般化座標** q_i と表現することとする。その時間微分 $\dot{q}_i$ を**一般化速度**と呼ぶ。拘束条件がある場合は，拘束条件の数だけ自由度が減少する。したがって，独立な一般化座標の数 f（言い換えると独立な自由度 f）は $3N$ より小さい。支点が固定された硬い棒の先に質点が付けられた振り子が棒と支点を通る鉛直軸を含む 2 次元平面内に限定される運動を例にとる。3 次元空間中の 1 つの質点の運動なので，自由度は 3 であるが，2 次元平面内に運動が限定されること，始点と質点の距離が変わらないことの 2 つの拘束条件が課せられているため，独立な自由度は $3 - 2 = 1$ である。実際，この系の運動は，棒の傾き角 θ のみで記述できる。以下では，独立な一般化座標の自由度を f とし，断りがない限り q_i $(i = 1, \cdots, f)$ は全て独立であるとする。以後，ラグランジアンを $L(q_i(t), \dot{q}_i(t))$ のように，一般化座標と一般化速度の関数であるとして扱う。物理系の運動は，f 個の一般化座標と一般化速度の時間発展が分かれば一意に指定できるので，物理系の運動を指定する関数であるラグランジアンは一般化座標と一般化速度の関数であり，一般化座標の時間に関する 2 階微分以上の項を含まない。

一般化座標と一般化速度で張られる $2f$ 次元空間を**位相空間** (Phase Space) と呼ぶ。位相空間内の軌跡の時間発展が分かれば，粒子あるいは系の運動が分かったことになる。先取りする形にはなるが，第 3 章以降では，一般化座標 q_i とそれに共役な正準運動量 p_i（式 (2.9) を参照）が張る空間も位相空間と呼ぶ。本書では，どちらを指すか明確にするため "q と $\dot{q}$ で張られる位相空間"，"q と p で張られる位相空間" のように縦軸が一般化速度なのか正準運動量なのかを明記することとする。

θ と $\dot{\theta}$ で張られる位相空間を用いた単振り子の運動の解析を紹介する。図 1.16 のように鉛直下方に y 軸をとり，振り子の支点を原点として水平方向に x 軸をとる。質量 m の質点が，固定された支点に繋がれた重さが無視できる，長さ ℓ の硬い棒の他端に取り付けられている。この振り子の運動は x–y 平面内に限定されているとする。棒の長さは不変なので，質点の座標は棒の傾き角 θ を用いて，以下のように与えられる。

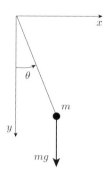

図 1.16 単振り子

$$x = \ell \sin\theta \tag{1.118}$$
$$y = \ell \cos\theta \tag{1.119}$$

振り子が最下点に達したとき,すなわち $y = \ell$ を重力の位置エネルギーの基準点とすると質点の力学的エネルギーは以下のように書ける.

$$\begin{aligned} E &= \frac{1}{2}m(\dot{x}^2 + \dot{y}^2) + mg\ell(1 - \cos\theta) \\ &= \frac{1}{2}m\ell^2\dot{\theta}^2 + mg\ell(1 - \cos\theta) \end{aligned} \tag{1.120}$$

振り子が最下点に達したときの角速度を ω_0,振り子の基準角振動数を

$$\omega = \sqrt{\frac{g}{\ell}} \tag{1.121}$$

とすると,振り子の角速度と角度の関係式

$$\dot{\theta} = \pm\sqrt{\omega_0^2 - 2\omega^2(1 - \cos\theta)} \tag{1.122}$$

を得る.

図 1.17 に $\theta, \dot{\theta}$ で張られる位相空間内の単振り子の運動の様子を示した.最下点での質点の運動エネルギー $\frac{1}{2}m\ell^2\omega_0^2$ が,質点が最高点に達したときの重力の位置エネルギーと最下点での重力の位置エネルギーの差 $2mg\ell$ より大きいと

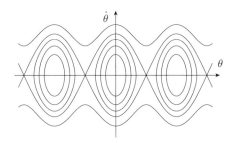

図 1.17 位相空間中の単振り子の運動

き，質点は初期の回転方向に半径 ℓ の円周上を回転運動し続ける．位相空間中の曲線のうち一番上の軌跡が反時計周りに回転する運動に，一番下の軌跡が時計回りに回転する運動にそれぞれ対応する．一方，最下点での質点の運動エネルギーが $2mg\ell$ 以下のとき，質点は重力を振り切って回転することができず，ある角度まで回転したところで質点は止まり，逆方向に回転を始める．このような場合の軌跡を，位相空間中の閉じた軌跡で示した．

1.7 オイラー-ラグランジュ方程式

1.7.1 オイラー-ラグランジュ方程式

図 1.18 に示したような，時刻 t_1 に位相空間中の点 A を出発し，時刻 t_2 に点 B に到達する物理系の**作用積分**（action integral あるいは単に action とも呼ばれる）は

$$S = \int_{t_1}^{t_2} dt L(q(t), \dot{q}(t)) \tag{1.123}$$

で与えられる．簡単のため自由度 1 の系を扱う．ここでは，作用積分 S が停留値をとる軌跡が粒子が辿る真の軌跡であるという**ハミルトンの原理** (Hamilton's principle) あるいは**最小作用の原理** (least action principle) と呼ばれる原理を仮定して議論を進める．フェルマーの原理は，光の波動性の帰結として導くことができた．しかし，ハミルトンの原理を同様の論法で導くことはできない．唯一のより所は，1.5 節での議論である．

44 第1章 変分原理

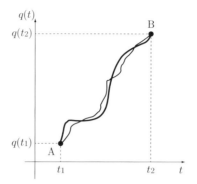

図 1.18 始点 A を時刻 t_1 に出発し，終点 B に時刻 t_2 に到着する質点の位相空間中の軌跡。物理法則に従って運動する質点の真の軌跡を太い実線で示した。細い実線は始点と終点を固定して真の軌跡から微小量だけズラした軌跡を示す。

真の粒子の軌跡を $(q(t), \dot{q}(t))$ とする。粒子の軌跡に以下のような変分を与える。

$$q(t) \rightarrow q(t) + \delta q(t) \tag{1.124}$$

$$\dot{q}(t) \rightarrow \dot{q}(t) + \delta \dot{q}(t) \tag{1.125}$$

ここで変分前後の系で共通の時計を用いる。すなわち，時間の変分はない。ただし，始点と終点は固定し，変分量はゼロとする。

$$\delta q(t_1) = 0 \quad \delta \dot{q}(t_1) = 0 \tag{1.126}$$

$$\delta q(t_2) = 0 \quad \delta \dot{q}(t_2) = 0 \tag{1.127}$$

これらの条件のもとで，作用積分の変分は以下のようになる。

$$\begin{aligned}
\delta S &= \int_{t_1}^{t_2} dt L(q(t) + \delta q(t), \dot{q}(t) + \delta \dot{q}(t)) - \int_{t_1}^{t_2} dt L(q(t), \dot{q}(t)) \\
&= \int_{t_1}^{t_2} dt \left(\frac{\partial L(q(t), \dot{q}(t))}{\partial q} \delta q(t) + \frac{\partial L(q(t), \dot{q}(t))}{\partial \dot{q}} \delta \dot{q}(t) \right) \\
&= \left[\frac{\partial L(q(t), \dot{q}(t))}{\partial \dot{q}(t)} \delta q(t) \right]_{t_1}^{t_2}
\end{aligned}$$

$$+ \int_{t_1}^{t_2} dt \left(\frac{\partial L(q(t), \dot{q}(t))}{\partial q} \delta q(t) - \frac{d}{dt} \left(\frac{\partial L(q(t), \dot{q}(t))}{\partial \dot{q}(t)} \right) \delta q(t) \right)$$

$$= \int_{t_1}^{t_2} dt \left(\frac{\partial L(q(t), \dot{q}(t))}{\partial q} - \frac{d}{dt} \frac{\partial L(q(t), \dot{q}(t))}{\partial \dot{q}(t)} \right) \delta q(t) \qquad (1.128)$$

途中で部分積分を行い, 始点と終点を固定していること ($\delta q_i(t_1) = \delta q_i(t_2) = 0$) を用いた. 最小作用の原理は物理的に実現される粒子の軌跡からの作用積分の変分がゼロ, 任意の変分 $\delta q(t)$ に対して $\delta S = 0$ であることを主張する. 任意の変分 $\delta q(t)$ に対して $\delta S = 0$ が恒等的に成り立つためには, 時刻 $t_1 < t < t_2$ の任意の時刻で以下の方程式が成り立たなければならない.

オイラー-ラグランジュ方程式 (Euler-Lagrange equation)

$$\frac{\partial L(q(t), \dot{q}(t))}{\partial q} - \frac{d}{dt} \frac{\partial L(q(t), \dot{q}(t))}{\partial \dot{q}(t)} = 0 \qquad (1.129)$$

作用は停留値をとれば十分で, 最小である必要はない. しかし, 光速より十分遅い速度で運動する質量を持った粒子に対しては, その波動性がほとんど現れず, 最小値以外の停留値をとる軌跡が現れることはない. 解析力学で扱う問題の多くは, このような状況にある粒子を扱うため, 最小作用の原理と呼んで差し支えない.

例として位置エネルギー $U(x)$ で力が与えられる保存力場の中を運動する質量 m の 1 つの質点の運動を扱う. 拘束条件はなく独立な自由度は 1 であるとし, 一般化座標をデカルト座標を用いて $q = x$ と表す. ラグランジアンは以下のようになる.

$$L(x(t), \dot{x}(t)) = \frac{1}{2} m \dot{x}^2 - U(x) \qquad (1.130)$$

これをオイラー-ラグランジュ方程式 (1.129) に代入すると, 以下の方程式を得る.

$$-\frac{dU}{dx} - m \frac{d^2 x}{dt^2} = 0$$

46　第 1 章　変分原理

$$\therefore m\frac{d^2x}{dt^2} = -\frac{dU}{dx} \tag{1.131}$$

右辺は粒子に働く力であり，期待通り保存力場中の粒子の運動方程式が得られた。

　ラグランジアンを構成し，オイラー-ラグランジュ方程式に代入して運動方程式を導出する方法を以下では**ラグランジュ形式**と呼ぶことにする。

1.7.2　ラグランジアンのガリレイ変換に対する変換性

　ラグランジアンがガリレイ変換によってどのように変換を受けるかを調べる。簡単のため 1 次元方向に運動する質量 m の 1 粒子系を扱う。さらに力が働かない自由粒子であるとする。K 系の粒子の座標を x とし，K 系に対して相対速度 V で運動する K′ 系での粒子の座標を x' とすると，両者は

$$x = x' + Vt \tag{1.132}$$

で結ばれる。相対速度 V が，光速に比べて十分遅い場合を扱うため変換前後での時間の進みの違いは無視でき，$t' = t$ である。K 系におけるラグランジアンと作用積分は以下のように書ける。

$$L = \frac{1}{2}m\dot{x}^2 \tag{1.133}$$

$$S = \int_{t_1}^{t_2} dt\, L \tag{1.134}$$

作用積分の式にガリレイ変換 (1.132) を施し，K′ 系の座標で書き換えると以下のようになる。

$$L = \frac{1}{2}m(\dot{x}'^2 + 2\dot{x}'V + V^2) \tag{1.135}$$

$$S = \int_{t_1}^{t_2} dt\, \frac{1}{2}m(\dot{x}'^2 + 2\dot{x}'V + V^2)$$

$$= \int_{t_1}^{t_2} dt\, \frac{1}{2}m\dot{x}'^2 + mV(x'(t_2) - x'(t_1)) + \frac{1}{2}mV^2(t_2 - t_1) \tag{1.136}$$

ここで $t' = t$ を用いた。作用積分はガリレイ変換によって値を変えないスカ

ラー量であるため，式 (1.136) は K′ 系の作用積分 S' であり，式 (1.135) が K′ 系のラグランジアン L' である。作用積分 (1.136) の 2 つ目の等号の第 1 項以外は定数であり，最小作用の原理からオイラー-ラグランジュ方程式を導出する過程に影響を与えない。したがって，作用積分 S' およびラグランジアン L' は，以下のように書き換えても差し支えない。

$$L' = \frac{1}{2}m\dot{x}'^2 \tag{1.137}$$

$$S' = \int_{t_1}^{t_2} dt L' \tag{1.138}$$

ここまでの議論を，位置エネルギー $U(x)$ で力が与えられる保存力場の中を運動する粒子に拡張する。物理で扱うほとんどの系で，位置エネルギー U は，基準となる点 x_0 からの相対距離 $x - x_0$ にのみ依存する。ガリレイ変換によって，この相対距離が不変であることは自明であろう。したがって，$U(x' - x_0') = U(x - x_0)$ であり，ガリレイ変換に対して位置エネルギーは不変である。変数は，K 系では x，K′ 系では x' のみなので $U(x') = U(x)$ と表記して差し支えない。上の段落の議論は，K′ 系におけるラグランジアンも $L' = K' - U(x')$ と書けることを示している。ガリレイの相対性原理によれば，物理法則は慣性系の選び方に依存しないので，どの慣性系であってもラグランジアンが $K - U$ の形に書けることは当然の結果である。式 (1.135)(1.136) で定義されたラグランジアンと作用積分は K′ 系と K 系で同じ値を持つ。これらから得られる K′ 系における粒子の運動方程式は，ラグランジアン (1.137) から得られるものと変わらない。一方，式 (1.137)(1.138) で定義される K′ 系のラグランジアンと作用積分は，式 (1.135)(1.136) で定義されるラグランジアンと作用積分とは異なる値を持つ。式の見た目が違うのだから当然である。この差は，K 系，K′ 系のそれぞれが自分たちを基準として捉えていることに起因しており，導出される粒子の運動方程式に全く影響を与えない。

また，作用積分 (1.136) は

$$S = \int_{t_1}^{t_2} dt \left[\frac{1}{2}m\dot{x}'^2 + \frac{d}{dt}\left(mVx'(t) + \frac{1}{2}mV^2 t \right) \right]$$

48　第 1 章　変分原理

$$= \int_{t_1}^{t_2} dt \left[L' + \frac{d}{dt} \left(mVx'(t) + \frac{1}{2}mV^2t \right) \right] \tag{1.139}$$

のように書き換えられる。すなわち，ラグランジアン (1.137) とラグランジアン (1.133) の差は，時間と座標の関数の時間全微分である。時間全微分の項は積分すると定数になるので，作用の変分に影響を与えないのである！　これは，3.3.1 項で述べるラグランジアンの不定性の具体例の 1 つである。すなわち，自分が選択した座標系が慣性系である限り，そこで測定した運動エネルギー K を用いてラグランジアンを定義すればよい。

　A.3 節で解説するように，粒子の速度が光速に近い場合，自由粒子のラグランジアンは式 (A.34) のように書ける。このラグランジアンを用いた作用積分は，慣性系間の相対速度が光速に近い場合も含んだ慣性系間の変換であるローレンツ変換に対して不変である。ラグランジアンとして式 (A.34) を採用し，ガリレイ変換の代わりにローレンツ変換を適用することで，自由粒子の作用積分が慣性系のとり方に依存しないスカラー量となる。A.3 節では，式 (1.114) が物質波の位相変化量と解釈するためには，実際はエネルギー E に粒子の静止質量エネルギーを含めるべきであることを解説した。静止質量エネルギーを加えても定数分の違いを生じるだけなので，オイラー-ラグランジュ方程式から導出される運動方程式には影響を与えず，本書で扱う議論には全く影響を与えない。A.5 節では，静止状態に近い粒子の物質波の性質の理解を助けるモデルを紹介した。

1.7.3　ラグランジュ形式の非慣性系への拡張

　z 軸の正の方向を回転軸として，角速度 Ω で回転する座標系における粒子の運動を扱う。粒子は質量 m の質点で，保存力場中を運動しているとする。座標系は回転角速度ベクトル

$$\boldsymbol{\Omega} = (0, 0, \Omega) \tag{1.140}$$

で回転していることになる。

　図 1.19 から，回転座標系 K' と慣性系 K の座標は，以下の関係で結ばれることが分かる。

1.7 オイラー-ラグランジュ方程式　49

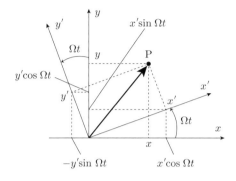

図 1.19　回転座標系 K′ と慣性系 K の座標の関係

$$x = x' \cos\Omega t - y' \sin\Omega t$$
$$y = x' \sin\Omega t + y' \cos\Omega t \tag{1.141}$$

これらの時間微分は以下のようにまとめられる。

$$\dot{x} = (\dot{x}' - y'\Omega)\cos\Omega t - (\dot{y}' + x'\Omega)\sin\Omega t$$
$$\dot{y} = (\dot{x}' - y'\Omega)\sin\Omega t + (\dot{y}' + x'\Omega)\cos\Omega t \tag{1.142}$$

K 系でのラグランジアンは以下のように書ける。

$$L(\boldsymbol{x}(t), \dot{\boldsymbol{x}}(t)) = \frac{1}{2}m(\dot{x}^2 + \dot{y}^2 + \dot{z}^2) - U(x, y, z) \tag{1.143}$$

本書で扱う系では，座標系の回転速度が光速より十分遅いので，回転系と慣性系とで時間の流れは同じであり $dt' = dt$ である。作用積分はスカラー量であるから，$L \times dt$ がスカラー量である。したがって，回転系のラグランジアン L' は慣性系のラグランジアン L と同じ値を持つ。そこで，K 系のラグランジアン (1.143) に座標変換式 (1.141)(1.142) を代入することで，K′ 系のラグランジアンを導く。

$$L(\boldsymbol{x}'(t), \dot{\boldsymbol{x}}'(t)) = \frac{1}{2}m\left((\dot{x}' - y'\Omega)^2 + (\dot{y}' + x'\Omega)^2 + \dot{z}'^2\right) - U(x', y', z')$$

50 第 1 章 変分原理

オイラー-ラグランジュ方程式から以下の運動方程式を得る。まず, x' 成分を計算する。

$$
\begin{aligned}
0 &= \frac{\partial L}{\partial x'} - \frac{d}{dt}\frac{\partial L}{\partial \dot{x}'} \\
&= -\frac{\partial U}{\partial x'} + \Omega m(\dot{y}' + x'\Omega) - m\frac{d}{dt}(\dot{x}' - y'\Omega) \\
&= -\frac{\partial U}{\partial x'} + \Omega m(\dot{y}' + x'\Omega) - m\ddot{x}' + m\dot{y}'\Omega \\
&= -\frac{\partial U}{\partial x'} + 2\Omega m\dot{y}' + mx'\Omega^2 - m\ddot{x}'
\end{aligned}
$$

$$
\therefore m\ddot{x}' = -\frac{\partial U}{\partial x'} + 2\Omega m\dot{y}' + m\Omega^2 x' \tag{1.144}
$$

同様の計算で, y' 成分, z' 成分の運動方程式が以下のように求まる。

$$
m\ddot{y}' = -\frac{\partial U}{\partial y'} - 2\Omega m\dot{x}' + m\Omega^2 y' \tag{1.145}
$$

$$
m\ddot{z}' = -\frac{\partial U}{\partial z'} \tag{1.146}
$$

回転系の運動方程式 (1.144)(1.145) の右辺に現れる保存力以外の 2 項は, K′ 系が回転系であることに起因する慣性力であり, 最後の項は**遠心力**, 第 2 項は**コリオリ力**である。得られた運動方程式をベクトルを使ってまとめる。

$$
m\dot{\boldsymbol{v}}' = -\boldsymbol{\nabla}'U - 2m\boldsymbol{\Omega} \times \boldsymbol{v}' + m(\boldsymbol{\Omega} \times \boldsymbol{r}') \times \boldsymbol{\Omega} \tag{1.147}
$$

ここで $\boldsymbol{v}' = \dot{\boldsymbol{r}}'$ は, K′ 系で測定した粒子の速度である。

方程式 (1.147) の両辺と速度 $\boldsymbol{v}'$ の内積をとる。左辺は

$$
\boldsymbol{v}' \cdot m\dot{\boldsymbol{v}}' = \frac{d}{dt}\frac{1}{2}mv'^2 \tag{1.148}
$$

のように K′ 系の粒子の運動エネルギーの時間全微分となる。右辺は

$$
\begin{aligned}
&\boldsymbol{v}' \cdot \left(-\boldsymbol{\nabla}'U - 2\boldsymbol{\Omega} \times \boldsymbol{v}' + m(\boldsymbol{\Omega} \times \boldsymbol{r}') \times \boldsymbol{\Omega}\right) \\
&= -\frac{dU}{dt} - m\left((\boldsymbol{v}' \cdot \boldsymbol{\Omega})(\boldsymbol{r}' \cdot \boldsymbol{\Omega}) - (\boldsymbol{v}' \cdot \boldsymbol{r}')\Omega^2\right)
\end{aligned}
$$

$$= -\frac{dU}{dt} - \frac{d}{dt}\frac{1}{2}m((\boldsymbol{\Omega}\cdot\boldsymbol{r}')^2 - r'^2\Omega^2)$$

$$= -\frac{dU}{dt} + \frac{d}{dt}\frac{1}{2}mr'^2\Omega^2(1 - \cos^2\theta')$$

$$= -\frac{dU}{dt} + \frac{d}{dt}\frac{1}{2}m(r'\sin\theta')^2\Omega^2$$

$$= -\frac{dU}{dt} + \frac{d}{dt}\frac{1}{2}m(\boldsymbol{\Omega}\times\boldsymbol{r}')^2 \tag{1.149}$$

となる。ここで，θ' は回転座標系の回転軸と粒子の位置ベクトルのなす角である。式 (1.148) と (1.149) から以下の保存則を得る。

$$\frac{d}{dt}\left(\frac{1}{2}mv'^2 - \frac{1}{2}m(\boldsymbol{\Omega}\times\boldsymbol{r}')^2 + U\right) = 0 \tag{1.150}$$

式 (1.150) は，K' 系の粒子の力学的エネルギーが

$$E' = \frac{1}{2}mv'^2 - \frac{1}{2}m(\boldsymbol{\Omega}\times\boldsymbol{r}')^2 + U \tag{1.151}$$

であり，保存することを示している。上記のように，運動方程式と速度の内積をとる操作を**エネルギー積分**と呼ぶ。速度は，単位時間あたりの移動距離なので，エネルギー積分は粒子に働く力の仕事率を求めていることになる。式 (1.149) の変形過程から，コリオリ力が粒子のエネルギーに寄与を与えないことが分かる。コリオリ力は粒子の速度と回転角速度の外積で与えられるため，速度に常に垂直である。したがって，コリオリ力は粒子に対して仕事をせず，粒子の力学的エネルギーへの寄与を与えない。力学的エネルギー (1.151) の右辺第 2 項は，遠心力ポテンシャルである。

次に回転系では運動量がどのようになるかを調べる。力が働かない粒子（自由粒子）の慣性系における運動量の各成分は保存量である。そこで，保存力場の位置エネルギーを $U = 0$ として，K' 系の運動方程式の x', y' 成分について考察する。式 (1.144) と式 (1.145) は，以下のように整理できる。

$$\frac{d}{dt}(m\dot{x}' - m\Omega y') = \Omega(m\dot{y}' + m\Omega x') \tag{1.152}$$

$$\frac{d}{dt}(m\dot{y}' + m\Omega x') = -\Omega(m\dot{x}' - m\Omega y') \tag{1.153}$$

52　第 1 章　変分原理

素朴に考えると K′ 系の運動量の x', y' 成分は

$$p'_x \equiv mv'_x \tag{1.154}$$

$$p'_y \equiv mv'_y \tag{1.155}$$

となるように思える。一方，方程式 (1.152)(1.153) を見ると，これらは p'_x, p'_y の発展方程式ではなく

$$P'_x \equiv mv'_x - m\Omega y' \tag{1.156}$$

$$P'_y \equiv mv'_y + m\Omega x' \tag{1.157}$$

で定義される P'_x, P'_y の発展方程式である。これらを用いると式 (1.152)(1.153) は以下のようにスッキリ整理される。

$$\frac{d}{dt}P'_x = \Omega P'_y \tag{1.158}$$

$$\frac{d}{dt}P'_y = -\Omega P'_x \tag{1.159}$$

式 (1.156)(1.157) で定義される P'_x, P'_y を成分とする 2 次元ベクトルの K 系での成分 P_x, P_y は，図 1.19 から以下のように表される。

$$P_x = P'_x \cos\Omega t - P'_y \sin\Omega t \tag{1.160}$$

$$P_y = P'_x \sin\Omega t + P'_y \cos\Omega t \tag{1.161}$$

方程式 (1.158) の両辺に $\cos\Omega t$ を掛けたものから，方程式 (1.159) の両辺に $\sin\Omega t$ を掛けたものを引くと以下のようになる。

$$\frac{dP'_x}{dt}\cos\Omega t - \frac{dP'_y}{dt}\sin\Omega t = \Omega(P'_y \cos\Omega t + P'_x \sin\Omega t)$$
$$= P'_y \frac{d\sin\Omega t}{dt} - P'_x \frac{d\cos\Omega t}{dt} \tag{1.162}$$

この式は以下のようにまとめられる。

$$\frac{d}{dt}(P'_x \cos\Omega t - P'_y \sin\Omega t) = 0 \tag{1.163}$$

$$\therefore \frac{d}{dt}P_x = 0 \tag{1.164}$$

同様の操作をすることで

$$\frac{d}{dt}P_y = 0 \tag{1.165}$$

が導かれる。方程式 (1.164)(1.165) は，自由粒子の場合，P_x, P_y が保存量であることを示しており，これらが K 系における粒子の運動量の x, y 成分であることが証明された。以上のことは，慣性系で定義される運動量と回転系への座標変換で結ばれる運動量は P_x', P_y' であって p_x', p_y' ではないことを示している。例えば，回転系で粒子が静止して見える状況 ($v_x' = v_y' = v_z' = 0$) であったとしても，P_x', P_y' は

$$P_x' = -m\Omega y' \quad P_y' = m\Omega x' \tag{1.166}$$

のような有限の値を持つ。回転系で静止して見える粒子とは，回転系と一緒に回転している粒子である。式 (1.166) は，回転系と一緒に回転する粒子を慣性系で観測すると回転して見えることに起因した運動量である。運動量 P_x', P_y' は，回転系で観測される運動量 p_x', p_y' に系の回転に伴う運動量を足したものである。系の回転に伴う運動量を回転系で観測される粒子の運動量に加えることで，はじめて慣性系の運動量と座標変換で結ばれるようになるのは，当然の結果と言える。運動方程式の形から自明だが，回転系の運動量の z' 成分は慣性系の運動量の z 成分と何も変わらず，P_z' と p_z' に違いは生じない。

運動量 P_x', P_y' の各成分 (1.156)(1.157) は，ラグランジアン (1.143) から以下の式で結ばれる。

$$P_x' = \frac{\partial L}{\partial \dot{x}'} \quad P_y' = \frac{\partial L}{\partial \dot{y}'} \tag{1.167}$$

慣性系における運動量とラグランジアンもこの関係式で結ばれる。

K$'$ 系の粒子の力学的エネルギー (1.151) をラグランジアンの定義式

$$L'(\boldsymbol{r}', \dot{\boldsymbol{r}}') = \boldsymbol{P}' \cdot \boldsymbol{v}' - E' \tag{1.168}$$

に代入してみる。ただし，運動量には $\boldsymbol{p}' = m\boldsymbol{v}'$ ではなく，式 (1.156) (1.157)

54　第 1 章　変分原理

で定義される $\boldsymbol{P}'$ を用いる。

$$
\begin{aligned}
L'(\boldsymbol{r}', \dot{\boldsymbol{r}}') &= (mv'_x - m\Omega y')v'_x + (mv'_y + m\Omega x')v'_y + mv'_z v'_z \\
&\quad - \left(\frac{1}{2}m(v'^2_x + v'^2_y + v'^2_z) - \frac{1}{2}m(\boldsymbol{\Omega} \times \boldsymbol{r}')^2 + U(\boldsymbol{r}') \right) \\
&= \frac{1}{2}\Big(m(v'^2_x + v'^2_y + v'^2_z) - 2m\Omega y'v'_x + 2m\Omega x'v'_y \\
&\quad + m\Omega^2(x'^2 + y'^2) \Big) - U(\boldsymbol{r}') \\
&= \frac{m}{2}\Big((v'_x - \Omega y')^2 + (v'_y + \Omega x')^2 + v'^2_z \Big) - U(\boldsymbol{r}') \quad (1.169)
\end{aligned}
$$

となり，確かに式 (1.143) と一致する。回転系での粒子の運動エネルギーは

$$
K' = \frac{1}{2}mv'^2 \tag{1.170}
$$

であり，ポテンシャルエネルギーは遠心力ポテンシャルが加わり

$$
U' = U - \frac{1}{2}m(\boldsymbol{\Omega} \times \boldsymbol{r}')^2 \tag{1.171}
$$

である。これらの差 $K' - U'$ は回転系のラグランジアン (1.169) と一致しない。すなわち，非慣性系のラグランジアンは $L = K - U$ から求めることができない。

　本節の最後に，慣性系で測った粒子の力学的エネルギー E_0 と回転系で測った粒子の力学的エネルギー E の差を調べる。回転系で観測される粒子の角運動量 $\boldsymbol{m}'$ の z 成分は以下のように定義される。

$$
m'_z = m(x'v'_y - y'v'_x) \tag{1.172}
$$

一方，運動量と同様，回転系での粒子の角運動量 $\boldsymbol{M}'$ を運動量 $P'_x,\ P'_y$ を用いて以下のように定義することもできる。

$$
M'_z = x'P'_y - y'P'_x = m(x'v'_y - y'v'_x + (x'^2 + y'^2)\Omega) = m'_z + mr^2\Omega \tag{1.173}
$$

最後の変形では，原点から質点までの距離が回転系と慣性系で同じであること，言い換えると回転座標変換に対してスカラーであることを用いた。慣性系で定義される質点の角運動量 $\boldsymbol{M}_0$ の z 成分は

$$
\begin{aligned}
M_{0z} &= m(xv_y - yv_x)\\
&= m(x'\cos\Omega t - y'\sin\Omega t)((v_x' - y'\Omega)\sin\Omega t + (v_y' + x'\Omega)\cos\Omega t)\\
&\quad - m(x'\sin\Omega t + y'\cos\Omega t)((v_x' - y'\Omega)\cos\Omega t - (v_y' + x'\Omega)\sin\Omega t)\\
&= m(x'(v_y' + x'\Omega) - y'(v_x' - y'\Omega)) = M_z'
\end{aligned}
\tag{1.174}
$$

であり，M_z' と一致する。式 (1.173) の最後の項は，系の回転に伴う角運動量である。回転系に静止している質点の角運動量 $\boldsymbol{m}'$ はゼロである。しかし，慣性系で観測すると角速度 $\boldsymbol{\Omega}$ で回転しており，それに伴う角運動量を持つように観測される。慣性系における質点の力学的エネルギーは

$$
E_0 = \frac{m}{2}v^2 + U
\tag{1.175}
$$

である。変換式 (1.142) をこの式に代入すると，以下のようになる。

$$
\begin{aligned}
E_0 &= \frac{m}{2}\left((v_x' - y'\Omega)^2 + (v_y' + x'\Omega)^2 + v_z'^2\right) + U\\
&= \frac{m}{2}v'^2 + mx'v_y'\Omega - my'v_x'\Omega + \frac{m}{2}(x'^2 + y'^2)\Omega^2 + U\\
&= \frac{m}{2}v'^2 + M_{0z}\Omega - \frac{m}{2}(x^2 + y^2)\Omega^2 + U\\
&= E + \boldsymbol{M}_0\cdot\boldsymbol{\Omega}
\end{aligned}
\tag{1.176}
$$

例えば回転系で静止して見える質点の $\boldsymbol{M}_0$ と $\boldsymbol{\Omega}$ は平行であり，それらの内積は正になるため，回転系での力学的エネルギーは，系の回転に伴う運動エネルギー分だけ小さいことになる。この例から分かるように力学的エネルギーは，座標系のとり方によって値を変えるため，スカラー量ではない。

56　第 1 章　変分原理

1.7.4　まとめ

以上の結果から学んだことを一般の場合に拡張して重要事項をまとめる。ラグランジアンは，エネルギーと運動量を用いて

$$L = \sum_{i=1}^{f} P_i \dot{q}_i - E \tag{1.177}$$

のように定義される。ここで，運動量 P_i は指定されたある慣性系で定義される運動量と座標変換で結ばれる運動量である。この運動量は，得られたラグランジアンと以下の関係式で結ばれる。

$$P_i = \frac{\partial L}{\partial \dot{q}_i} \tag{1.178}$$

慣性系では，保存力場中の粒子のラグランジアンは $L = K - U$ で求まる。非慣性系のラグランジアンは，慣性系のラグランジアンに座標変換の関係式を代入することで得られる。これは，作用積分すなわちラグランジアンがガリレイ変換や回転座標系への変換に対してスカラー量であることから保証される。作用積分は粒子とともに移動する観測者を一定時間内に通過する物質波の位相変化量であることから，その値が座標系のとり方に依らず一定値をとることが納得できる。

1.8　拘束条件がある系のラグランジュ形式

単振り子は，支点を中心とした半径 ℓ の円周上を運動するという拘束条件がある系であった。支点を原点とした平面極座標を用いることで，この束縛条件を取り込むことができた。単振り子の運動を記述するには，方位角 θ の時間変化を追えば十分であった。2 次元面内の運動なので，自由度は 2 であるが，拘束条件が 1 つ存在することにより自由度が 1 つ減り，自由度が方位角の 1 つだけとなった。このように拘束条件が存在すると，その数だけ自由度が減る。また，適切な座標系を選択することで拘束条件を取り込むこともできる。ここでは，ラグランジュの未定乗数法 (Lagrange multiplier) を用いて拘束条件を取り込む方法を紹介する。

1.8.1 坂を転がり落ちる車輪

滑ることなく坂を転がり落ちる車輪の運動を例にとり，拘束条件がある系の運動の扱いを解説する。

図 1.20 に示したように，初期に点 P から半径 a，質量 m の車輪が坂を滑ることなく転がり落ち出したとする。ここで，車輪は半径 a の円周に沿ってのみ質量が存在し，その線密度は一様であるとする。点 P に車輪が接していたとき，車輪の点 Q が坂と接していたとする。坂を x まで下ったとき，車輪は角度 θ 回転した。鉛直下方にかかる重力の加速度は g とする。点 P を重力の位置エネルギーの基準点とすると x 下ったときの車輪の重力の位置エネルギーは

$$U = -mgx\sin\beta \tag{1.179}$$

である。車輪の太さを無視できるとすると車輪の運動エネルギーは，重心が坂を落下する速度 $\dot{x}$ に伴う運動エネルギーと車輪の回転に伴う運動エネルギーの和として以下のように与えられる。

$$K = \frac{1}{2}m\dot{x}^2 + \frac{1}{2}ma^2\dot{\theta}^2 \tag{1.180}$$

したがって，この系のラグランジアンが以下のように与えられる。

$$L = \frac{1}{2}m\dot{x}^2 + \frac{1}{2}ma^2\dot{\theta}^2 + mgx\sin\beta \tag{1.181}$$

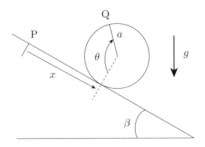

図 1.20　坂を転がり落ちる車輪

58　第 1 章　変分原理

車輪が坂を滑らないという条件は以下の拘束条件で表される。

$$C(x, \theta) = x - a\theta = 0 \tag{1.182}$$

ラグランジュの未定乗数 λ を導入し，新たなラグランジアン

$$L' = L + \lambda C \tag{1.183}$$

を定義する。これをオイラー-ラグランジュ方程式に代入すると，以下の方程式を得る。

$$
\begin{aligned}
0 &= \frac{\partial L}{\partial x} - \frac{d}{dt}\frac{\partial L}{\partial \dot{x}} + \lambda \left(\frac{\partial C}{\partial x} \right) \\
&= mg \sin \beta - m\ddot{x} + \lambda
\end{aligned}
\tag{1.184}
$$

$$
\begin{aligned}
0 &= \frac{\partial L}{\partial \theta} - \frac{d}{dt}\frac{\partial L}{\partial \dot{\theta}} + \lambda \left(\frac{\partial C}{\partial \theta} \right) \\
&= -ma^2\ddot{\theta} - \lambda a
\end{aligned}
\tag{1.185}
$$

求めるべき物理量は $x(t)$, $\theta(t)$, λ の 3 つで，解くべき方程式も，運動方程式 (1.184)(1.185) と拘束条件 (1.182) の 3 つである。拘束条件 (1.182) の時間に関する 2 階微分から以下の関係を得る。

$$\ddot{x} = a\ddot{\theta} \tag{1.186}$$

運動方程式 (1.184)(1.185) から λ を消去し，関係式 (1.186) を用いて整理すると，以下の方程式を得る。

$$2ma\ddot{\theta} = mg \sin \beta \tag{1.187}$$

初期条件 $x(0) = 0$, $\dot{x}(0) = 0$ のもとで解くと，解は以下のようになる。

$$x = \frac{1}{4}g \sin \beta t^2 \tag{1.188}$$

$$\theta = \frac{g}{4a} \sin \beta t^2 \tag{1.189}$$

未定乗数は

$$\lambda = -\frac{1}{2}mg\sin\beta \qquad (1.190)$$

のように求まる。運動方程式 (1.184) から分かるように $-\lambda$ は坂と車輪の間の摩擦力に対応している。車輪が滑らないのはこの摩擦が原因である。

1.8.2　拘束条件がある系の運動の扱い

一般の場合に拡張するため，この例をオイラー-ラグランジュ方程式の導出から振り返ってみる。作用積分の変分は以下のようになる。

$$\delta S = \int_{t_1}^{t_2} dt \left[\left(\frac{\partial L}{\partial x} - \frac{d}{dt}\frac{\partial L}{\partial \dot{x}} \right) \delta x + \left(\frac{\partial L}{\partial \theta} - \frac{d}{dt}\frac{\partial L}{\partial \dot{\theta}} \right) \delta\theta \right] = 0 \qquad (1.191)$$

拘束条件が存在するので δx と $\delta\theta$ は独立ではなく，ここからオイラー-ラグランジュ方程式を導くことができない。一方，変分は拘束条件のもとに行われるので

$$\delta C = \frac{\partial C}{\partial x}\delta x + \frac{\partial C}{\partial \theta}\delta\theta = 0 \qquad (1.192)$$

を満さなければならない。この式から

$$\delta\theta = -\frac{(\partial C/\partial x)}{(\partial C/\partial \theta)}\delta x \qquad (1.193)$$

を得る。ここで

$$\lambda(t) \equiv -\left(\frac{\partial C}{\partial \theta} \right)^{-1} \left(\frac{\partial L}{\partial \theta} - \frac{d}{dt}\frac{\partial L}{\partial \dot{\theta}} \right) \qquad (1.194)$$

で定義される未定乗数を導入すると作用積分の変分 (1.191) を以下のように書き換えることができる。

$$\delta S = \int_{t_1}^{t_2} dt \left(\frac{\partial L}{\partial x} - \frac{d}{dt}\frac{\partial L}{\partial \dot{x}} + \lambda(t)\frac{\partial C}{\partial x} \right) \delta x \qquad (1.195)$$

ここに現れる δx は，任意の変分をとることができる。したがって，任意の変分 δx に対して，式 (1.195) が恒等的にゼロになるという条件から，以下の方程

60　第 1 章　変分原理

式が満たされなければならないことが導かれる。

$$\frac{\partial L}{\partial x} - \frac{d}{dt}\frac{\partial L}{\partial \dot{x}} + \lambda(t)\frac{\partial C}{\partial x} = 0 \tag{1.196}$$

未定乗数の定義式 (1.194) は以下のように整理される。

$$\frac{\partial L}{\partial \theta} - \frac{d}{dt}\frac{\partial L}{\partial \dot{\theta}} + \lambda(t)\frac{\partial C}{\partial \theta} = 0 \tag{1.197}$$

この結果は，未定乗数を用いて形式的に式 (1.183) のように導入したラグランジアンをオイラー-ラグランジュ方程式に代入して得られる結果と一致している。

付録 A

A.1 オイラー-ラグランジュ方程式の運動方程式からの導出

ここでは，3 次元空間中を運動する質量 m の 1 つの質点が満たす運動方程式から，帰納的にその粒子が満たすオイラー-ラグランジュ方程式を導出する。

A.1.1 単純な場合

簡単のため質点に働く力が保存力であるとすると，力は位置エネルギー $U(x, y, z)$ の勾配 $\left(-\frac{\partial U}{\partial x}, -\frac{\partial U}{\partial y}, -\frac{\partial U}{\partial z}\right)$ で与えられる。力がつり合った状態では，力の各成分はゼロであるから

$$\left(-\frac{\partial U}{\partial x}, -\frac{\partial U}{\partial y}, -\frac{\partial U}{\partial z}\right) = (0, 0, 0) \tag{A.1}$$

を満たす。以下では，$x = x_1$, $y = x_2$, $z = x_3$ として座標を x_i $(i = 1, 2, 3)$ で表す。保存力により加速度運動する質点の運動方程式は以下のように与えられる。

$$m\ddot{x}_i = -\frac{\partial U}{\partial x_i} \tag{A.2}$$

左辺の書き換えを以下のように行う。

$$m\ddot{x}_i = \frac{d}{dt}\frac{\partial}{\partial \dot{x}_i}\left(\frac{1}{2}m\sum_{j=1}^{3}\dot{x}_j^2\right) \tag{A.3}$$

62　付録 A

質点の運動エネルギー

$$K = \frac{1}{2} m \sum_{j=1}^{3} \dot{x}_j^2 \tag{A.4}$$

を用いると，運動方程式 (A.2) を以下のように書き換えることができる。

$$-\frac{\partial U}{\partial x_i} - \frac{d}{dt}\frac{\partial}{\partial \dot{x}_i} K = 0$$

$$\therefore \frac{\partial (K - U)}{\partial x_i} - \frac{d}{dt}\frac{\partial (K - U)}{\partial \dot{x}_i} = 0 \tag{A.5}$$

以下のように定義されるラグランジアン

$$L \equiv K - U \tag{A.6}$$

を用いると，粒子の運動方程式は次のように書ける。

$$\frac{\partial L}{\partial x_i} \quad \frac{d}{dt}\frac{\partial L}{\partial \dot{x}_i} - 0 \tag{A.7}$$

こうしてオイラー-ラグランジュ方程式が導かれた。

A.1.2　拘束条件のもとで運動する質点

　質点の運動が 2 次元曲面内に限られる場合を扱う。例えば，質点が半径 R の球面上に拘束されている場合がこれに相当する。このとき独立な自由度は 2 であり，質点の運動は 2 つの一般化座標 q_1, q_2 によって記述される。したがって，3 次元デカルト座標系における質点の座標は以下のように q_1, q_2 の関数として書ける。

$$x_i = x_i(q_1(t),\ q_2(t)) \quad (i = 1, 2, 3) \tag{A.8}$$

ここで，粒子の位置 x_i は q_1, q_2 を通してのみ時間に依存し，時間に陽に依存しないとした。質点に働く力は，位置エネルギー U の勾配で与えられる保存力とする。粒子が 2 次元曲面に拘束されているのは，拘束力 $\tilde{\boldsymbol{F}}$ が働いているためである。例えば，1.6 節で紹介した振り子の例では，棒からの張力により質点と支点の距離が一定に保たれている。運動方程式 (A.2) のままでは，この拘束条件

A.1 オイラー-ラグランジュ方程式の運動方程式からの導出　63

が考慮されておらず，ある 2 次元面内に粒子の運動が限られるという拘束条件のもとで運動する粒子の運動を記述する方程式としては不十分である。1 つのやり方は，拘束条件を考慮して適切な座標系を用いて，運動方程式を立てることである。振り子の例では，振り子の傾き角 θ のみを変数として扱うことがこれに対応する。1.8 節では，ラグランジュの未定乗数法を用いた解析方法を紹介している。

　ここでは，もう 1 つのやり方である運動方程式 (A.2) に拘束力を加えて

$$m\ddot{\boldsymbol{x}} = -\boldsymbol{\nabla}U + \tilde{\boldsymbol{F}} \tag{A.9}$$

のように修正する方法を考える。拘束力の扱いは厄介なので，この項が現れない形にもっていきたい。幸い，拘束力は仕事をしないことを知っている。例えば振り子の例では，棒の張力は常に質点の運動方向と垂直に働いており仕事をしない。あるいは机の上を運動する質点には，机から抗力が束縛力として働いている。机の上で静止している質点には常に机の抗力が働いているが，外部から力が働かない限り静止し続けることから，抗力が仕事をしないのは明らかであろう。このことを考慮して式 (A.9) を変形する。まず，質点を自身が拘束されている面内で微小変位 $\delta\boldsymbol{x} = (\delta x_1, \delta x_2, \delta x_3)$ だけ仮想的に動かすことを考える。この変位は，質点が運動方程式に従った運動の結果起きたものではなく，拘束条件を破らないという条件のもとで仮想的に移動させたものなので，**仮想変位**と呼ばれる。拘束力は仮想変位と必ず直交し，仕事をしないので

$$\tilde{\boldsymbol{F}} \cdot \delta\boldsymbol{x} = 0 \tag{A.10}$$

のように仮想変位との内積がゼロとなる。すなわち，運動方程式 (A.9) と仮想変位の内積をとることで，運動方程式から拘束力を消し去り以下の形に整理できる。

$$m\ddot{\boldsymbol{x}} \cdot \delta\boldsymbol{x} = -\boldsymbol{\nabla}U \cdot \delta\boldsymbol{x} \tag{A.11}$$

この関係式は**ダランベールの原理** (d'Alembert's principle) と呼ばれる。この方程式を独立な 2 つの一般化座標 q_1, q_2 を用いて書き換える。座標の時間に関する 1 階微分は，以下のように書ける。

64 付録 A

$$\dot{x}_i = \frac{\partial x_i}{\partial q_1}\dot{q}_1 + \frac{\partial x_i}{\partial q_2}\dot{q}_2 \tag{A.12}$$

これから以下の結果を得る。

$$\frac{\partial \dot{x}_i}{\partial \dot{q}_j} = \frac{\partial x_i}{\partial q_j} \tag{A.13}$$

ここで $i = 1, 2, 3,\ j = 1, 2$ である。仮想変位は一般化座標の仮想変位を用いて以下のように表すことができる。

$$\delta x_i = \frac{\partial x_i}{\partial q_1}\delta q_1 + \frac{\partial x_i}{\partial q_2}\delta q_2 \tag{A.14}$$

これらから，方程式 (A.11) の左辺を以下のように書き換えることができる。

$$
\begin{aligned}
m\ddot{\boldsymbol{x}} \cdot \delta \boldsymbol{x} &= m\sum_{i=1}^{3} \ddot{x}_i \left(\frac{\partial x_i}{\partial q_1}\delta q_1 + \frac{\partial x_i}{\partial q_2}\delta q_2 \right) \\
&= m\sum_{i=1}^{3} \left(\ddot{x}_i \frac{\partial \dot{x}_i}{\partial \dot{q}_1}\delta q_1 + \ddot{x}_i \frac{\partial \dot{x}_i}{\partial \dot{q}_2}\delta q_2 \right) \\
&= \left[\frac{d}{dt}\frac{\partial}{\partial \dot{q}_1} \left(\frac{1}{2}m\sum_{i=1}^{3} \dot{x}_i^2 \right) - m\sum_{i=1}^{3} \dot{x}_i \frac{d}{dt}\frac{\partial \dot{x}_i}{\partial \dot{q}_1} \right] \delta q_1 \\
&\qquad + \left[\frac{d}{dt}\frac{\partial}{\partial \dot{q}_2} \left(\frac{1}{2}m\sum_{i=1}^{3} \dot{x}_i^2 \right) - m\sum_{i=1}^{3} \dot{x}_i \frac{d}{dt}\frac{\partial \dot{x}_i}{\partial \dot{q}_2} \right] \delta q_2 \\
&= \left[\frac{d}{dt}\frac{\partial}{\partial \dot{q}_1} \left(\frac{1}{2}m\sum_{i=1}^{3} \dot{x}_i^2 \right) - m\sum_{i=1}^{3} \dot{x}_i \frac{d}{dt}\frac{\partial x_i}{\partial q_1} \right] \delta q_1 \\
&\qquad + \left[\frac{d}{dt}\frac{\partial}{\partial \dot{q}_2} \left(\frac{1}{2}m\sum_{i=1}^{3} \dot{x}_i^2 \right) - m\sum_{i=1}^{3} \dot{x}_i \frac{d}{dt}\frac{\partial x_i}{\partial q_2} \right] \delta q_2 \\
&= \left[\frac{d}{dt}\frac{\partial}{\partial \dot{q}_1} \left(\frac{1}{2}m\sum_{i=1}^{3} \dot{x}_i^2 \right) - m\sum_{i=1}^{3} \dot{x}_i \frac{\partial \ddot{x}_i}{\partial q_1} \right] \delta q_1 \\
&\qquad + \left[\frac{d}{dt}\frac{\partial}{\partial \dot{q}_2} \left(\frac{1}{2}m\sum_{i=1}^{3} \dot{x}_i^2 \right) - m\sum_{i=1}^{3} \dot{x}_i \frac{\partial \dot{x}_i}{\partial q_2} \right] \delta q_2
\end{aligned}
$$

$$= \left[\frac{d}{dt} \frac{\partial}{\partial \dot{q}_1} \left(\frac{1}{2} m \sum_{i=1}^{3} \dot{x}_i^2 \right) - \frac{\partial}{\partial q_1} \left(\frac{1}{2} m \sum_{i=1}^{3} \dot{x}_i^2 \right) \right] \delta q_1$$

$$+ \left[\frac{d}{dt} \frac{\partial}{\partial \dot{q}_2} \left(\frac{1}{2} m \sum_{i=1}^{3} \dot{x}_i^2 \right) - \frac{\partial}{\partial q_2} \left(\frac{1}{2} m \sum_{i=1}^{3} \dot{x}_i^2 \right) \right] \delta q_2 \quad \text{(A.15)}$$

一方，方程式 (A.11) の右辺は以下のように書き換えられる。

$$-\boldsymbol{\nabla} U \cdot \delta \boldsymbol{x} = - \sum_{i=1}^{3} \left(\frac{\partial U}{\partial x_i} \frac{\partial x_i}{\partial q_1} \delta q_1 + \frac{\partial U}{\partial x_i} \frac{\partial x_i}{\partial q_2} \delta q_2 \right)$$

$$= - \frac{\partial U}{\partial q_1} \delta q_1 - \frac{\partial U}{\partial q_2} \delta q_2 \quad \text{(A.16)}$$

これらを方程式 (A.11) に代入する。q_1, q_2 は独立に任意の値をとりうるので，任意の $\delta q_1, \delta q_2$ に対してこの方程式が常に成り立つためには，$\delta q_1, \delta q_2$ それぞれの係数が等しくなければならない。よって以下の方程式を得る。

$$\frac{d}{dt} \frac{\partial K}{\partial \dot{q}_j} - \frac{\partial K}{\partial q_j} + \frac{\partial U}{\partial q_j} = 0 \quad \text{(A.17)}$$

ラグランジアンの定義式 (A.6) を用いると，この方程式系は以下のように書ける。

$$\frac{d}{dt} \frac{\partial L}{\partial \dot{q}_j} - \frac{\partial L}{\partial q_j} = 0 \quad \text{(A.18)}$$

$j = 1, 2$ に対応した 2 つの方程式が，一般化座標が満たす運動方程式であり，これが拘束条件があるときのオイラー-ラグランジュ方程式である[†1]。

[†1] さらなる詳細は文献 [1, 2, 9] を参考にしてほしい。

A.2 光の回折と観測の不確定性関係

ここでは，スリットを通る光の回折現象の解説と，波の重ね合わせで表現される現象に共通に現れる観測の不確定性関係について解説する。

A.2.1 スリットを透過する光の回折

図 A.1 にスリットに垂直に入射する平面波の回折の様子を示した。スリットは，巾が D で紙面に垂直な方向に巾に比べて十分に長く伸びた矩形であるとする。図 A.1 は，スリットの中央付近で巾に平行にカットした断面である。スリット入射直前の波の3つの山と同位相の波面を実線で示した。光の波長 λ は，スリット間隔より十分短く $\lambda \ll D$ であるとする。スリットから十分離れた距離 L にあるスクリーンの位置での波の振幅の絶対値をスクリーン上に描いた。ホイヘンスの原理により，スリット内に連続無限個存在する仮想的光源（この例では，各光源は紙面に垂直方向を向いた直線上の光源）が2次元面内に等方的に発する光の包絡線上の光の重ね合わせにより，スリット通過後各方向に伝わる光の振幅が決定される。スリット内の仮想的光源が発する光を2次波と呼ぶ。スリット内の仮想的光源が発する光の1波長分を表す円をスリット内の4

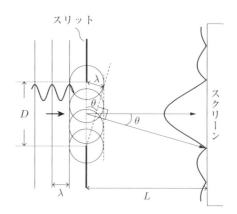

図 A.1 スリットを通過する光の回折

つの点に対して描いた。

スリットの法線方向，すなわち入射光の進行方向と同じ方向に伝搬する光の包絡線を破線で表した。この光を**直進する光**と呼ぶことにする。図から明らかなように 2 次波の位相は全て揃っており，重ね合わせた結果，お互いに強め合う。この方向から少しでも傾いた方向に伝搬する光は，2 次波の包絡線内に異なる位相の光が含まれるため，重ね合わせの結果，直進する光より振幅が小さくなる。以上の考察から，スクリーン上での振幅は，スリットの中心からスリットの法線方向に進む直線とスクリーンの交点に到達する光，すなわち直進する光に対して最大となる。

図 A.1 には $D\theta = \lambda$ を満たす直進する光から角度 θ だけ傾いた方向に進む光の包絡線も破線で示した。ここで，$\theta \ll 1$ であることから $\sin\theta$ を θ と近似した。この包絡線上の波の位相は，スリット最下部の位相を基準（すなわちゼロ）とすると，スリット最上部から発せられる 2 次波の位相が 2π で，ちょうど 1 波長分だけズレている。これらの間に同じ振幅を持つ位相差が $0 \sim 2\pi$ の間の波が存在する。これらは重ね合わせの結果，互いに打ち消し合い，角度 θ の方向に伝搬する光の振幅がゼロとなる。同様の考察から，伝搬方向が $2\theta = 2\lambda/D$ のとき，包絡線上の 2 次波の位相は $0 \sim 4\pi$ に分布することになり，重ね合わせにより再び振幅がゼロとなる。進行方向が λ/D から $2\lambda/D$ の間の光は，2 次波の位相が $0 \sim 2\pi$ の間にある光は重ね合わせにより打ち消し合い振幅がゼロとなるが，位相が 2π 以上の光は完全に打ち消し合うことがなく，有限の振幅を生じる。このため，進行方向が λ/D から $2\lambda/D$ の間の光は，振幅が有限の値を持つが，その最大値は直進する光より小さい値となる。このようにしてスリットによる回折により，スクリーン上に中心部の幅 $L \times 2\lambda/D$ の明線を中心に幅 $L \times \lambda/D$ の明線がその最大強度を弱めながら繰り返し縞状に現れる。これを**回折縞**と呼ぶ。

回折現象をもう少し定量的に解説する。図 A.2 のように，スリット内が間隔 d で等間隔で並んでいる仮想的線光源で満たされているとする。線光源の数は $N+1$ で $D = Nd$ を満たす。これらの光源は，スリットに入射する平面波のスリット透過後の伝搬を決定する光源であるから，各光源から発せられる光は同位相である。光の角振動数を ω とし，時刻 t のとき各仮想的線光源から発せ

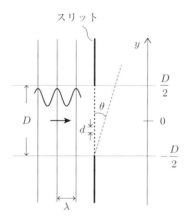

図 A.2 スリット内に有限な間隔 d で等間隔で分布する仮想的な線光源からの 2 次波の重ね合わせによる回折現象のモデル化

られる光の変位が $E_i(t) = E_0 \cos \omega t$ であるとする．ここで，E_0 は振幅を表す定数である．全ての $N+1$ 個の線光源の振幅を足し合わせた量を $\tilde{E}$ とすると，$\tilde{E} = (N+1)E_0$ となる．図 A.2 のスリットの最下方の開口部にある線光源を $i=0$ とし，最上部の開口部にある線光源を $i=N$ として，下から上へ並び順に従って番号を付与する．図 A.2 に示した角度 θ 方向に伝搬する光の振幅を形成する 2 次波を考える．最下部，すなわち $i=0$ の線光源が時刻 t に発する光の位相 ωt に対して，角度 θ だけ傾いた包絡線上の $i=n$ 番目の線光源の位相は，既に距離 $n \times$ 線光源の間隔 $d \times$ 光の伝搬方向 θ だけ進んでいるため，$i=n$ の線光源から発せられた時刻を $nd\theta/c$ だけ遡る必要があるため，$\omega(t - nd\theta/c)$ である．ここで，c は真空中の光速である．したがって，角度 θ だけ傾いた包絡線上の光の重ね合わせは以下のように計算される．

$$E(\theta, t) = \sum_{n=0}^{N} E_0 \cos\left[\omega\left(t - \frac{nd\theta}{c}\right)\right]$$
$$= \frac{E_0}{2} \sum_{n=0}^{N} \left[e^{i\omega\left(t - \frac{nd\theta}{c}\right)} + e^{-i\omega\left(t - \frac{nd\theta}{c}\right)}\right]$$

$$= \frac{E_0}{2} \left[e^{i\omega t} \sum_{n=0}^{N} e^{-i\frac{\omega}{c}\theta nd} + e^{-i\omega t} \sum_{n=0}^{N} e^{i\frac{\omega}{c}\theta nd} \right] \tag{A.19}$$

図 A.2 に示したように，スリットに平行に y 軸をとり，その原点をスリットの中心と一致させる。すると，$y = nd - D/2$ によって n 番目の線光源の y 座標が与えられる。よって $dn = dy/d$ であり，式 (A.19) の n による和を以下のように y による積分で計算できる。

$$\begin{aligned}
\sum_{n=0}^{N} e^{-i\frac{\omega}{c}\theta nd} &= \frac{1}{d} \int_{-D/2}^{D/2} dy\, e^{-i\frac{\omega}{c}\theta y} \\
&= \frac{1}{d} \frac{1}{-i\omega\theta/c} \left[e^{-i\frac{\omega}{2c}\theta D} - e^{i\frac{\omega}{2c}\theta D} \right] \\
&= \frac{D}{d} \frac{\sin\left(\frac{\omega D\theta}{2c}\right)}{\omega D\theta/2c} = N \frac{\sin\left(\frac{\pi D\theta}{\lambda}\right)}{\pi D\theta/\lambda}
\end{aligned} \tag{A.20}$$

式 (A.20) は $\theta \to -\theta$ の入れ替えに対して不変，つまり θ の偶関数なので，式 (A.19) の最後の等号の右辺第 2 項の n による和も式 (A.20) と同じ結果を与える。最後の変形では，関係式 $D = Nd$ を用いた。以上から式 (A.19) は，$d \to 0$ （すなわち $N \to \infty$）の極限で以下のように計算される。

$$E(\theta, t) = \frac{NE_0}{2} \frac{\sin\left(\frac{\pi D\theta}{\lambda}\right)}{\pi D\theta/\lambda} (e^{i\omega t} + e^{-i\omega t}) = \tilde{E} \frac{\sin\left(\frac{\pi D\theta}{\lambda}\right)}{\pi D\theta/\lambda} \cos \omega t \tag{A.21}$$

ここで $N \to \infty$ の極限で $NE_0 \to \tilde{E}$ となることを用いた。この結果は巾 D のスリットを通過した単色平面波が回折し，スクリーンに到達したときの光の振幅の光の進行方向依存性が

$$\tilde{E}(\theta) = \tilde{E} \frac{\sin\left(\frac{\pi D\theta}{\lambda}\right)}{\pi D\theta/\lambda} \tag{A.22}$$

で与えられることを示している。ここで $\operatorname{sinc} x = \frac{\sin x}{x}$ で定義される sinc 関数を用いると

$$\tilde{E}(\theta) = \tilde{E} \operatorname{sinc}\left(\frac{\pi D\theta}{\lambda}\right) \tag{A.23}$$

70 付録 A

と表される。図 A.1 のスクリーン上の光の振幅の絶対値の θ 依存性の曲線は，式 (A.23) の絶対値である。式 (A.23) は，$\theta = 0$ で $\tilde{E}$ の最大値をとる。振幅がゼロになる進行方向は分子がゼロになる条件より $\pi D\theta/\lambda = n\pi$ で与えられ，$\theta = n\lambda/D$ と求まり，中央に現れる明線の巾が $L \times 2\lambda/D$ となり，定性的な議論で求めた結果と一致することが確認できた。

A.2.2 回折限界

点光源からの光を考え，光源とスリット間の距離に比べて，スリット巾およびスリットの長さが十分小さく，無限遠にある点光源として扱えるとき，スリットに入射する光は平面波として近似できる。平面波の進行方向が，スリットから見た光源の方角と等しい。図 A.1 の例では，光源はスリット面の法線ベクトルの延長上に存在することを仮定したことになる。図 A.1 でスリット面の法線ベクトルの方向を x 軸とする。スリットからスクリーンに向かう向きを x 軸正の方向とする。この光源が x-y 平面上にあるとする。この光源を光源 A と呼ぶことにする。

光源 A と同一平面内の別の点にある光源 B を考える。スリットの中心から光源 B を見込む角度を θ' とし，この光源も十分遠方にあるとする。以下，θ' を光源 A から測定した光源 B の**角距離**と呼ぶ。議論を簡単にするため光源 A と B はスリットから同じ距離にあり明るさが同じであるとする。光源 B の光がスリットで回折して，スクリーン上に現れる回折縞は，光源 A の回折縞をスクリーンに沿って $L \times \theta'$ ズラしたものとなる。その振幅の絶対値の分布は全体的に $L \times \theta'$ だけシフトする以外は図 A.1 と同じである。角距離 θ' が λ/D 以上離れていれば，2 つの光源の回折縞が重なり合ってスクリーンに形成される回折縞に 2 つの同じ強度の明るい明線が現れる。この明線の間隔から光源 A と光源 B の角距離を測定できる。言い換えると，2 つの光源を分離して観測することができる。一方，角距離 θ' が λ/D と比べて十分小さいとき，2 つの光源の回折縞が重なり合い，スクリーンには中心が光源 A，光源 B が単独で形成する回折縞の中心の中央にシフトし，回折縞の中央の明線が 2 つに分離することなく，巾が多少太くなった回折縞として現れる。このとき，スクリーンに映し出された回折縞を観測するだけでは，光源が 2 つあることを容易に判別するこ

とができない。言い換えると、2 つの光源を分離して観測することができない。
図 A.1 から，光源 A の回折縞の典型的な巾は $L \times \lambda/D$ であり，2 つの光源の
角距離が λ/D 以上離れれば分離でき，それ以下の場合は分離が不能と捉えて
よいだろう。

2 つの光源を分離できるかどうかの境界の角距離 $\theta'_{\mathrm{dfl}} \equiv \lambda/D$ は**回折限界**
(diffraction limit) と呼ばれる。ここでは，短冊形のスリットによる回折を扱っ
たが，直径 D の円形のレンズや円形の反射鏡などにより集光する望遠鏡や顕微
鏡などにも適用でき，回折限界がこれら装置の画像解像度の限界を与える。光
の波長を固定すると，より解像度の高い画像を得るには，使用するレンズや鏡
の大きさを大きくしなければならない。

人間の目のレンズにあたるものは水晶体で大体直径 $0.9\,\mathrm{cm}$ であり，水晶体
の性能が中心部から周辺部に向かって落ちていく効果を考慮した有効直径を
$0.4\,\mathrm{cm}$ 程度と見積もることにする。可視光線の中心波長は，緑色の $0.000055\,\mathrm{cm}$
($0.55\,\mu\mathrm{m}$) である。したがって，人間の目の解像度は

$$\frac{0.000055}{0.4} \sim 0.00014 \text{ ラジアン} = 0.008 \text{ 度} \tag{A.24}$$

で，大体 0.01 度である。例えば，木星の衛星イオ，エウロパ，ガニメデ，カリ
ストの木星からの角距離は，それぞれ 0.03 度，0.05 度，0.08 度，0.15 度であ
り，かつ明るさが肉眼で認識できるギリギリの明るさを持っているため原理的
には肉眼でこれらを分離観測することが可能である。実際，中国の天文学者甘
徳が紀元前 364 年に木星近傍に暗い星があることを記録している。しかしなが
ら，木星がこれらの衛星に比べて明るすぎるため，肉眼で識別することはほぼ
不可能である。この木星の衛星の存在がはじめて明らかになったのは，ガリレ
オが望遠鏡を世界ではじめて空に向けたときで，これらの衛星は総称で**ガリレ
オ衛星**と呼ばれている。

A.2.3 観測の不確定性関係

図 A.1 の例では，スリットを通過する前の光の波数ベクトルが $\boldsymbol{k} = (k, 0, 0)$
で与えられる。一方，スリット通過後は，波数ベクトルの y 成分が発生してい
る。これを Δk_y とする。話を $\lambda/D \ll 1$ の場合に限定すると，スリット通過後

72　付録 A

の波数ベクトルの x 成分の変化は無視することができ，通過前と同じ k である
としてよい。回折限界は，回折により波の進行方向が y 軸方向に $\pm\lambda/2D$ だけ
広がることによって生じる効果と捉えることができ，波数ベクトルが $(k, 0, 0)$
で表される状態から $(k, -k\lambda/2D, 0) \sim (k, k\lambda/2D, 0)$ の間で不確定になった
ことになる。すなわち，波数ベクトルの y 成分が

$$-\frac{k\lambda}{2D} < \Delta k_y < \frac{k\lambda}{2D} \tag{A.25}$$

の間で不確定になったことになる。波数ベクトルの y 成分の不確定さ Δk_y を
式 (A.25) の範囲とすると

$$\Delta k_y = \frac{k\lambda}{D} = \frac{2\pi}{D} \tag{A.26}$$

となる。最後の変形では波数の定義 $k = 2\pi/\lambda$ を用いた。

　スクリーン上に現れる回折縞は，スリットを透過した全ての光を重ね合わせ
た結果発現したものであり，y 軸上のどこから来た光であるかは "$\Delta y = D$ の
どこか" としか言うことができない。言い換えると，y 軸上のどこから来た光
かは $\Delta y = D$ の精度で不確定である。式 (A.26) と式 $\Delta y = D$ から以下の関
係式を得る。

$$\Delta y \times \Delta k_y \sim 1 \tag{A.27}$$

ここで式 (A.26) と Δy の掛けた結果は 2π であるが，高々オーダー 1 程度にな
ることが重要なので式 (A.27) のように表した。実際の測定を想定すると，こ
こにさらなる測定誤差が混入するため，光が通過した位置の不確定さと光の波
数ベクトルのスリットに平行でスリットの巾方向の成分の間に以下の不等式で
与えられる不確定性関係が成り立つことになる。

$$\Delta y \times \Delta k_y \geq 1 \tag{A.28}$$

この不等式を**観測の不確定性関係**と呼ぶ。

　同様の考察から時間と角振動数の間にも以下の観測の不確定性関係が成り立
つことを示すことができる。

$$\Delta t \times \Delta\omega \geq 1 \tag{A.29}$$

A.2 光の回折と観測の不確定性関係 73

導出過程から明らかなように，観測の不確定性関係 (A.28)(A.29) は，波の重ね合わせによって表現できる現象に必ず付随する波に固有のものである。波動現象に伴う観測の不確定性関係の導出は，文献 [15] の 3.1.5 項および文献 [16] の 2.3 節に詳しく議論されている。

A.2.4　物質の二重性

ド・ブロイ (de Broglie) により，運動量 p を持つ粒子は $\lambda_{\mathrm{dB}} = h/p$ の関係で運動量と結ばれる波長 λ_{dB} を持つ波，すなわち物質波の性質も併せ待つ二重性を備えているという仮説が導入された。その後まもなく，結晶による電子の回折現象が観測され，この仮説が実験的に正しいことが確認された。ここで，$h = 6.626 \times 10^{-34} \mathrm{J\ Hz^{-1}}$ は，**プランク定数 (Planck constant)** である。上記のド・ブロイ仮説は，波数 k を用いると $p = \hbar k$ のように書くことができる。ここで，$\hbar \equiv h/2\pi$ は，**ディラック定数 (Dirac constant)** または**換算プランク定数 (reduced Planck constant)** と呼ばれる定数である。この式は物質の粒子性と波動性を関係づける関係式である。波動の基本的性質である観測の不確定性関係 (A.28) の両辺に $\hbar$ を掛け，ド・ブロイ仮説を用いて k_y を運動量の y 成分 p_y に置き換えると以下の関係式が得られる。

$$\Delta y \times \Delta p_y \geq \hbar \tag{A.30}$$

この不等式は**ハイゼンベルグの不確定性関係**と呼ばれる。導出過程から明らかなように，この関係式は物質が粒子性と波動性の二重性を備えていることを表現している。運動量の x, z 成分についても同様の関係式が成り立つ。

　粒子のエネルギーと角振動数の間に $E = \hbar\omega$ を仮定することで，関係式 (A.29) からエネルギーと時間の間のハイゼンベルグの不確定性関係式

$$\Delta t \times \Delta E \geq \hbar \tag{A.31}$$

が得られる。A.3 節で解説するように，エネルギー E は粒子の静止質量エネルギーと運動エネルギーの和である全エネルギーである。

74　付録 A

A.3　粒子の速度が光速に近いときの 自由粒子のラグランジアン

　A.2.4 項で，量子仮説により質量を持つ粒子のエネルギーを物質波の角振動数と関係づけられることを解説した。ここでは，このエネルギーには粒子の静止質量エネルギーが含まれることを解説する。以下，簡単のため自由粒子を扱い，力が働かず位置エネルギーはゼロとする。

　1.5 節の議論では運動量は $p = mv$，エネルギーは $E = mv^2/2$ とした。しかし相対論によれば，質量 m の粒子は mc^2 の静止質量エネルギーを持つことが知られている。したがって，物質波の角振動数に対応づけるエネルギーとして，静止質量エネルギーを加えた $E = mc^2 + mv^2/2$ を用いるべきなのではないかという疑問が生じる。実際，ラグランジアンの定義に静止質量エネルギーを加えても定数分の違いを生じるだけなので，オイラー-ラグランジュ方程式から導出される運動方程式には影響を与えない。どちらにすべきかの判断材料を得るために，粒子の速度が光速に近い場合を考える。以下は相対論を学習してはじめて理解できることだが，ローレンツ因子 $\gamma \equiv 1/\sqrt{1-\beta^2}$，$\beta \equiv v/c$ を用いて粒子の運動量は $p = \gamma mv$，エネルギーは $E = \sqrt{(mc^2)^2 + (pc)^2} = \gamma mc^2$ と表される。非相対論的極限 $\beta \ll 1$ では，$\gamma \sim 1 + \beta^2/2$ と近似でき，$E \sim mc^2 + mv^2/2$ を得る。逆に，超相対論的極限，すなわち粒子の速度が光速に非常に近く，$\gamma \gg 1$ の極限では $E \sim pc$ となり，$E = \gamma mc^2$ を用いて $\hbar\omega = E$ と定義しておけば，$\omega \sim kc$ となり光の分散関係式が再現される。このことは，有限な質量の粒子の物質波としての角振動数と関係づけられるエネルギーは，静止質量込みのエネルギーであるべきであることを示している。言い換えると，非相対論的運動をする自由粒子の場合，粒子と共に移動する観測者が観測する物質波の位相の変化量という物理的意味を持つ量として妥当なものは以下の量である。

$$d\psi = \frac{1}{h}\left(mc^2 + \frac{mv^2}{2} - \boldsymbol{p}\cdot\boldsymbol{v}\right)dt \tag{A.32}$$

等速直線運動する粒子と一緒に移動する K' 系の観測者は，波と一緒に移動しているため，K' 系の観測者が観測する位相変化量はゼロになることが期待され

るが，式 (A.32) は $mc^2 dt/\hbar$ となり有限の値を持つ。これは，有限の質量を持つ粒子の場合，運動量ゼロ（すなわち波数ゼロ）の極限でも，角振動数 $mc^2/\hbar$ の振動が伴うことを意味している。波の伝搬において，波数ゼロの極限でも角振動数が有限の値を持つ例は多数存在する。A.5 節で扱ったバネで繋がった単振り子の例では，長波長の極限（すなわち波数ゼロの極限）で系を伝わる波の角振動数が単振り子の固有振動数に等しくなり，ゼロにならない。また，プラズマ中の伝搬する光も波数ゼロの極限で角振動数はゼロにならず，プラズマ振動数と呼ばれる振動数に収束することが知られている。

光速に近い速度で運動する粒子も網羅する自由粒子の位相変化量は

$$-d\psi = \frac{1}{\hbar} mc^2 \sqrt{1 - \beta^2}\, dt \tag{A.33}$$

と書ける。したがって，自由粒子のラグランジアンは以下のように定義するのが妥当である。

$$L = -mc^2 \sqrt{1 - \frac{v^2}{c^2}} \tag{A.34}$$

このラグランジアンを用いて定義される作用積分 $S = \int_{t_1}^{t_2} dt L$ は，ある慣性系に対して等速直線運動する別の慣性系間の座標変換を与えるローレンツ変換に対して不変である。ラグランジアン (A.34) はローレンツ変換に対してスカラー量ではないことは，例えば粒子と一緒に運動する慣性系に移れば粒子の速度はゼロであり，ラグランジアンは $-mc^2$ となることからも理解できる。一方，dtL の組はローレンツ変換に対して不変であり，したがって作用積分もスカラー量である。

A.4 波動の基礎

ここでは波動の基本的性質を解説する。まず格子を伝わる縦波の解析を行う。この結果と密接に関連するサンプリング定理とエイリアシングについても言及した。次に波による情報伝達の速度が群速度と呼ばれる速度であること示す。次に連続体近似の極限で，格子を伝わる縦波の伝搬方程式がダランベールの方程式で与えられることを示す。

A.4.1 格子を伝わる振動：位相速度

図 A.3 に示した，質量 m の粒子がバネ定数 κ で自然な長さ a のバネで連結され，規則的に並んでいる 1 次元格子を考える。整数 ℓ を用いて，ℓ 番目の粒子のつり合いの位置は $x_\ell = \ell a$ と表される。ℓ 番目の粒子のつり合いの位置からのズレを $u_\ell(x_\ell, t)$ で表すと，この粒子系のラグランジアンは以下のように書ける。

$$L = \frac{m}{2} \sum_{\ell' = -\infty}^{\infty} \dot{u}_{\ell'}^2 - \frac{\kappa}{2} \sum_{\ell' = -\infty}^{\infty} (u_{\ell'+1} - u_{\ell'})^2 \tag{A.35}$$

オイラー-ラグランジュ方程式から ℓ 番目の粒子の運動方程式が以下のように求まる。

$$\frac{d}{dt} \frac{\partial L}{\partial \dot{u}_\ell} - \frac{\partial L}{\partial u_\ell} = m\ddot{u}_\ell - \kappa(u_{\ell+1} - u_\ell) + \kappa(u_\ell - u_{\ell-1}) = 0$$

$$\therefore \ddot{u}_\ell(x_\ell, t) = \omega_0^2 (u_{\ell+1}(x_{\ell+1}, t) - 2u_\ell(x_\ell, t) + u_{\ell-1}(x_{\ell-1}, t)) \tag{A.36}$$

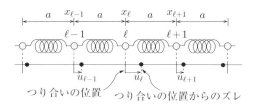

図 A.3 質量 m の無限個の粒子がバネ定数 κ で自然の長さ a のバネで連結され，規則的に並んでいる 1 次元格子。白丸 ○ は左から $\ell-2$ 番目，$\ell-1$ 番目，ℓ 番目，$\ell+1$ 番目，$\ell+2$ 番目の粒子のつり合いの位置（バネが自然の長さのときの位置）を示している。$\ell-1$ 番目，ℓ 番目，$\ell+1$ 番目の粒子のつり合いの位置からのズレ $u_{\ell-1}(x_{\ell-1}, t)$, $u_\ell(x_\ell, t)$, $u_{\ell+1}(x_{\ell+1}, t)$ を黒丸 ● で示した。粒子の位置を表す変数として使用している x_ℓ と u_ℓ の 2 種類について解説する。x_ℓ は，粒子を識別するための番地あるいは名前と捉えてもらえればよく，格子を伝わる振動により粒子の位置が変動しても変わらない。一方 $u_\ell(x_\ell, t)$ は，ℓ 番目の粒子のつり合いの位置からのズレを表し，格子を伝わる振動に伴い時間変動し，時刻 t の関数である。さらに $u_\ell(x_\ell, t)$ は，どの粒子の変位を表しているかを識別できるように x_ℓ の関数である。

ここで $\omega_0 = \sqrt{\kappa/m}$ である。

次に方程式 (A.36) の解を求める。特殊解が以下の形をしていると仮定する。

$$u_\ell(x_\ell, t) = u_0 \mathrm{e}^{-i(\omega t - kx_\ell)} \tag{A.37}$$

ここで ω は角振動数，k は波数である。振幅 u_0 は $u_0 = |u_0|\mathrm{e}^{-i\phi}$ のように振幅の大きさと位相 ϕ を用いて表現できる。この形の解が格子を伝わる波動を表していることを説明する。解 (A.37) は以下のように書き直すことができる。

$$\begin{aligned} u_\ell(x_\ell, t) &= |u_0|\mathrm{e}^{-i(\omega t - kx_\ell + \phi)} \\ &= |u_0|\cos(\omega t - kx_\ell + \phi) + i|u_0|\sin(\omega t - kx_\ell + \phi) \end{aligned} \tag{A.38}$$

この形から分かるように，この解は周期 $2\pi/\omega$，波長 $2\pi/k$ の波動を表している。簡単のために以下 $\phi = 0$ とすると波動の位相は $\omega t - kx_\ell$ となる。実部のみ取り上げると波動の山の 1 つは位相がゼロの場所であり，$\omega t - kx_\ell = 0$ と書ける。したがって，時間経過に伴うこの山の部分の伝搬の様子は以下の式が与える。

$$x_\ell = \frac{\omega t}{k} \tag{A.39}$$

ここで，波数が正のときは山が伝わる方向は ℓ が増える方向，すなわち x の正の方向となり，波数が負のときは山が伝わる方向は ℓ が減少する方向，すなわち x の負の方向となる。解 (A.37) で，角振動数と波数の前の符号を逆にしたのは，波数の符号と波動の伝わる方向が一致するようにするためである。このルールさえ守れば，解の形を

$$u_\ell(x_\ell, t) = u_0 \mathrm{e}^{i(\omega t - kx_\ell)} \tag{A.40}$$

としても構わない。これは式 (A.37) と複素共役な関係にあり独立ではない。すなわち，解の形としては，式 (A.37) か式 (A.40) のどちらかを採用すればよいことになる。また，角振動数と波数が共に負の解は，式 (A.37) が式 (A.40) に，あるいは式 (A.40) が式 (A.37) に変わるだけで，角振動数と波数が共に正の解と等価である。波数の正負は，波の進行方向という物理的な意味を持つ。そこ

78　付録 A

で，波動を扱うときは波数にのみ正負両方の値をとる可能性を残し，角振動数
は正の値のみをとるとする．式 (A.39) の形から山が伝わる速度，言い換える
と同位相の場所が移動する速度は

$$V_p = \frac{\omega}{k} \tag{A.41}$$

で与えられ，これを**位相速度** (phase velocity) と呼ぶ．

　方程式 (A.36) の解を求めてみよう．式 (A.37) を方程式 (A.36) に代入する
ことで以下の式を得る．

$$
\begin{aligned}
& - \omega^2 u_0 \exp[-i(\omega t - k\ell a)] \\
& = \omega_0^2 u_0 \left\{ e^{-i(\omega t - k(\ell+1)a)} - 2e^{-i(\omega t - k\ell a)} + e^{-i(\omega t - k(\ell-1)a)} \right\}
\end{aligned} \tag{A.42}
$$

両辺を $u_0 \exp[-i(\omega t - k\ell a)]$ で割ることで以下の式を得る．

$$\omega^2 = 4\omega_0^2 \sin^2 \frac{ku}{2} \tag{A.43}$$

方程式 (A.42) は，$u_0 = 0$ のときも成り立つが，これは全ての粒子がつり合い
の位置から全く動いていないことを表す解であり，そのような状態が解となる
ことは自明であり，この解を**自明な解**と呼ぶ．自明でない解 ($u_0 \neq 0$) を持つ
ためには，角振動数と波数の間に式 (A.43) の関係が成り立つ必要があること
になる．ある媒質中を伝搬する波に対して，式 (A.43) のような波数と角振動
数が満たす関係式を**分散関係式** (dispersion relation) と呼ぶ．分散関係式が分
かれば，位相速度 (A.41) の波数依存性が分かる．

　位相速度が波数に依存しない媒質から性質の異なる媒質へ境界面に対して斜
めに波が入射する状況を考える．入射した媒質の位相速度が波数に依存すると
き，波の波長により屈折率が異なるため，波の波長ごとに屈折角が異なり波の
進行方向が分散する[†2]．

[†2] 光がプリズムに入射すると虹色に分散する現象がこれにあたる．波数と角振動数の満たす関
係式から，媒質中を伝搬する波の分散度合いが分かるため分散関係式という名前が付けられ
ている．

A.4 波動の基礎 79

式 (A.37) が方程式 (A.36) の解であるためには，関係式 (A.43) を満たすだけでは十分ではない。波数が与えられた境界条件を満たす必要がある。解が周期 N の周期境界条件を満たす場合について考察する。式で表現すると以下のようになる。

$$u_{N+1}(x_{N+1}, t) = u_1(x_1, t) \tag{A.44}$$

これは，x_1 から N 個格子を進むと元の状態，すなわち x_1 の状態と同じ状態に戻ることを意味している。境界条件 (A.44) から波数に対し，次の条件が課せられる。

$$u_0 e^{-i\{\omega t - k(N+1)a\}} = u_0 e^{-i(\omega t - ka)}$$

$$e^{ikNa} = 1 \qquad kNa = 2\pi n \tag{A.45}$$

ここで，n は整数である。したがって，波数が満たすべき条件は以下のようになる。

$$k = \frac{2\pi n}{Na} \tag{A.46}$$

この条件式に現れる整数 n のとりうる範囲には，以下の議論から制限が課せられる。$n = N/2 + n'$ のときの式 (A.37) の形で与えられる解は以下のように変形される。ただし，n' は $0 \leq n' \leq N/2$ なる正の整数である。

$$\begin{aligned}
u_\ell(x_\ell, t) &= u_0 \exp\left[-i\left(\omega t - \frac{2\pi(N/2 + n')}{Na}\ell a\right)\right] \\
&= u_0 \exp\left[-i\left(\omega t - \frac{2\pi(N - N/2 + n')}{Na}\ell a\right)\right] \\
&= u_0 \exp\left[-i\left(\omega t - 2\pi\ell - 2\pi\frac{(n' - N/2)\ell}{N}\right)\right] \\
&= u_0 \exp\left[-i\left(\omega t - 2\pi\frac{(n' - N/2)\ell}{N}\right)\right]
\end{aligned} \tag{A.47}$$

最後の式は波数が $n = n' - N/2$ で与えられるときの解 (A.37) である。$0 \leq n' \leq N/2$ であることから $-N/2 \leq n' - N/2 \leq 0$ の範囲をとる。すなわち，n が $N/2$ を超えたときの解は n が負の解のいずれかと等価となり，独

80   付録 A

立な解を与えない。したがって，周期境界条件を満たす独立な解は，角振動数
と波数が以下の式を満たす N 個の解として与えられる。

$$\omega = 2\omega_0 \left| \sin \frac{ka}{2} \right| \tag{A.48}$$

$$k = \frac{2\pi n}{Na} \quad \left(n = -\frac{N}{2} + 1, \cdots, -1, 0, 1, \cdots, \frac{N}{2} \right) \tag{A.49}$$

これらの条件を満たす角振動数と波数で与えられる式 (A.37) の形の解が格子
を伝わる N 個の独立な基準振動を与える。また，分散関係式の形から格子を伝
わる波の角振動数の最大値は $2\omega_0$ であり，これより大きな角振動数の波は伝わ
ることができないことが分かる。この角振動数の上限を**遮蔽振動数**と呼ぶ。こ
こで，N は偶数であることを前提とした。また，$n = -N/2$ の解は $n = N/2$
と等価であることを用いて n の範囲の制限を決めた。

　N が奇数の場合について考察する。新たな正の整数 $\tilde{N}$ を用いて $N = 2\tilde{N}+1$
と書き直す。$0 \le n' \le \tilde{N}$ なる整数 n' を用いて $n = \tilde{N}+1+n'$ となるときの
解 (A.37) の形を調べる。

$$
\begin{aligned}
u_\ell(x_\ell, t) &= u_0 \exp\left[-i\left(\omega t - \frac{2\pi(\tilde{N}+1+n')}{Na}\ell a \right) \right] \\
&= u_0 \exp\left[-i\left(\omega t - \frac{2\pi(2\tilde{N}+1-\tilde{N}+n')}{Na}\ell a \right) \right] \\
&= u_0 \exp\left[-i\left(\omega t - 2\pi\ell - 2\pi\frac{(n'-\tilde{N})\ell}{N} \right) \right] \\
&= u_0 \exp\left[-i\left(\omega t - 2\pi\frac{(n'-\tilde{N})\ell}{N} \right) \right] \tag{A.50}
\end{aligned}
$$

最後の式は n が $\tilde{N}+1$ 以上の解は，n が負の解のいずれかと等価となり独
立ではないことを示している。したがって，独立な解は $n = -\tilde{N}, -\tilde{N}+1,$
$\cdots, -1, 0, 1, \cdots, \tilde{N}$ の $N = 2\tilde{N}+1$ 個である。まとめると，独立な解の数は
格子の数の偶数・奇数にかかわらず，周期境界が満たされる 1 周期内の格子の
総数 N に等しい。

A.4 波動の基礎 81

　ここまでの結果から格子を伝わる波の波数に上限，すなわち波の波長に下限が存在することが示されたが，その物理的意味を考察する。上記の結果は N が十分大きいときは，波数が π/a 以下，すなわち波長が $2a$ 以上の波は独立で，波長が $2a$ 未満の波は，波長が $2a$ 以上の波のいずれかと等価になってしまい，独立ではないと言い換えることができる。この結果から，格子間隔の 2 倍以上の波長の波は独立であるが，2 倍未満の波長の波は格子間隔の 2 倍以上の波長を持ついずれかの波と等価になってしまい独立な波として扱えないことが分かる。例えば，ある瞬間に全ての格子がつり合いの位置にいる場合，すなわち，図A.3 の白丸で示した位置に全ての格子がいる場合を考える。このような状態は，波数が π/a（つまり波長が $2a$）の波が格子を伝わっており，ちょうど全ての格子が波の節に対応する位置にいることで実現できる。つまり，$u_\ell = \sin \pi\ell = 0$ の状態にある場合である。しかし，同様の状態は，波長が $2a/3$ の波が伝搬しちょうど全ての格子が波の節の位置にいる場合 ($u_\ell = \sin 3\pi\ell = 0$) でも実現できる。さらに，振動の角振動数も分散関係式 (A.43) に波長が $2a$ のときの波数 $k = \pi/a$ および波長が $2a/3$ のときの波数 $k = 3\pi/a$ を代入することで，それぞれ $\omega = 2\omega_0|\sin \pi/2| = 2\omega_0$ および $\omega = 2\omega_0|\sin 3\pi/2| = 2\omega_0$ と全く同じになる。すなわち，波長が $2a$ の波と波長が $2a/3$ の波は，格子に全く同等の振動を引き起こし，区別できない。これが，独立な波の波数に上限が現れた物理的理由である。

　格子を伝わる波の波長が格子間隔 a より十分長い，すなわち $ka \ll 1$ であるとする。長波長の極限で分散関係式 (A.43) は $\omega = \omega_0 a|k|$ のように書ける。位相速度は $c_{\mathrm{s}} = \omega_0 a$ で与えられる。

A.4.2 群速度

分散関係式が定数 c_s を用いて $\omega = c_s k$ のように書ける場合，位相速度は c_s となり波の波数（波長）に依存しない。複数の波長の波の重ね合わせで表される波を考えると，この場合，全ての波長の波の位相が同じ速度で伝わるため，波の形が崩れることなく伝搬する。言い方を変えると波長の異なる波が分散することなく，波が伝わる。このような性質を示す媒質を**非分散性媒質**と呼ぶ。一方，位相速度が波数の関数であるとき，分散関係式は $\omega = c_s(k)k$ と与えられる。格子を伝わる波動の分散関係式 (A.43) はこのケースに相当する。複数の波長の波の重ね合わせで表される波を考えると，波長により波の位相速度が異なるため時間の経過に伴い波の形が崩れていく。言い換えると，波長の異なる波が分散する。このような性質を示す媒質を**分散性媒質**と呼ぶ。

時間的・空間的に局在している波を考える。このような局在する波は，様々な波長の波が重ね合わさって実現されている。このように様々な波長の波が重ね合わさって実現された波を**波群**と呼び，波群の伝搬速度は**群速度** (group velocity) で与えられる。

例として波数に対する波の強度分布が波数 k を中心として巾 $2\sigma_k$ の拡がりを持ったガウス分布で与えられる場合を取り上げる。様々な波長の波を重ね合わせた結果実現される波は以下の式で与えられる。

$$f(x,t) = A\sqrt{\frac{1}{2\pi\sigma_k^2}} \int_{-\infty}^{\infty} e^{-\frac{(k'-k)^2}{2\sigma_k^2}} \cos(k'x - \omega(k')t)dk' \tag{A.51}$$

この波群は，$t = 0$ のとき $x = 0$ にピークをもつ。式の上では，波数がマイナス無限大からプラス無限大までの間の全ての波が波群の形成に寄与しているが，実質 $k - \sigma_k \sim k + \sigma_k$ の範囲の波数の波の重ね合わせで形作られる波群である。ここで，$\sigma_k \ll k$ かつ $k - \sigma_k \sim k + \sigma_k$ の範囲での波数の変化に伴う角振動数の変化が微小になるように σ_k を設定する。したがって，角振動数の波数依存性は，以下のようにテイラー展開の 1 次までの近似で残せば十分である。

$$\omega(k') \sim \omega(k) + \frac{d\omega(k)}{dk}(k' - k) \tag{A.52}$$

A.4 波動の基礎　83

この近似を用いると，式 (A.51) の被積分関数の中の cos は以下のように変形される。

$$
\cos\{k'x - \omega(k')t\} = \cos\left\{k'x - \omega(k)t - \frac{d\omega(k)}{dk}(k' - k)t\right\}
$$

$$
= \cos\left\{\left(x - \frac{d\omega(k)}{dk}t\right)(k' - k) + kx - \omega(k)t\right\}
$$

$$
= \cos\left\{\left(x - \frac{d\omega(k)}{dk}t\right)(k' - k)\right\}\cos\{kx - \omega(k)t\}
$$

$$
- \sin\left\{\left(x - \frac{d\omega(k)}{dk}t\right)(k' - k)\right\}\sin\{kx - \omega(k)t\}
$$

この式を式 (A.51) に代入し $K = k' - k$ と変数変換を行うと式 (A.51) は以下のようになる。

$$
f(x,t) = A\sqrt{\frac{1}{2\pi\sigma_k^2}}\int_{-\infty}^{\infty}\mathrm{e}^{-\frac{K^2}{2\sigma_k^2}}\cos\left\{\left(x - \frac{d\omega(k)}{dk}t\right)K\right\}\cos\{kx - \omega(k)t\}dK
$$

$$
- A\sqrt{\frac{1}{2\pi\sigma_k^2}}\int_{-\infty}^{\infty}\mathrm{e}^{-\frac{K^2}{2\sigma_k^2}}\sin\left\{\left(x - \frac{d\omega(k)}{dk}t\right)K\right\}\sin\{kx - \omega(k)t\}dK
$$

$$\tag{A.53}$$

右辺第 2 項は，K の偶関数である $\mathrm{e}^{-K^2/2\sigma_k^2}$ に K の奇関数である

$$
\sin\left\{\left(x - \frac{d\omega(k)}{dk}t\right)K\right\} \tag{A.54}
$$

を掛けているので全体として被積分関数は K の奇関数である。積分変数に対して奇関数である被積分関数を $-\infty$ から $+\infty$ まで積分すると $K < 0$ の積分結果が $K > 0$ の積分結果を打ち消すのでゼロになる。したがって，式 (A.53) の右辺第 2 項は消える。式 (A.53) の右辺第 1 項の積分を実行するにあたり余弦関数をオイラーの公式を用いて指数関数に書き換えると以下の式を得る。

$$
f(x,t) = \frac{A}{2}\sqrt{\frac{1}{2\pi\sigma_k^2}}\int_{-\infty}^{\infty}\left(\mathrm{e}^{-\frac{K^2}{2\sigma_k^2}+i\left(x-\frac{d\omega(k)}{dk}t\right)K} + \mathrm{e}^{-\frac{K^2}{2\sigma_k^2}-i\left(x-\frac{d\omega(k)}{dk}t\right)K}\right)dK
$$

$$
\times\cos\{kx - \omega(k)t\}
$$

84 付録 A

$$
\begin{aligned}
&= \frac{A}{2}\sqrt{\frac{1}{\pi}} \int_{-\infty}^{\infty} \left(e^{-\tilde{K}^2 + i\sqrt{2}\sigma_k\left(x - \frac{d\omega(k)}{dk}t\right)\tilde{K}} + e^{-\tilde{K}^2 - i\sqrt{2}\sigma_k\left(x - \frac{d\omega(k)}{dk}t\right)\tilde{K}} \right) d\tilde{K} \\
&\quad \times \cos\{kx - \omega(k)t\} \\
&= \frac{A}{2}\sqrt{\frac{1}{\pi}} \int_{-\infty}^{\infty} \left(e^{-\left(\tilde{K} - i\frac{\sigma_k}{\sqrt{2}}\left(x - \frac{d\omega(k)}{dk}t\right)\right)^2 - \frac{\sigma_k^2}{2}\left(x - \frac{d\omega(k)}{dk}t\right)^2} \right) d\tilde{K} \cos\{kx - \omega(k)t\} \\
&\quad + \frac{A}{2}\sqrt{\frac{1}{\pi}} \int_{-\infty}^{\infty} \left(e^{-\left(\tilde{K} + i\frac{\sigma_k}{\sqrt{2}}\left(x - \frac{d\omega(k)}{dk}t\right)\right)^2 - \frac{\sigma_k^2}{2}\left(x - \frac{d\omega(k)}{dk}t\right)^2} \right) d\tilde{K} \cos\{kx - \omega(k)t\} \\
&= A\exp\left[-\frac{\sigma_k^2}{2}\left(x - \frac{d\omega(k)}{dk}t \right)^2 \right] \cos\{kx - \omega(k)t\}
\end{aligned}
\tag{A.55}
$$

積分変数を K から $\tilde{K} = K/(\sqrt{2}\sigma_k)$ に変数変換を行って 1 つ目の等号から 2 つ目の等号へ移行した。3 つ目の等号へは，積分変数 $\tilde{K}$ について平方完成の形にした。最後の等号では，以下の公式

$$
\int_{-\infty}^{\infty} e^{-(x+ib)^2} dx = \sqrt{\pi}
\tag{A.56}
$$

を用いた。ここで x, b は実数である。積分結果 (A.55) は，波の重ね合わせの結果で実現される波の包絡線が中心 $x = \frac{d\omega(k)}{dk}t$ で巾 $2/\sigma_k$ のガウス型の波群になることを意味している。式 (A.55) より明らかなように波群の中心の移動速度は

$$
v_g = \frac{d\omega_k}{dk}
\tag{A.57}
$$

で与えられる。式 (A.57) で定義される速度を波の**群速度** (group velocity) と呼ぶ。ある突発天体から発せられたシグナルは，群速度で宇宙空間を伝わる。ここでは証明は省くが，波のエネルギーを伝える速度も群速度である。波が情報を伝達する速度は位相速度ではなく群速度である。

式 (A.57) は，波群のピークの位置 x を用いて

$$
\frac{dx}{dt} = \frac{d\omega}{dk}
\tag{A.58}
$$

のように書き表すことができる。3 次元空間を伝搬する波に拡張すると波群の
ピークの移動速度を表す以下の運動方程式を得る。

$$\frac{d\boldsymbol{r}}{dt} = \boldsymbol{\nabla}_{\boldsymbol{k}}\omega \tag{A.59}$$

ここで，$\boldsymbol{\nabla}_{\boldsymbol{k}}$ は $\boldsymbol{\nabla}_{\boldsymbol{k}} = \left(\frac{\partial}{\partial k_x}, \frac{\partial}{\partial k_y}, \frac{\partial}{\partial k_z}\right)$ であり，波数空間での勾配ベクトルで
ある。

A.4.3 ダランベールの方程式

A.4.1 項で考察した格子を伝わる波の問題で格子間隔無限小の極限をとるこ
とで連続体を伝わる波動について考察する。まず格子の変位 $u_{\ell\pm1}$ を x_ℓ のまわ
りでテイラー展開する。

$$u_{\ell+1}(x_{\ell+1}, t) = u_{\ell+1}(x_\ell + a, t) = u_\ell(x_\ell, t) + \frac{\partial u_\ell(x_\ell, t)}{\partial x}a + \frac{1}{2}\frac{\partial^2 u_\ell(x_\ell, t)}{\partial x^2}a^2$$

$$u_{\ell-1}(x_{\ell-1}, t) = u_{\ell-1}(x_\ell - a, t) = u_\ell(x_\ell, t) - \frac{\partial u_\ell(x_\ell, t)}{\partial x}a + \frac{1}{2}\frac{\partial^2 u_\ell(x_\ell, t)}{\partial x^2}a^2$$

これらを方程式 (A.36) に代入することで以下の微分方程式を得る。

$$\frac{\partial^2 u_\ell(x, t)}{\partial t^2} = \omega_0^2 a^2 \frac{\partial^2 u_\ell(x, t)}{\partial x^2} \tag{A.60}$$

ここで格子の変位 u_ℓ が，x_ℓ と t の 2 つの変数に依存するため，方程式 (A.36)
の左辺の時間微分を時間偏微分に書き直した。また，格子の番地である x_ℓ を連
続変数 x でおき換えた。このように偏微分で表現される微分方程式を偏微分方
程式と呼ぶ。ここで長波長極限での格子を伝わる波の位相速度 $c_{\mathrm{s}} = \omega_0 a$ の c_{s}
を一定に保ったまま格子間隔を無限小にする極限をとることで，連続的に質点
が存在する状態である連続体を表現する。同時に $N \to \infty$ の極限をとり，周期
性が現れる長さ $L = Na$ は一定のまま変えない。すると，連続体を伝わる波が
満たす方程式は以下のように与えられる。

$$\frac{\partial^2 u(x, t)}{\partial t^2} = c_{\mathrm{s}}^2 \frac{\partial^2 u(x, t)}{\partial x^2} \tag{A.61}$$

86 付録 A

この方程式は非分散性媒質を伝搬する波の**ダランベールの方程式** (d'Alembert's equation) と呼ばれる。

ダランベールの方程式 (A.61) の解として以下の形の解を考える。

$$u(x, t) = u_0 \exp[-i(\omega t - kx)] \tag{A.62}$$

これを方程式 (A.61) に代入し自明でない解を持つ条件から分散関係式 $\omega^2 = c_s^2 k^2$ を得る。周期境界条件から以下のようにとりうる波数の値に制限が課せられる。

$$u(x + L, t) = u(x, t) \quad \Rightarrow \quad u_0 e^{-i(\omega t - k(x+L))} = u_0 e^{-i(\omega t - kx)}$$

$$\therefore \exp(ikL) = 1 \quad \Rightarrow \quad k = \frac{2\pi n}{L}, \quad n = -\infty, \cdots, -2, -1, 0, 1, 2, \cdots, \infty \tag{A.63}$$

現れる波の波数はとびとびの値をとることになる。格子を伝わる波の波長の下限値がなくなった理由は，格子間隔を無限小の極限 $a \to 0$ をとったことに起因する。条件 (A.63) は，解が周期境界条件を満たすためには解となる波の波長の正の整数倍が，周期性が現れる長さ L と一致しなければならないことを示している。分散関係式 $\omega^2 = c_s^2 k^2$ と (A.63) を満たす角振動数と波数により式 (A.62) で与えられる解が，基準振動を与える。すなわち，無限個の基準振動が存在することになる。一般解は，この無限個の基準振動の重ね合わせで表される。

境界条件を周期境界から固定端に変えたときどうなるか調べる。固定端とは，両端 $x = 0$ と $x = L$ で変位が常にゼロになるという条件である。すなわち，以下の条件が固定端の条件である。

$$u(0, t) = 0 \qquad u(L, t) = 0 \tag{A.64}$$

解の形として式 (A.62) のままだと以下のように条件 (A.64) を満たすことができない。

$$u(0, t) = u_0 e^{-i\omega t} \neq 0$$

そこで解の形を以下のように書き換える必要がある。

$$u(x,t) = u_0 e^{-i\omega t} \sin kx \tag{A.65}$$

これがダランベールの方程式の解であることは，方程式 (A.61) に代入すればただちに確かめられる。あるいは，この解は以下のように x の正の方向に伝わる波と負の方向に伝わる波の重ね合わせにより実現されたと捉えれば，解であることは自明である。

$$u(x,t) = \frac{u_0}{2i} e^{-i\omega t} \left(e^{ikx} - e^{-ikx} \right) \tag{A.66}$$

解 (A.65) は，波の節の位置，山の位置が変わらない定在波を表している。言い換えると，波は x 軸上を伝搬せず，同じ場所に定在しているように観測される。解 (A.65) を用いて新たに固定端の条件 (A.64) を課す。$x = 0$ のとき $\sin 0 = 0$ であるため，条件 (A.64) はどんな波数に対しても成り立つ。一方，$x = L$ に対して条件 (A.64) を課すことで波数に対して以下のような制限が課せられる。

$$u(L,t) = u_0 e^{-i\omega t} \sin kL = 0$$
$$\therefore k = \frac{\pi n}{L} \qquad n = 0, 1, \cdots, \infty \tag{A.67}$$

条件 (A.67) は，解が固定端の条件を満たすためには解となる波の半波長の整数倍が，2 つの境界の間の距離 L と一致しなければならないことを示している。また，式 (A.66) から，この解は x の正の方向に進む波と負の方向に進む波の重ね合わせで実現された定在波である。したがって，波の進行方向は意味を持たない。その結果，n の負の場合は，正の場合と独立ではなくなった。そこで条件 (A.67) では，n の値として正の場合のみ取り上げた。

　物理では，しばしば固定端が境界条件として取り扱われる。観測している領域が壁で囲まれた領域であることが多いことを意識しているのだと思われる。一方，天文では，周期境界条件が取り扱われる。天体に明確な境界が存在しないことを意識しているためである。多くの場合で，境界条件の違いによって生じる，条件 (A.63) と条件 (A.67) の違いは，結果として現れる物理状態に本質的な違いをもたらさない。しかし，**カシミール効果** (Casimir effect) と呼ばれる，量子力学で現れる零点振動起源の力が現れる根本的原因は，ここで見た固

88　付録 A

定端か周期境界かで波数に課せられる条件に現れる違いである。特殊ではある
が，そのようなケースも存在することを頭の隅に置いておくと何かの役に立つ
ときが来るだろう。

　次にダランベールの方程式のよく知られた別の解法を紹介する。以下の変数
変換を行い，ダランベールの方程式の書き換えをを行う。

$$\xi = x - c_s t \qquad \eta = x + c_s t \tag{A.68}$$

すると x, t による偏微分は以下のように変換される。

$$\frac{\partial}{\partial x} = \frac{\partial \xi}{\partial x}\frac{\partial}{\partial \xi} + \frac{\partial \eta}{\partial x}\frac{\partial}{\partial \eta} = \frac{\partial}{\partial \xi} + \frac{\partial}{\partial \eta} \tag{A.69}$$

$$\frac{\partial}{\partial t} = \frac{\partial \xi}{\partial t}\frac{\partial}{\partial \xi} + \frac{\partial \eta}{\partial t}\frac{\partial}{\partial \eta} = -c_s \frac{\partial}{\partial \xi} + c_s \frac{\partial}{\partial \eta} \tag{A.70}$$

$$\frac{\partial^2}{\partial x^2} = \left(\frac{\partial}{\partial \xi} + \frac{\partial}{\partial \eta}\right)^2 = \frac{\partial^2}{\partial \xi^2} + 2\frac{\partial^2}{\partial \xi \partial \eta} + \frac{\partial^2}{\partial \eta^2} \tag{A.71}$$

$$\frac{\partial^2}{\partial t^2} = c_s^2 \left(-\frac{\partial}{\partial \xi} + \frac{\partial}{\partial \eta}\right)^2 = c_s^2 \left(\frac{\partial^2}{\partial \xi^2} - 2\frac{\partial^2}{\partial \xi \partial \eta} + \frac{\partial^2}{\partial \eta^2}\right) \tag{A.72}$$

式 (A.71)(A.72) をダランベールの方程式に代入することで以下の方程式を得る。

$$\frac{\partial^2 u(\xi, \eta)}{\partial \xi \partial \eta} = 0 \tag{A.73}$$

この方程式の独立な 2 つの解は以下の 2 つの方程式の解として与えられる。

$$\frac{\partial u(\xi, \eta)}{\partial \eta} = 0 \qquad \frac{\partial u(\xi, \eta)}{\partial \xi} = 0 \tag{A.74}$$

式 (A.74) の第 1 式の解は，$u(\xi, \eta)$ が η に依存しない，すなわち ξ のみの関数であ
る場合であり $u(\xi, \eta) = f(\xi)$ で与えられる。式 (A.74) の第 2 式の解は，$u(\xi, \eta)$
が ξ に依存しない，すなわち η のみの関数である場合であり $u(\xi, \eta) = g(\eta)$
で与えられる。解 $f(\xi)$ は，振幅一定の位置が変数である ξ が一定となる位
置 $x = c_s t + (定数)$ のように，x の正の方向に速度 c_s で伝搬する解を表し
ている。一方，解 $g(\eta)$ は，振幅一定の位置が変数である η が一定となる位置

$x = -c_{\mathrm{s}}t + (\text{定数})$ のように，x の負の方向に速度 c_{s} で伝搬する解を表している。ダランベールの方程式の一般解はこれらの解の重ね合わせにより以下のように表される。

$$u(x, t) = f(x - c_s t) + g(x + c_s t) \tag{A.75}$$

方程式 (A.74) を，再び x, t を変数とした微分方程式として表しておこう。式 (A.68) から以下の式を得る。

$$x = \frac{1}{2}(\xi + \eta) \qquad t = \frac{1}{2c_{\mathrm{s}}}(\eta - \xi) \tag{A.76}$$

これを用いると以下の式を得る。

$$\frac{\partial}{\partial \xi} = \frac{\partial x}{\partial \xi}\frac{\partial}{\partial x} + \frac{\partial t}{\partial \xi}\frac{\partial}{\partial t} = \frac{1}{2}\left(\frac{\partial}{\partial x} - \frac{1}{c_{\mathrm{s}}}\frac{\partial}{\partial t}\right) \tag{A.77}$$

$$\frac{\partial}{\partial \eta} = \frac{\partial x}{\partial \eta}\frac{\partial}{\partial x} + \frac{\partial t}{\partial \eta}\frac{\partial}{\partial t} = \frac{1}{2}\left(\frac{\partial}{\partial x} + \frac{1}{c_{\mathrm{s}}}\frac{\partial}{\partial t}\right) \tag{A.78}$$

したがって，解 f, g が満たす方程式は以下のように書ける。

$$\left(\frac{\partial}{\partial t} + c_{\mathrm{s}}\frac{\partial}{\partial x}\right) f(x, t) = 0 \tag{A.79}$$

$$\left(\frac{\partial}{\partial t} - c_{\mathrm{s}}\frac{\partial}{\partial x}\right) g(x, t) = 0 \tag{A.80}$$

A.4.4　ナイキストのサンプリング定理・エイリアシング

A.4.1 項で解説した，飛び飛びの格子間を伝わる波の波長に格子間隔の 2 倍という下限値が存在することに密接に関連する，デジタルデータ解析を行う上で必ず留意すべき 2 つの事項があるので，折角なので解説する。

A.4.1 項で，格子間隔 a の N 個の格子を伝わる波の波長が格子間隔の 2 倍，すなわち $2a$ 未満になると波長が $2a$ 以上の波と独立ではなくなることを示した。例として波長 $2a/3$ の波は，波長 $2a$ の波と区別がつかないことを説明した。実験でデータを取得するときは，必ず有限の空間あるいは時間間隔でサンプリン

グを行う。例えば，CCD カメラを用いて 1 次元の画像を取得することを考える。画素が間隔 a で並んでいるとする。このカメラで波長が $2a/3$ の波が伝搬することで全ての格子がつり合いの位置にいる状態の写真を撮ったとしても何も知らされずにデータを渡されたデータ解析者は，波長 $2a$ の波と解釈するだろう。このことは画素の間隔の 2 倍より短い波長の波のデータを取得しても $2a$ 以上の波長の波と解釈されてしまい，情報を得ることができないことを意味している。すなわち，サンプリング間隔の 2 倍より短い波長で変動する現象を捉えることができないのである。これが**ナイキストのサンプリング定理** (Nyquist's sampling theorem) あるいは**標本化定理** (sampling theorem) と呼ばれる定理である。実験装置の設計は，ナイキストのサンプリング定理を意識して行われている。例えば，望遠鏡の鏡の解像度が 1 秒角であったとすると焦点面に置く CCD カメラの 1 画素の解像度が 0.5 秒角以下になるように設定する。

上記のことは，取得したデータへの系統誤差の漏れ込みの一因にもなる。ナイキストのサンプリング定理より，上記の例では，実験者は波長 $2a$ 未満の細かい波長の現象の取得は諦めることになる。一方，自然界には，波長 $2a$ 以下の細かい波長の現象も存在しており，取得したデータに紛れ込む。実験者は，それを波長 $2a$ 未満の細かい現象が元であると気づくすべがないので，波長 $2a$ 以上の現象であると誤認してしまう。このように，波長 $2a$ 未満の細かい波長の現象がデータに漏れ込んで，あたかも波長 $2a$ 以上の現象であるかのような誤認に導く現象を**エイリアシング** (aliasing) と呼ぶ。実験者は十分注意を払う必要がある。

A.5 物質波のモデルとしての連成振り子

図 A.4 に示したような，長さ r の糸で吊るされた質量 m の質点がバネで結ばれた系を伝わる波について考察する。バネの自然の長さは a で，全ての振り子の糸が鉛直方向に伸びた状態のとき，全てのバネが自然の長さになるように振り子が配置されている。質点の数は無限個とする。全ての振り子の振れ角 θ_ℓ は微小であるとする。糸の張力を T とすると，鉛直方向の力のつり合いから

$$T \cos \theta_\ell = mg \qquad \therefore T \sim mg \tag{A.81}$$

A.5 物質波のモデルとしての連成振り子

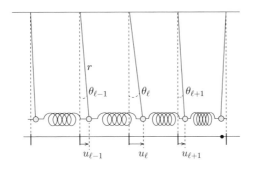

図 A.4 バネで結合された単振り子

となり，全ての振り子で同じ値をとる．ℓ 番目の質点に働く糸の張力による復元力は

$$T\sin\theta_\ell = \frac{mg}{r}r\sin\theta_\ell = m\omega_f^2 u_\ell \tag{A.82}$$

と書ける．ここで，$\omega_f = \sqrt{g/r}$ は単振り子の固有角振動数である．以上より，この系のラグランジアンは以下のように書ける．

$$L = \frac{m}{2}\sum_{\ell'=-\infty}^{\infty} \dot{u}_{\ell'}^2 - \frac{\kappa}{2}\sum_{\ell'=-\infty}^{\infty}(u_{\ell'+1}-u_{\ell'})^2 - \frac{m}{2}\omega_f^2\sum_{\ell'=-\infty}^{\infty}u_{\ell'}^2 \tag{A.83}$$

オイラー-ラグランジュ方程式に代入すると以下の運動方程式を得られる．

$$\ddot{u}_\ell(x_\ell,t) = \omega_0^2(u_{\ell+1}(x_{\ell+1},t) - 2u_\ell(x_\ell,t) + u_{\ell-1}(x_{\ell-1},t)) - \omega_f^2 u_\ell(x_\ell,t) \tag{A.84}$$

A.4.1 項と同様の方法で式 (A.37) の形の解を求めると，分散関係式

$$\omega^2 = 4\omega_0^2 \sin^2\frac{ka}{2} + \omega_f^2 \tag{A.85}$$

を満たす波が解となることが分かる．長波長の極限，すなわち $k \to 0$ の極限でこの系を伝わる波の角振動数は

$$\omega \to \omega_f \tag{A.86}$$

92　付録 A

となり，振り子の固有角振動数に漸近しゼロにはならない。この振動は全ての質点が間隔をバネの自然の長さ a に保って，同位相で同じ振幅で振動する状態である。有限の質量を持つ粒子の物質波としての角振動数は，波数ゼロの極限で粒子の静止質量エネルギーをディラック定数で割った値に漸近し有限の値を持つことを A.3 節で解説した。これは，図 A.4 のようにバネで繋がった振り子を伝わる波の波数ゼロの極限の振る舞いと同じである。したがって，図 A.4 で示した系の長波長極限での振る舞いは，ゼロ近辺の速度で運動する粒子の物質波の良いモデルと捉えることができる。

第2章

系の対称性と保存量

本章では，物理系の対称性が物理量の保存と密接に関係していることについて解説する。例えば，ある物理系がある軸の周りの回転変換に対して不変であるとき，物理系はその軸の周りの回転対称性を持つと表現され，そのとき系の角運動量のその軸に平行な成分が保存する。この章で紹介するネーターの定理は，物理系がある対称性を持つとき，保存する物理量がどのようなものであるか具体的に提示する処方箋を与えてくれる。ネーターの定理は，特に場の理論において重要な役割を果たし，現代物理学の発展を支え続けている。そのような具体的なご利益を抜きにしても，対称性と保存則の強い結びつきを明らかにする理論は，宇宙に秘められた美しさを私たちの目の前に顕在化してくれ，その美を味わうことができるのは解析力学を学ぶ者のみの特権である。

2.1 系の対称性と保存量

2.1.1 時間推進対称性：エネルギー

物理系の時間的一様性から導かれる保存則を調べる。ここで時間的に一様とは，時間推進変換に対して物理系が不変であることを意味する。時間的一様性から，ラグランジアン L が時間を陽に含まない。したがって，L の時間に関する全微分は以下のように書ける。

94 第2章 系の対称性と保存量

$$
\begin{aligned}
\frac{dL}{dt} &= \sum_{i=1}^{f} \left(\dot{q}_i \frac{\partial L}{\partial q_i} + \ddot{q}_i \frac{\partial L}{\partial \dot{q}_i} \right) \\
&= \sum_{i=1}^{f} \left(\dot{q}_i \frac{d}{dt} \frac{\partial L}{\partial \dot{q}_i} + \ddot{q}_i \frac{\partial L}{\partial \dot{q}_i} \right) \\
&= \frac{d}{dt} \sum_{i=1}^{f} \dot{q}_i \frac{\partial L}{\partial \dot{q}_i}
\end{aligned}
\tag{2.1}
$$

2つ目の等号では，粒子の軌跡はオイラー-ラグランジュ方程式を満たすことを用いた。この式から以下の結果を得る。

$$
\frac{d}{dt} \left(\sum_{i=1}^{f} \dot{q}_i \frac{\partial L}{\partial \dot{q}_i} - L \right) = 0
\tag{2.2}
$$

これから物理系が時間的に一様であれば，

$$
E \equiv \sum_{i=1}^{f} \dot{q}_i \frac{\partial L}{\partial \dot{q}_i} - L
\tag{2.3}
$$

で定義される物理量 E が保存することが示された。この量 E がエネルギーである。

2.1.2　空間推進対称性：運動量

　物理系の空間的一様性から導かれる保存則を調べる。ここで空間的に一様とは，空間推進変換に対して物理系が不変であることを意味する。空間的一様性を持つとき，物理系の空間内の任意の平行移動に対してラグランジアンが不変である。空間座標を無限小ベクトル $\boldsymbol{\epsilon}$ だけ平行移動する。粒子の一般化座標を $q_{i\alpha}$ とし，$i = 1, 2, 3$ で α が粒子の識別番号とする。すなわち，$q_{1\alpha} = x_\alpha$, $q_{2\alpha} = y_\alpha$, $q_{3\alpha} = z_\alpha$ である。粒子が N 個であるとすると $\alpha = 1, \cdots, N$ である。以下では，拘束条件がなく独立な自由度の数 f が，$f = 3N$ であるとする。また，$\boldsymbol{\epsilon} = (\epsilon_1, \epsilon_2, \epsilon_3)$ である。すなわち，図2.1に示したような，以下の座標変換

2.1 系の対称性と保存量　95

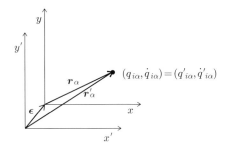

図 2.1　空間推進変換

$$q'_{i\alpha} = q_{i\alpha} + \epsilon_i \tag{2.4}$$

$$\dot{q}'_{i\alpha} = \dot{q}_{i\alpha} \tag{2.5}$$

に対して L が不変であることに付随して保存する物理量を調べる。この座標変換による L の変化量 δL は，以下のように計算される。

$$\delta L = L(q_{i\alpha} + \epsilon_i, \dot{q}_{i\alpha}) - L(q_{i\alpha}, \dot{q}_{i\alpha})$$
$$= \sum_{i=1}^{3} \sum_{\alpha=1}^{N} \frac{\partial L}{\partial q_{i\alpha}} \epsilon_i = \sum_{i=1}^{3} \epsilon_i \sum_{\alpha=1}^{N} \frac{\partial L}{\partial q_{i\alpha}} \tag{2.6}$$

空間的一様性を持つとき，空間座標の平行移動に対して L が不変なので，δL が任意の空間推進 ϵ_i に対してゼロであり，式 (2.6) より以下の式を得る。

$$\sum_{\alpha=1}^{N} \frac{\partial L}{\partial q_{i\alpha}} = 0 \tag{2.7}$$

オイラー-ラグランジュ方程式より $\frac{\partial L}{\partial q_{i\alpha}} = \frac{d}{dt}\frac{\partial L}{\partial \dot{q}_{i\alpha}}$ であるから，以下の保存則を得る。

$$\sum_{\alpha=1}^{N} \frac{d}{dt} \frac{\partial L}{\partial \dot{q}_{i\alpha}} = \frac{d}{dt} \sum_{\alpha=1}^{N} \frac{\partial L}{\partial \dot{q}_{i\alpha}} = 0 \tag{2.8}$$

ここで

96　第 2 章　系の対称性と保存量

$$p_{i\alpha} \equiv \frac{\partial L}{\partial \dot{q}_{i\alpha}} \tag{2.9}$$

を粒子 α の一般化座標 $q_{i\alpha}$ に正準共役な運動量（正準運動量）の i 成分であると定義する。したがって，式 (2.8) は，ラグランジアンが空間推進変換に対して不変であるとき，粒子系の全正準運動量が保存することを示している。系によっては，ある 1 つの方向に対する空間推進に対しては対称だが，他の直交する 2 つの方向に対する空間推進に対する対称性がない系がありうる。この場合は，対称性が保たれる方向の運動量成分のみ保存し，他は保存しない。

　ところで，物理系が空間的に一様な場合とは，どのようなときであろうか？力が働かない自由粒子を慣性系で記述するラグランジアンは，$\dot{q}_{i\alpha}$ だけに依存し，明らかに空間的に一様である。したがって，慣性系における自由粒子の正準運動量は保存する。一方，非慣性系では，慣性力の存在のため，保存力が存在しない場合でも正準運動量は保存しない。このことは，1.7.3 項で解説した回転系の例で具体的にみた通りである。実際，回転系の自由粒子（慣性力以外働かないという意味で）のラグランジアンは，座標を陽に含み，空間推進に対して不変ではない。自由粒子系以外で空間的に一様な物理系は，内力のみが働く粒子系である。例えば，バネの両端に重りがついた系では，バネの弾性エネルギーは 2 つの粒子の相対距離にのみ依存する。そのため，座標原点を移動させてもラグランジアンは変わらない。このことから，2 つの重りの運動量の総和が保存する。内力のみが働く粒子系では，互いの粒子に働く力が作用・反作用の法則に従い，系の全運動量が保存することに対応している。

2.1.3　座標回転対称性：角運動量

　物理系が空間的等方性を持っている場合の保存則を導く。ここで空間的に等方とは，座標回転変換に対して物理系が不変であることを意味する。図 2.2 に示したように，軸 $\delta\boldsymbol{\varphi}$ の周りの無限小角 $\delta\varphi$ の回転を行う。この座標回転変換による基底ベクトル $\boldsymbol{e}_x$ の変化量を $\delta\boldsymbol{e}_x$ とすると

$$\delta\boldsymbol{e}_x = \delta\boldsymbol{\varphi} \times \boldsymbol{e}_x \tag{2.10}$$

2.1 系の対称性と保存量

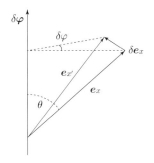

図 2.2 無限小座標回転

のように与えられる。ここで $\delta\boldsymbol{\varphi}$ は，回転軸の方向を向いた大きさ $\delta\varphi$ のベクトルである。これは次のように考えれば納得できる。回転変換に伴う基底ベクトルの変化量の方向は，$\delta\boldsymbol{\varphi}$ と $\boldsymbol{e}_x$ が張る平面に垂直でベクトル $\delta\boldsymbol{\varphi}$ から $\boldsymbol{e}_x$ へ右ネジを回したとき，ネジが進む方向を向く。基底ベクトル $\boldsymbol{e}_x$ の大きさは 1 である。回転軸と基底ベクトル $\boldsymbol{e}_x$ の終点の距離は，$\sin\theta$ である。したがって，回転変換に伴う基底ベクトルの変化量 $\delta\boldsymbol{e}_x$ の大きさは $\delta\varphi\sin\theta$ である。これらは，式 (2.10) で表現できている。ここで扱った $\boldsymbol{e}_x$ は，座標の x 軸方向の基底ベクトルである。同様に，座標の回転変換に伴う y, z 軸方向の基底ベクトル $\boldsymbol{e}_y, \boldsymbol{e}_z$ の変化量も以下のように書ける。

$$\delta\boldsymbol{e}_y = \delta\boldsymbol{\varphi} \times \boldsymbol{e}_y \tag{2.11}$$

$$\delta\boldsymbol{e}_z = \delta\boldsymbol{\varphi} \times \boldsymbol{e}_z \tag{2.12}$$

これらを用いて座標変換後の基底ベクトルは以下のように書ける。

$$\boldsymbol{e}_{x'} = \boldsymbol{e}_x + \delta\boldsymbol{e}_x \tag{2.13}$$

$$\boldsymbol{e}_{y'} = \boldsymbol{e}_y + \delta\boldsymbol{e}_y \tag{2.14}$$

$$\boldsymbol{e}_{z'} = \boldsymbol{e}_z + \delta\boldsymbol{e}_z \tag{2.15}$$

これらの変換後の基底ベクトルの大きさは

$$\boldsymbol{e}_{x'} \cdot \boldsymbol{e}_{x'} = \boldsymbol{e}_x \cdot \boldsymbol{e}_x + 2\boldsymbol{e}_x \cdot \delta\boldsymbol{e}_x + \delta\boldsymbol{e}_x \cdot \delta\boldsymbol{e}_x$$

98　第 2 章　系の対称性と保存量

$$= 1 + \delta\varphi^2 \sin^2\theta \sim 1 \tag{2.16}$$

のように微小量 $\delta\varphi$ の 1 次までの精度で 1 である。途中の変形で e_x と δe_x が
直交することを用いた。

座標の回転変換に伴う，任意のベクトル $\boldsymbol{A}$ の成分の変化量は以下のように求
まる。

$$\begin{aligned}
\boldsymbol{A} &= A_{x'}\boldsymbol{e}_{x'} + A_{y'}\boldsymbol{e}_{y'} + A_{z'}\boldsymbol{e}_{z'} \\
&= A_x\boldsymbol{e}_x + A_y\boldsymbol{e}_y + A_z\boldsymbol{e}_z
\end{aligned} \tag{2.17}$$

回転変換前後のベクトルの成分の間の関係式を求めるため，式 (2.17) と変換後
の基底ベクトル $\boldsymbol{e}_{x'}$, $\boldsymbol{e}_{y'}$, $\boldsymbol{e}_{z'}$ との内積をとる。

$$\begin{aligned}
A_{x'} &= (A_x\boldsymbol{e}_x + A_y\boldsymbol{e}_y + A_z\boldsymbol{e}_z) \cdot (\boldsymbol{e}_x + \delta\boldsymbol{\varphi} \times \boldsymbol{e}_x) \\
&= A_x + \boldsymbol{A} \cdot (\delta\boldsymbol{\varphi} \times \boldsymbol{e}_x) = A_x + \boldsymbol{e}_x \cdot (\boldsymbol{A} \times \delta\boldsymbol{\varphi}) \\
&= A_x - \boldsymbol{e}_x \cdot (\delta\boldsymbol{\varphi} \times \boldsymbol{A})
\end{aligned} \tag{2.18}$$

$$\begin{aligned}
A_{y'} &= (A_x\boldsymbol{e}_x + A_y\boldsymbol{e}_y + A_z\boldsymbol{e}_z) \cdot (\boldsymbol{e}_y + \delta\boldsymbol{\varphi} \times \boldsymbol{e}_y) \\
&= A_y + \boldsymbol{A} \cdot (\delta\boldsymbol{\varphi} \times \boldsymbol{e}_y) = A_y + \boldsymbol{e}_y \cdot (\boldsymbol{A} \times \delta\boldsymbol{\varphi}) \\
&= A_y - \boldsymbol{e}_y \cdot (\delta\boldsymbol{\varphi} \times \boldsymbol{A})
\end{aligned} \tag{2.19}$$

$$\begin{aligned}
A_{z'} &= (A_x\boldsymbol{e}_x + A_y\boldsymbol{e}_y + A_z\boldsymbol{e}_z) \cdot (\boldsymbol{e}_x + \delta\boldsymbol{\varphi} \times \boldsymbol{e}_x) \\
&= A_z + \boldsymbol{A} \cdot (\delta\boldsymbol{\varphi} \times \boldsymbol{e}_z) = A_z + \boldsymbol{e}_z \cdot (\boldsymbol{A} \times \delta\boldsymbol{\varphi}) \\
&= A_z - \boldsymbol{e}_z \cdot (\delta\boldsymbol{\varphi} \times \boldsymbol{A})
\end{aligned} \tag{2.20}$$

右辺は座標回転変換前の成分である。これらの関係式が，座標回転前後のベク
トルの成分を結びつける関係式である。したがって，ベクトル $\boldsymbol{A}$ の成分の変化
量は以下のように書ける。

$$\delta\boldsymbol{A} = -\delta\boldsymbol{\varphi} \times \boldsymbol{A} \tag{2.21}$$

2.1 系の対称性と保存量 99

ここで，ベクトル $\boldsymbol{A}$ 自身は座標の回転変換に対して不変であることを指摘しておく。式 (2.21) は，あくまでベクトルの各成分の変化量である。

以上の結果から，粒子の位置ベクトル $\boldsymbol{r}$ および粒子の速度ベクトル $\boldsymbol{v}$ の座標回転変換に伴う成分の変化量は以下のように表される。

$$\delta\boldsymbol{r} = -\delta\boldsymbol{\varphi} \times \boldsymbol{r} \tag{2.22}$$

$$\delta\boldsymbol{v} = -\delta\boldsymbol{\varphi} \times \boldsymbol{v} \tag{2.23}$$

座標回転に伴うラグランジアンの変化量は以下のように計算される。

$$
\begin{aligned}
\delta L &= \sum_{\alpha=1}^{n} \sum_{i=1}^{3} \left(\frac{\partial L}{\partial q_{i\alpha}} \delta r_{i\alpha} + \frac{\partial L}{\partial \dot{q}_{i\alpha}} \delta v_{i\alpha} \right) \\
&= \sum_{\alpha=1}^{n} \sum_{i=1}^{3} \left(\left(\frac{d}{dt} \frac{\partial L}{\partial \dot{q}_{i\alpha}} \right) \delta r_{i\alpha} + \frac{\partial L}{\partial \dot{q}_{i\alpha}} \delta v_{i\alpha} \right) \\
&= -\sum_{\alpha=1}^{n} \sum_{i=1}^{3} \left(\frac{dp_{i\alpha}}{dt} (\delta\boldsymbol{\varphi} \times \boldsymbol{r}_{\alpha})_i + p_{i\alpha} (\delta\boldsymbol{\varphi} \times \boldsymbol{v}_{\alpha})_i \right) \\
&= -\sum_{\alpha=1}^{n} \left(\frac{d\boldsymbol{p}_{\alpha}}{dt} \cdot (\delta\boldsymbol{\varphi} \times \boldsymbol{r}_{\alpha}) + \boldsymbol{p}_{\alpha} \cdot \left(\delta\boldsymbol{\varphi} \times \frac{d\boldsymbol{r}_{\alpha}}{dt} \right) \right) \\
&= -\frac{d}{dt} \sum_{\alpha=1}^{n} \boldsymbol{p}_{\alpha} \cdot (\delta\boldsymbol{\varphi} \times \boldsymbol{r}_{\alpha}) \\
&= -\delta\boldsymbol{\varphi} \cdot \frac{d}{dt} \sum_{\alpha=1}^{n} (\boldsymbol{r}_{\alpha} \times \boldsymbol{p}_{\alpha}) \tag{2.24}
\end{aligned}
$$

物理系が等方性を持つとき，ラグランジアンは座標回転に対して不変，すなわち式 (2.24) は任意の無限小回転 $\delta\boldsymbol{\varphi}$ に対してゼロでなければならない。したがって，

$$\frac{d}{dt} \sum_{\alpha=1}^{n} (\boldsymbol{r}_{\alpha} \times \boldsymbol{p}_{\alpha}) = \boldsymbol{0} \tag{2.25}$$

であり，系の角運動量が保存する。系によっては，ある一定の軸の周りの回転対称性はあるが，他の直交する 2 つの軸の周りの回転対称性が保たれていない

100　第 2 章　系の対称性と保存量

場合がある。このときは，対称性が保たれる軸の方向の角運動量成分のみが保存量となる。

2.2　循環座標

ラグランジアンがある特定の座標を陽に含まないとき，その座標に共役な正準運動量が保存する。これはオイラー-ラグランジュ方程式から自明である。このとき，その特定の座標を循環座標と呼ぶ。すなわち，q_i が循環座標なら

$$\frac{d}{dt}\frac{\partial L}{\partial \dot{q}_i} = \frac{\partial L}{\partial q_i} = 0$$

$$\therefore \frac{d}{dt}p_i = 0 \tag{2.26}$$

である。例として，中心力場中の粒子のラグランジアンを球面極座標を用いて表すと以下のようになる。

$$L = \frac{m}{2}(\dot{r}^2 + r^2\dot{\theta}^2 + r^2\sin^2\theta\dot{\varphi}^2) - U(r) \tag{2.27}$$

このラグランジアンは方位角 φ を陽に含んでおらず，したがって φ は循環座標である。方位角に正準共役な運動量 p_φ は

$$p_\varphi = \frac{\partial L}{\partial \dot{\varphi}} = mr^2\sin^2\theta\dot{\varphi} \tag{2.28}$$

であり，これは z 軸の周りの角運動量である。すなわち，z 軸の周りの角運動量が保存する。ここで x, y, z 軸のとり方は任意であるから，適当に座標回転をすることで，いま x 軸と設定した軸を z 軸に，あるいは，いま y 軸と設定した軸を z 軸に一致させることができる。つまり，中心力場中の粒子の任意の軸の周りの角運動量が保存する。ここで取り上げたラグランジアンは時間を陽に含まないため，エネルギー (2.3) が保存する。

$$E = \dot{r}\frac{\partial L}{\partial \dot{r}} + \dot{\theta}\frac{\partial L}{\partial \dot{\theta}} + \dot{\varphi}\frac{\partial L}{\partial \dot{\varphi}} - L$$

$$= \frac{1}{2}m(\dot{r}^2 + r^2\dot{\theta}^2 + r^2\sin^2\theta\dot{\varphi}^2) + U(r) \tag{2.29}$$

エネルギーを保存する正準共役な運動量 p_φ を用いて表すと以下のように書ける。

$$E = \frac{1}{2}\left(m\dot{r}^2 + mr^2\dot{\theta}^2 + \frac{p_\varphi^2}{mr^2\sin^2\theta}\right) + U(r) \tag{2.30}$$

ここまでの扱いでは，エネルギーは時間に共役な正準運動量として定義できない。そのため，ラグランジアンが時間に依存しないことから，時間に共役な正準運動量が保存するという論法は使えない。これは，時間は粒子の運動とは独立に外から与えられた変数，文学的な表現を使えば，時は勝手に流れているものとして扱っていることに起因する。実際，時間を空間座標と同列に扱い，粒子の軌跡を指定する変数を新しい変数 τ で表すことで，時間に共役な正準運動量を定義でき，時間が循環座標のとき，エネルギーが保存することを導くことができる。ここで，τ は時間の代わりに粒子の軌道を指定できるものであればなんでもよく，時間の次元を持つ必要もない。ここでは，τ は時間の経過と共に単調増加する変数，すなわち

$$\frac{dt}{d\tau} > 0 \tag{2.31}$$

を満たし，ガリレイ変換も含めて全ての座標変換に対して値が変化しない量（スカラー量）であるとする。以下，簡単のために自由度 1 の系を扱う。粒子の軌跡は一般化座標 $q(t)$ と一般化速度 $\dot{q}(t)$ により記述される。作用積分の積分変数を t から τ に変換すると

$$\begin{aligned}
S &= \int_{t_\mathrm{P}}^{t_\mathrm{Q}} L(q(t), \dot{q}(t), t)dt = \int_{\tau_\mathrm{P}}^{\tau_\mathrm{Q}} L(q(t), \dot{q}(t), t)\frac{dt}{d\tau}d\tau \\
&= \int_{\tau_\mathrm{P}}^{\tau_\mathrm{Q}} L(q(\tau), \dot{q}(\tau), q_0(\tau))q_0'd\tau \tag{2.32}
\end{aligned}$$

となる。ここで時間を，一般化座標の第 0 成分とみなしたことを明示するため $t = q_0$ とし，τ による微分を

$$q_0' \equiv \frac{dq_0}{d\tau} \tag{2.33}$$

のようにダッシュで表した。一般化座標の時間微分を τ 微分に変換すると

102 第2章 系の対称性と保存量

$$\dot{q} = \frac{dq}{d\tau}\frac{d\tau}{dt} = \frac{q'}{q_0'} \tag{2.34}$$

のように一般化座標の τ 微分と一般化座標の第0成分の τ 微分の比となる。ラグランジアン $\tilde{L}$ を以下のように定義する。

$$\tilde{L}(q_0, q, q_0', q') \equiv L\left(q_0, q, \frac{q'}{q_0'}\right)q_0' \tag{2.35}$$

作用積分 (2.32) は，q_0, q, q_0', q' の関数である新しいラグランジアン $\tilde{L}$ の τ による始点と終点を結ぶ経路に沿った積分として定義される。τ がスカラー量となるような変数にとれば，作用積分がガリレイ変換も含めた全ての座標変換に対して不変，すなわちスカラー量であることから，$\tilde{L}$ もガリレイ変換も含めた全ての座標変換に対して不変であることが保証される。ここで元のラグランジアン L の変数である t を q_0 に，$\dot{q}$ を q'/q_0' に置き換えた。作用積分 (2.32) に対して，最小作用の原理を適用することで以下の2つのオイラー-ラグランジュ方程式を得る。

$$\frac{\partial \tilde{L}}{\partial q} - \frac{d}{d\tau}\frac{\partial \tilde{L}}{\partial q'} = 0 \tag{2.36}$$

$$\frac{\partial \tilde{L}}{\partial q_0} - \frac{d}{d\tau}\frac{\partial \tilde{L}}{\partial q_0'} = 0 \tag{2.37}$$

ここで

$$q' = \frac{dq}{dt}\frac{dt}{d\tau} = \dot{q}q_0' \tag{2.38}$$

を用いると

$$\frac{\partial \tilde{L}}{\partial q'} = \frac{\partial L}{\partial q'}q_0' = \frac{\partial L}{\partial (\dot{q}q_0')}q_0' = \frac{\partial L}{\partial \dot{q}} \tag{2.39}$$

となる。1つ目の等号では，q' と q_0' が独立であることを，最後の等号では，L は q_0' に依存しないことを用いた。また

$$\frac{d}{d\tau} = \frac{dt}{d\tau}\frac{d}{dt} = q_0'\frac{d}{dt} \tag{2.40}$$

である。これらを用いると，オイラー-ラグランジュ方程式 (2.36) から以下の

方程式を得る。

$$\frac{\partial L}{\partial q}q_0' - q_0'\frac{d}{dt}\left(\frac{\partial L}{\partial \dot{q}}\right) = 0$$

$$\therefore \frac{\partial L}{\partial q} - \frac{d}{dt}\left(\frac{\partial L}{\partial \dot{q}}\right) = 0 \tag{2.41}$$

最後の変形では，条件 (2.31) より，$q_0' \neq 0$ であることを用いた。最後の式は，ラグランジアン L で与えられた系のオイラー-ラグランジュ方程式と一致しており，方程式 (2.36) から物理的に同一の方程式が得られることが確かめられた。

もう 1 つのオイラー-ラグランジュ方程式 (2.37) の左辺第 2 項の $\partial\tilde{L}/\partial q_0'$ は，q_0 に共役な正準運動量である。これを p_0 と表すことにすると，関係式 (2.34) を用いることで

$$p_0 = \frac{\partial}{\partial q_0'}\left(Lq_0'\right) = L + q_0'\frac{\partial}{\partial q_0'}L\left(q_0, q, \frac{q'}{q_0'}\right)$$

$$= L + q_0'\frac{\partial L(q_0, q, \dot{q})}{\partial \dot{q}}\frac{\partial}{\partial q_0'}\left(\frac{q'}{q_0'}\right)$$

$$= L - q_0'\frac{\partial L}{\partial \dot{q}}\frac{q'}{q_0'^2} = L - \frac{\partial L}{\partial \dot{q}}\dot{q} = -E \tag{2.42}$$

と計算でき，p_0 は式 (2.3) で定義される粒子の力学的エネルギー E と符号を除いて同じになる。以上の結果は q_0，すなわち時間と共役な正準運動量 p_0 が本質的に系の力学的エネルギーであることを示している。系のラグランジアン L が時間，すなわち q_0 に陽に依存しないとき，$\tilde{L}$ も時間に陽に依存しない。このとき，方程式 (2.37) は

$$\frac{d}{d\tau}p_0 = 0 \tag{2.43}$$

となり，τ の変化に対して p_0，すなわち E が保存する。いま，τ は t の増加に伴って単調増加する粒子の運動の軌跡を特徴付ける時間の代わりに用いた変数であるから，式 (2.43) は粒子のエネルギーが時間に依らず一定，すなわち保存することを意味している。時間が循環座標のとき，保存する量は時間と共役な正準運動量である系の力学的エネルギーであることが示された。

104　第 2 章　系の対称性と保存量

　自由度が 1 の系に限って時間に共役な正準運動量がエネルギーであることを示したが，独立な自由度の数が一般の f の場合への拡張は以下のように簡単にできる。関係式 (2.34) に対応して

$$\dot{q}_i = \frac{q_i'}{q_0'} \tag{2.44}$$

が成り立つ。ここで $i = 1, \cdots, f$ である。この関係式を用いると，$\tilde{L}$ は以下のように定義される。

$$\tilde{L}(q_0, q_1, \cdots, q_f, q_0', q_1', \cdots, q_f') = L\left(q_0, q_1, \cdots, q_f, \frac{q_1'}{q_0'}, \cdots, \frac{q_f'}{q_0'}\right) q_0' \tag{2.45}$$

したがって，q_0 に共役な正準運動量は以下のように計算される。

$$
\begin{aligned}
p_0 &= \frac{\partial}{\partial q_0'}\left(L q_0'\right) = L + q_0' \frac{\partial}{\partial q_0'} L\left(q_0, q_1, \cdots, q_f, \frac{q_1'}{q_0'}, \cdots, \frac{q_f'}{q_0'}\right) \\
&= L - q_0' \sum_{i=1}^{f} \frac{\partial L}{\partial \dot{q}_i} \frac{q_i'}{q_0'^2} \\
&= L - \sum_{i=1}^{f} \frac{\partial L}{\partial \dot{q}_i} \dot{q}_i
\end{aligned}
\tag{2.46}
$$

確かに p_0 は，式 (2.3) で定義される粒子系の力学的エネルギー E と符号を除いて同じであり，自由度が一般の f の場合も時間と共役な正準運動量が系の力学的エネルギーであることが示された。

///2.3　ネーターの定理

　座標変換に対する系の対称性と保存量との関係を結ぶネーターの定理を導出する。この項では，n 次元空間中の一粒子系を扱う。拘束条件がなく，独立な自由度の数 f は $f = n$ であるとする。以下のような一般の無限小座標変換を考える。

2.3 ネーターの定理

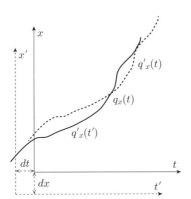

図 2.3 無限小座標変換 $t' = t + \delta t, x' = x + \delta x$ と質点の軌跡の x 成分（実線）の軌跡を示す。座標変換後の質点の軌跡を表す関数を元の座標 t–x 座標系に持ってきたもの $q'_x(t)$ を破線で表す。ここでは簡単のため $\delta t, \delta x$ は時間，空間座標に依らず一定とした。

$$t' = t + \delta t(t, x_j) \tag{2.47}$$
$$x'_i = x_i + \delta x_i(t, x_j) \tag{2.48}$$

無限小量 $\delta t, \delta x_i$ は一般に，時刻 t および空間座標 x_j の関数でよい。変換 (2.47) は，元の座標系の時計と比べて時間が δt だけ進んだ時計を持つ観測者への座標変換を行っていると捉えることができる。以下の式で定義される微小量をリー微分 (Lie derivative) と呼ぶ。

$$\delta^L q_i(t) \equiv q'_i(t) - q_i(t) \tag{2.49}$$

リー微分は座標変換による関数形の変化量を表すものである。

図 2.3 に空間 1 次元の場合を例にリー微分が何を行っているのかを示した。座標変換を行っても質点の物理的軌跡は変わらないため，変換後の座標で記述される粒子の x' 成分 $q'_x(t')$ の軌跡は変換前の軌跡 $q_x(t)$ と変わらない。しかし，物理的に同じ位置に質点がいるときの時刻と座標は異なるため関数形は異なる。

106　第 2 章　系の対称性と保存量

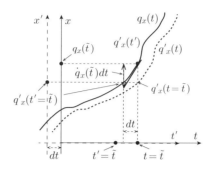

図 2.4　無限小時間推進変換 $t' = t + \delta t, \delta x = 0$ の場合のリー微分。簡単のため δt は，空間的に一様で，なおかつ時間にも依存しないとした。

　一方，$q'_x(t)$ は，座標変換後の粒子の軌跡を表す関数形を座標変換前の元の座標系に持ってきたものである。リー微分は，座標変換によって変わった質点の軌跡を表す関数を元の座標系に持ってきたものと変換前の質点の軌跡を表す関数との差分である。この図では，状況がより明確に分かるように，座標変換後の新たな座標系で測った質点の座標を $q'_x(t')$ で表し，座標変換によって変わった関数形を元の座標系に持ってきた関数を $q'_x(t)$ で表した。リー微分は以下のように変形すると以後便利であり，なおかつ物理的理解を助ける。

$$\delta^L q_i(t) = q'_i(t) - q'_i(t') + q'_i(t') - q_i(t)$$
$$= -\dot{q}'_i \delta t(t, x_j) + \delta x_i(t, x_j) \tag{2.50}$$

ここで t' は，t と式 (2.47) で結ばれる。

　1 つ目の等号の右辺第 3 項と第 4 項の差は，物理的には同時刻の粒子の位置を座標変換前後の観測者で測定した結果の差を表している。それは，空間座標の変換によって生じたズレに等しいということを 2 つ目の等号の変形で用いた。1 つ目の等号の右辺第 1 項と第 2 項の物理的理解を助けるため，空間 1 次元を例に時間原点のみズラした場合について図 2.4 に示した。

　座標変換後の座標系 $'$ 系では時計が δt 進んでいるため，$'$ 系での時刻 $\tilde{t}$ は元の座標の時計では $\tilde{t} - \delta t$ のことである。したがって，$'$ 系で時計が $\tilde{t}$ を指すときの質点の位置は，δt だけ時間が経つ間に質点が進んだ距離 $\dot{q}'_x(\tilde{t})\delta t$ だけ変換

2.3 ネーターの定理

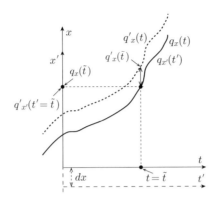

図 2.5 無限小空間推進変換 $\delta t = 0$, $\delta x > 0$ の場合のリー微分。簡単のため δx は，空間的に一様で，なおかつ時間にも依存しないとした。

前の座標での時刻 $\tilde{t}$ での位置より手前である。このことから

$$\delta^L q_x = -\dot{q}_x \delta t$$

となることが理解できる。ここで，この例では $\delta x_i = 0$ であることを用いた。これが式 (2.50) の1つ目の等号の右辺第1項と第2項の差の物理的意味である。ここで，$\dot{q}'_x(t)$ と $\dot{q}_x(t)$ の差が微小量の1次であることから，微小量の1次までで $\dot{q}'_x(t)$ を $\dot{q}_x(t)$ に置き換えても差し支えないことを用いた。

図 2.5 に，同じ質点に対して時間は同じにしたまま座標原点を一様に δx ズラした場合を示した。このときも座標変換前後で質点の物理的軌跡は変わらない。時間もズラしていないので，変換前後の座標系で同じ時刻に質点は物理的に同じ位置にいる。しかし，座標原点をズラしているため，変換後の座標では質点の座標が δx だけ大きな値をとる。これがリー微分 (2.50) の右辺第2項が現れた理由である。

準備が整ったので，いよいよ**ネーターの定理** (Noether's theorem) を導出する。座標変換に対する系の対称性という言葉をこの項の冒頭に述べた。数学的には，作用積分 S がある座標変換に対して不変であるとき，その物理系はその座標変換に対して対称であると言う。したがって，座標変換前後での作用積分

108　第 2 章　系の対称性と保存量

の値を比較して差がゼロかどうかを調べればよいのである。作用積分の差は以下のように定義される。

$$\delta S = \int_{t_1'}^{t_2'} dt' L\left(q_i'(t'), \frac{dq_i'(t')}{dt'}\right) - \int_{t_1}^{t_2} dt L\left(q_i(t), \frac{dq_i(t)}{dt}\right) \qquad (2.51)$$

この式に登場する ′ 付きの変数を元の座標の変数で表す。

$$dt' = \frac{dt'}{dt} dt = (1 + \delta \dot{t})dt$$

$$q_i'(t') = q_i(t) + \delta x_i$$

$$\frac{dq_i'(t')}{dt'} = \frac{dt}{dt'}\frac{d}{dt}\left(q_i(t) + \delta x_i\right) = (1 - \delta \dot{t})(\dot{q}_i(t) + \delta \dot{x}_i)$$

$$= \dot{q}_i(t) - \delta \dot{t}\dot{q}_i(t) + \delta \dot{x}_i$$

微小量の 1 次まで残した。一方，リー微分の時間微分は以下のように書ける。

$$\frac{d}{dt}\delta^L q_i(t) = \frac{d}{dt}\left(q_i'(t) - q_i(t)\right)$$

$$= \frac{d}{dt}\left(-(q_i'(t') - q_i'(t)) + q_i'(t') - q_i(t)\right)$$

$$= -\ddot{q}_i'\delta t - \dot{q}_i\delta \dot{t} + \delta \dot{x}_i = -\ddot{q}_i\delta t - \dot{q}_i\delta \dot{t} + \delta \dot{x}_i \qquad (2.52)$$

また，ラグランジアンが時間に陽に依存しないとすると，ラグランジアンの時間に関する全微分が以下のように書ける。

$$\frac{dL}{dt} = \sum_{i=1}^{f}\left(\frac{\partial L}{\partial q_i}\dot{q}_i + \frac{\partial L}{\partial \dot{q}_i}\ddot{q}_i\right)$$

以上を用いると，作用積分の変分量が以下のように計算できる。

$$\delta S = \int_{t_1}^{t_2} dt(1 + \delta \dot{t})L\left(q_i(t) + \delta x_i, \dot{q}_i(t) - \delta \dot{t}\dot{q}_i(t) + \delta \dot{x}_i\right) - \int_{t_1}^{t_2} dt L(q_i(t), \dot{q}_i(t))$$

$$= \int_{t_1}^{t_2} dt\left[\delta \dot{t}L(q_i(t), \dot{q}_i(t)) + \sum_{i=1}^{f}\left(\frac{\partial L(q_i(t), \dot{q}_i(t))}{\partial q_i}\delta x_i + \frac{\partial L(q_i(t), \dot{q}_i(t))}{\partial \dot{q}_i}(-\delta \dot{t}\dot{q}_i(t) + \delta \dot{x}_i)\right)\right]$$

$$= \int_{t_1}^{t_2} dt\frac{d(\delta t L)}{dt} - \int_{t_1}^{t_2} dt\sum_{i=1}^{f}\left(\frac{\partial L}{\partial q_i}\dot{q}_i\delta t + \frac{\partial L}{\partial \dot{q}_i}\ddot{q}_i\delta t\right) + \int_{t_1}^{t_2} dt\sum_{i=1}^{f}\left(\frac{\partial L}{\partial q_i}\delta x_i + \frac{\partial L}{\partial \dot{q}_i}(-\delta \dot{t}\dot{q}_i + \delta \dot{x}_i)\right)$$

ここで以下の変形を行う。

$$\int_{t_1}^{t_2} dt \sum_{i=1}^{f} \frac{\partial L}{\partial \dot{q}_i}(-\ddot{q}_i \delta t + \delta \dot{x}_i)$$

$$= \int_{t_1}^{t_2} dt \sum_{i=1}^{f} \left[\frac{d}{dt}\left(\frac{\partial L}{\partial \dot{q}_i}(-\dot{q}_i \delta t + \delta x_i)\right) + \delta t \frac{d}{dt}\frac{\partial L}{\partial \dot{q}_i}\dot{q}_i + \delta \dot{t}\frac{\partial L}{\partial \dot{q}_i}\dot{q}_i - \frac{d}{dt}\frac{\partial L}{\partial \dot{q}_i}\delta x_i \right]$$

この式を代入して δS の式をさらに変形する。

$$\delta S = \int_{t_1}^{t_2} dt \frac{d}{dt}\left(\delta t L + \sum_{i=1}^{f} \frac{\partial L}{\partial \dot{q}_i}\delta^L q_i\right)$$

$$+ \int_{t_1}^{t_2} dt \sum_{i=1}^{f}\left(-\frac{\partial L}{\partial q_i}\dot{q}_i \delta t - \frac{\partial L}{\partial \dot{q}_i}\dot{q}_i \delta \dot{t} + \frac{\partial L}{\partial q_i}\delta x_i + \delta t \frac{d}{dt}\frac{\partial L}{\partial \dot{q}_i}\dot{q}_i + \delta \dot{t}\frac{\partial L}{\partial \dot{q}_i}\dot{q}_i - \frac{d}{dt}\frac{\partial L}{\partial \dot{q}_i}\delta x_i\right)$$

$$= \int_{t_1}^{t_2} dt \frac{d}{dt}\left(\delta t L + \sum_{i=1}^{f} \frac{\partial L}{\partial \dot{q}_i}\delta^L q_i\right) + \int_{t_1}^{t_2} dt \sum_{i=1}^{f}\left(\frac{\partial L}{\partial q_i} - \frac{d}{dt}\frac{\partial L}{\partial \dot{q}_i}\right)\delta^L q_i$$

ここで，式 (2.50) を用いてリー微分で書き換えた。質点の軌跡はオイラー-ラグランジュ方程式を満たすすため最後の項はゼロである。したがって，考えている座標変換に対して系が対称のとき，すなわち $\delta S = 0$ のとき，以下の式で定義される N が保存量 $dN/dt = 0$ となる。

$$N \equiv \frac{1}{\epsilon}\left(-\delta t L - \sum_{i=1}^{f} \frac{\partial L}{\partial \dot{q}_i}\delta^L q_i\right) \tag{2.53}$$

この保存量を**ネーターカレント** (Noether current) と呼び，これをネーターの定理と呼ぶ。ここで ϵ は，無限小変換の変化量を特徴づける微小量である。

　例として，まず無限小時間推進に対して系が対称な場合のネーターカレントを求める。このとき

$$\delta t = \epsilon$$

$$\delta x_i = 0$$

である。ただし ϵ は時間に依らない定数とする。したがって

110 第 2 章 系の対称性と保存量

$$\delta^L q_i = -\epsilon \dot{q}_i$$

である。これらを式 (2.53) に代入すると以下の式を得る。

$$N = -L + \sum_{i=1}^{f} p_i \dot{q}_i = E$$

ここで正準運動量とエネルギーの定義式 (2.3) を用いた。したがって，時間推進に対して系が対称な場合，保存する量はエネルギーである。

　次に無限小空間推進に対して系が対称な場合のネーターカレントを求める。簡単のため x 軸方向のみの空間推進を考える。このとき

$$\delta t = 0$$
$$\delta \boldsymbol{x} = (\epsilon, 0, 0)$$
$$\delta^L \boldsymbol{q} = (\epsilon, 0, 0)$$

である。これらを式 (2.53) に代入すると以下の式を得る。

$$N = -\frac{\partial L}{\partial \dot{q}_x} = -p_x$$

ここで正準運動量の定義式を用いた。したがって，系が x 方向の無限小空間推進に対して対称であるとき，ネーターカレントは本質的に正準運動量の x 成分となり，正準運動量の x 成分が保存する。

　最後に無限小座標回転に対する系の対称性と関係するネーターカレントを求める。ここでは，簡単のため z 軸を軸とした回転変換を扱う。

　図 2.6 に z 軸を軸とした角度 $\delta\varphi$ の回転変換に伴う位置ベクトルの座標の変化の様子を示した。この図から座標変換前後の位置ベクトルの成分の関係が以下のように求まる。

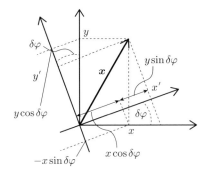

図 2.6 回転座標変換

$$x' = x\cos\delta\varphi + y\sin\varphi \sim x + y\delta\varphi \tag{2.54}$$
$$y' = -x\sin\varphi + y\cos\varphi \sim -x\delta\varphi + y \tag{2.55}$$
$$z' = z \tag{2.56}$$

ここで $\delta\varphi$ が微小量であることを用いて,微小量の 1 次まで残した。質点の一般化座標を $(q_x(t), q_y(t), q_z(t))$ とする。リー微分は以下のようになる。

$$\delta^L q_x(t) = q_y \delta\varphi \tag{2.57}$$
$$\delta^L q_y(t) = -q_x \delta\varphi \tag{2.58}$$

いまの場合,$\delta\varphi = \epsilon$ であることを用いるとネーターカレントは以下のようになる。

$$N = -p_x q_y + p_y q_x = (\boldsymbol{q} \times \boldsymbol{p})_z \tag{2.59}$$

ここで,$\boldsymbol{p}$ は $\boldsymbol{q}$ に共役な正準運動量である。式 (2.59) の右辺は,角運動量の z 成分,言い方を変えると角運動量の回転軸方向の成分である。すなわち,系がある回転軸の周りの回転変換に対して対称であるとき,角運動量の回転軸方向の成分が保存する。

第**3**章

正準形式

　ここでは，まず正準形式について解説し，その後ラグランジアンに一般化座標と時間の関数の時間全微分を加えても粒子の運動方程式に影響を与えないことを示す。この不定性が電磁場ポテンシャルのゲージ変換の自由度と関係していることが明らかになる。このラグランジアンの不定性が，正準変換の母関数として取り込まれることを解説し，変換の母関数を用いた系の対称性と物理量の保存の表現を紹介する。さらに，電磁場中の荷電粒子の運動を記述するハミルトニアン，リウヴィルの定理，ビリアル定理についても解説する。

///**3.1** ルジャンドル変換

　x, y を独立変数とする関数 $\Phi(x, y)$ を考え，その偏導関数を以下のように変数 (u, v) を用いて表す。

$$u = \frac{\partial \Phi}{\partial x} \tag{3.1}$$

$$v = \frac{\partial \Phi}{\partial y} \tag{3.2}$$

これらを用いると関数 Φ の全微分が以下のように書ける。

$$d\Phi = u dx + v dy \tag{3.3}$$

ここで，独立変数を (x, y) から (u, y) に変換することを考える。以下では，独

114 第 3 章 正準形式

立変数の 1 つである x の, 関数 Φ の x による偏導関数 u への変換を扱う。これは, 関数 Φ から以下のように定義される新たな関数 Ψ を導入することで実現される。

$$\Psi = ux - \Phi \tag{3.4}$$

関数 Ψ の全微分を計算する。

$$d\Psi = xdu + udx - \frac{\partial \Phi}{\partial x}dx - \frac{\partial \Phi}{\partial y}dy$$
$$= xdu + udx - udx - vdy = xdu - vdy \tag{3.5}$$

この結果は, Ψ が (u, y) の関数であることを示しており

$$x = \frac{\partial \Psi}{\partial u} \tag{3.6}$$

$$v = -\frac{\partial \Psi}{\partial y} \tag{3.7}$$

の関係で (x, v) が Ψ の (u, y) による偏微分と結ばれる。このように, <u>ある関数の独立変数の一部を独立変数による偏微分に入れ替えた新しい関数に変換する操作</u> をルジャンドル変換 (Legendre transformation) と呼ぶ。

　与えられた問題を解くにあたって適切な座標系を選択することで, 楽に問題が解けるようになる例を多数経験しているであろう。物理系の時間発展が分かるとは, 位相空間内の状態を指定することであった。このことから, 一般化座標とそれと正準共役な運動量を適切に選択することが問題を解く上で鍵となりうることが予想できる。そのような目的で用いられるのが正準変換であり (3.3 節), そこでルジャンドル変換が用いられる。

　ルジャンドル変換は, 単なる問題を解きやすくするために施す位相空間中の座標変換にとどまらず, 新たな物理系の見方の提案, すなわちパラダイムシフトを引き起こすこともある。そのような例を B.1 節に紹介した。この例は, ルジャンドル変換により文字通り見方を 90 度回転させて, 相転移現象の記述に**自発的対称性の破れ**という新しい概念の導入に繋がるパラダイムシフトを引き起こした。より詳しい解説は, 参考文献 [17] など物性物理の教科書をあたってほしい。

3.2 正準形式

一般化座標 q_i に正準共役な運動量は，次の式でラグランジアンから定義された。

$$p_i \equiv \frac{\partial L}{\partial \dot{q}_i} \tag{3.8}$$

以降，これを**正準運動量**と呼ぶことにする。以下では，一般化座標 q_i と正準運動量 p_i で張られる $2f$ 次元空間を位相空間と呼ぶ。ここで f は系の独立な自由度の数である。また，q_i, p_i を**正準変数**と呼ぶ。

ハミルトニアン H は，$(q_i, \dot{q}_i)$ の関数であるラグランジアン $L(q_i, \dot{q}_i)$ の変数 $\dot{q}_i$ を L の $\dot{q}_i$ による偏微分 p_i にルジャンドル変換して得られる関数であり，以下のように定義される。

$$H(q_i, p_i) \equiv \sum_{i=1}^{f} p_i \dot{q}_i - L(q_i, \dot{q}_i) \tag{3.9}$$

以下，簡単のために自由度 1 の系を扱う。ハミルトニアンは以下のようになる。

$$H(q, p) = p\dot{q} - L(q, \dot{q}) \tag{3.10}$$

ハミルトニアンの全微分は

$$
\begin{aligned}
dH &= \dot{q}dp + pd\dot{q} - \frac{\partial L}{\partial q}dq - \frac{\partial L}{\partial \dot{q}}d\dot{q} \\
&= \dot{q}dp + pd\dot{q} - \frac{d}{dt}\frac{\partial L}{\partial \dot{q}}dq - pd\dot{q} \\
&= \dot{q}dp - \dot{p}dq
\end{aligned} \tag{3.11}
$$

となり，確かにハミルトニアンは q, p の関数である。ハミルトニアンの全微分は以下のようにも書ける。

$$dH = \frac{\partial H}{\partial q}dq + \frac{\partial H}{\partial p}dp \tag{3.12}$$

116　第3章　正準形式

　式 (3.11) と式 (3.12) が任意の dq, dp に対して成り立つためには，dq, dp それぞれの係数が等しくなければならない。このことから以下の方程式を得る。

$$\dot{q} = \frac{\partial H}{\partial p} \tag{3.13}$$

$$\dot{p} = -\frac{\partial H}{\partial q} \tag{3.14}$$

この2つの方程式の組は，**ハミルトンの運動方程式** (Hamilton's equations of motion)，あるいは**正準運動方程式** (canonical equations of motion) と呼ばれる，粒子の運動を記述する基本方程式である。

　正準運動方程式を最小作用の原理から導いてみる。ハミルトニアンを用いて作用積分 (1.116) は以下のように書ける。

$$S = \int_{t_{\mathrm{P}}}^{t_{\mathrm{Q}}} dt \left(\sum_{i=1}^{f} p_i \dot{q}_i - H(q_i, p_i, t) \right) \tag{3.15}$$

位相空間中の始点と終点を固定する条件

$$\eta_i(t_{\mathrm{P}}) = \eta_i(t_{\mathrm{Q}}) = 0 \tag{3.16}$$

$$\zeta_i(t_{\mathrm{P}}) = \zeta_i(t_{\mathrm{Q}}) = 0 \tag{3.17}$$

のもとで真の軌跡が辿る q_i, p_i から任意の変分を一般化座標と正準運動量に以下のように与える。

$$q_i \to q_i + \eta_i \quad p_i \to p_i + \zeta_i \tag{3.18}$$

この変分の結果生じる，作用積分の変分は以下のようになる。

$$\delta S = \int_{t_{\mathrm{P}}}^{t_{\mathrm{Q}}} dt \left[\delta \left(\sum_{i=1}^{f} p_i \dot{q}_i \right) - \delta H \right]$$

$$= \int_{t_{\mathrm{P}}}^{t_{\mathrm{Q}}} dt \left(\sum_{i=1}^{f} (\zeta_i \dot{q}_i + p_i \delta \dot{q}_i) - \sum_{i=1}^{f} \left(\frac{\partial H}{\partial q_i} \eta_i + \frac{\partial H}{\partial p_i} \zeta_i \right) \right)$$

$$= [p_i(t) \eta_i(t)]_{t_{\mathrm{P}}}^{t_{\mathrm{Q}}} + \int_{t_{\mathrm{P}}}^{t_{\mathrm{Q}}} dt \sum_{i=1}^{f} \left[\left(\dot{q}_i - \frac{\partial H}{\partial p_i} \right) \zeta_i(t) - \left(\dot{p}_i + \frac{\partial H}{\partial q_i} \right) \eta_i(t) \right]$$

$$= \int_{t_{\mathrm{P}}}^{t_{\mathrm{Q}}} dt \sum_{i=1}^{f} \left[\left(\dot{q}_i - \frac{\partial H}{\partial p_i} \right) \zeta_i(t) - \left(\dot{p}_i + \frac{\partial H}{\partial q_i} \right) \eta_i(t) \right] \tag{3.19}$$

最後の等号では，始点と終点を固定したこと，すなわち式 (3.16) を用いた。粒子は作用を最小にする軌跡を通るという最小作用の原理を適用すると，任意の変分 $\eta_i(t)$, $\zeta_i(t)$ に対して変分 (3.19) がゼロでなければならない。この要請から以下の正準運動方程式が得られる。

$$\dot{p}_i = -\frac{\partial H}{\partial q_i} \quad \dot{q}_i = \frac{\partial H}{\partial p_i} \tag{3.20}$$

3 次元空間中の位置エネルギー U で与えられる保存力場の中を非相対論的速度で拘束条件なしで運動する質量 m の質点の場合を例として扱う。一般化座標としてデカルト座標を採用すると，正準運動量は以下のような，よく見慣れた形になる。

$$p_i = m\dot{q}_i$$

ハミルトニアンは

$$H = \sum_{i=1}^{3} \frac{p_i^2}{2m} + U(q_i)$$

となり，これは質点の力学的エネルギーである。正準運動方程式は

$$\dot{p}_i = -\frac{\partial U}{\partial q_i} \quad \dot{q}_i = \frac{p_i}{m}$$

となり，1 つ目の式は保存力場中の質点の運動方程式を，2 つ目の式は速度と正準運動量の関係式を与える。

118　第 3 章　正準形式

3.3　正準変換と母関数

3.3.1　ラグランジアンの不定性

　自由度が 1，すなわち軌跡が一般化座標 q，一般化速度 $\dot{q}$ で記述される粒子の運動を扱う。この粒子の運動を記述するラグランジアンを L とする。以下のオイラー-ラグランジュ方程式がこの粒子の運動方程式を与える。

$$\frac{\partial L}{\partial q} - \frac{d}{dt}\frac{\partial L}{\partial \dot{q}} = 0 \tag{3.21}$$

オイラー-ラグランジュ方程式から導かれる粒子の運動方程式が同じであれば，ラグランジアンは何でもよいとする。例として質量 m の 1 次元自由粒子の運動を考える。以下のラグランジアンは馴染み深いと思う。

$$L_1 = \frac{1}{2}m\dot{x}^2 \tag{3.22}$$

これをオイラー-ラグランジュ方程式に代入すると，以下の方程式が得られる。

$$m\ddot{x} = 0 \tag{3.23}$$

次に，$\alpha \neq 0$ なる定数 α を用いて

$$L_2 = \mathrm{e}^{\alpha\dot{x}} \tag{3.24}$$

で定義されるラグランジアンを考える。これをオイラー-ラグランジュ方程式に代入すると以下の方程式を得る。

$$-\alpha^2\ddot{x}\mathrm{e}^{\alpha\dot{x}} = 0 \tag{3.25}$$

$\alpha \neq 0$ より，この式から以下の運動方程式を得る。

$$\ddot{x} = 0 \tag{3.26}$$

確かに 1 次元自由粒子の運動方程式が得られる。つまり，オイラー-ラグラン

ジュ方程式に代入して粒子の運動方程式を与えるラグランジアンは一意には決まらないことが分かる。

上の例で登場したラグランジアン L_2 は，オイラー-ラグランジュ方程式に代入すると，自由粒子の運動方程式を与えるので，自由粒子のラグランジアンの候補となりうる。しかし，L_2 は $K - U$ の形をしておらず，これを積分して得られる作用積分に物質波の位相変化量という物理的意味を持たせることはできない。また，異なる 2 つのラグランジアン L_1，L_2 をオイラー-ラグランジュ方程式に代入して得られる方程式 (3.23), (3.25) の左辺は異なる形をしている。このことは，"オイラー-ラグランジュ方程式に代入して正しい運動方程式が得られればよい"ということ以上の制約がラグランジアンにかかっていることを示唆している。本書では，ラグランジアンはそれを時間積分して得られる作用積分が物質波の位相変化量となるもの，という制約を課すことにする。その結果，ラグランジアン L は運動エネルギー K と位置エネルギー U を用いて $L = K - U$ と書かれなければならないのである。

上記の制約のもとでもラグランジアンの選択にはまだ不定性が残る。同じ粒子の運動を表す 2 つのラグランジアン L，L' が一般化座標 q と時間 t の関数 $W(q,t)$ を用いて

$$L' = L + \frac{dW}{dt} \tag{3.27}$$

で結ばれる場合を考える。ここで W は q と t の関数であるから

$$\frac{dW}{dt} = \frac{\partial W}{\partial q}\dot{q} + \frac{\partial W}{\partial t} \tag{3.28}$$

と書ける。これを用いて $\frac{dW}{dt}$ をオイラー-ラグランジュ方程式に代入すると

$$
\begin{aligned}
&\frac{\partial}{\partial q}\left(\frac{dW}{dt}\right) - \frac{d}{dt}\left[\frac{\partial}{\partial \dot{q}}\left(\frac{dW}{dt}\right)\right] \\
&= \frac{\partial^2 W}{\partial q^2}\dot{q} + \frac{\partial^2 W}{\partial q \partial t} - \frac{d}{dt}\left[\frac{\partial W}{\partial q}\right] \\
&= \frac{\partial^2 W}{\partial q^2}\dot{q} + \frac{\partial^2 W}{\partial q \partial t} - \frac{\partial^2 W}{\partial q^2}\dot{q} - \frac{\partial^2 W}{\partial q \partial t} = 0
\end{aligned}
\tag{3.29}
$$

120 第 3 章 正準形式

となり恒等的にゼロとなる。すなわち，式 (3.27) でラグランジアン L に加えた項は，オイラー–ラグランジュ方程式に全く寄与しない。したがって，L' は L と全く同じ運動方程式を与える。言い換えると，ラグランジアンには変換式 (3.27) の不定性が伴う。自由粒子の例で取り上げた L_1, L_2 の差は変換式 (3.27) の形では表せない。しかし，この例では最終的に得られる粒子の運動方程式は同じ (3.26) であるが，オイラー–ラグランジュ方程式 (3.21) の左辺に代入して得られる式は式 (3.23) と式 (3.25) のように異なる形をしていて互いに等しくない。一方，2 つのラグランジアンが変換 (3.27) で結ばれる場合は，オイラー–ラグランジュ方程式 (3.21) に代入して得られる式の形が変換前後で完全に等しくなる。

　次に，この逆も真であること，すなわち 2 つのラグランジアンをオイラー–ラグランジュ方程式に代入して得られる式の形が互いに等しいとき，これらのラグランジアンが変換 (3.27) で結ばれることを示す。ラグランジアンは $q, \dot{q}, t$ の関数であるから，2 つのラグランジアンの差も $q, \dot{q}, t$ の関数 $G(q, \dot{q}, t)$ を用いて以下のように書けるはずである。

$$L' = L + G(q, \dot{q}, t) \tag{3.30}$$

これらの 2 つのラグランジアンをそれぞれオイラー–ラグランジュ方程式に代入して得られる式の形が同じになるためには，式 (3.30) で加えた付加項をオイラー–ラグランジュ方程式に代入して恒等的にゼロにならなければならない。すなわち，G が

$$\frac{\partial G}{\partial q} - \frac{d}{dt} \frac{\partial G}{\partial \dot{q}} = 0 \tag{3.31}$$

を満たさなければならない。G に対する条件式 (3.31) をさらに変形すると，G の満たすべき方程式が以下のように求まる。

$$\frac{\partial G}{\partial q} - \frac{d}{dt} \frac{\partial G}{\partial \dot{q}} = \frac{\partial G}{\partial q} - \frac{\partial^2 G}{\partial q \partial \dot{q}} \dot{q} - \frac{\partial^2 G}{\partial \dot{q}^2} \ddot{q} - \frac{\partial^2 G}{\partial t \partial \dot{q}} = 0 \tag{3.32}$$

G は $\ddot{q}$ を含まないので，その $q, \dot{q}$ による微分係数から $\ddot{q}$ を含む項は現れない。したがって，方程式 (3.32) が恒等的に成り立つためには，$\ddot{q}$ の係数がゼロ，す

なわち

$$\frac{\partial^2 G}{\partial \dot{q}^2} = 0 \tag{3.33}$$

が恒等的に成り立つ必要がある。この方程式 (3.33) の一般解は，q, t の任意関数 $f(q,t)$, $g(q,t)$ を用いて以下のように書ける。

$$G(q, \dot{q}, t) = f(q,t)\dot{q} + g(q,t) \tag{3.34}$$

この解 (3.34) を方程式 (3.32) に代入すると以下の結果を得る。

$$\frac{\partial f}{\partial q}\dot{q} + \frac{\partial g}{\partial q} - \frac{\partial f}{\partial q}\dot{q} - \frac{\partial f}{\partial t} = \frac{\partial g}{\partial q} - \frac{\partial f}{\partial t} = 0 \tag{3.35}$$

この方程式は q, t の関数 $W(q,t)$ を用いて $f(q,t)$, $g(q,t)$ が

$$\begin{aligned}\frac{\partial W}{\partial q} &\equiv f(q,t) \\[6pt] \frac{\partial W}{\partial t} &\equiv g(q,t)\end{aligned} \tag{3.36}$$

と表されることを示している。実際，式 (3.36) から

$$\frac{\partial g}{\partial q} - \frac{\partial f}{\partial t} = \frac{\partial^2 W}{\partial t \partial q} - \frac{\partial^2 W}{\partial t \partial q} = 0$$

となり関係式 (3.35)，すなわち式 (3.31) が恒等的に成り立つことが確認できる。以上の結果は，2 つのラグランジアンが与えるオイラー-ラグランジュ方程式の形が互いに等しいとき，2 つのラグランジアンは q, t の関数 $W(q,t)$ を用いて

$$L' = L + \frac{\partial W}{\partial q}\dot{q} + \frac{\partial W}{\partial t} + 定数 = L + \frac{dW}{dt} + 定数 \tag{3.37}$$

と書けることを示している。不定定数をゼロとすれば，式 (3.27) と一致し，確かに逆が真であることが証明された。2 つのラグランジアンが与えるオイラー-ラグランジュ方程式の形が互いに等しいことと，これらのラグランジアンが変換式 (3.27) で結ばれることが互いに必要十分条件であることがわかった。

ラグランジアンに式 (3.27) の不定性が存在することを別の角度から考察す

122　第3章　正準形式

る。変換後のラグランジアンで定義される作用積分は以下のように与えられる。

$$
\begin{aligned}
S' &= \int_{t_1}^{t_2} dt L' = \int_{t_1}^{t_2} dt \left(L + \frac{dW}{dt} \right) \\
&= \int_{t_1}^{t_2} dt L + W(q(t_2), t_2) - W(q(t_1), t_1) \\
&= S + W(q(t_2), t_2) - W(q(t_1), t_1)
\end{aligned}
\tag{3.38}
$$

最小作用の原理では，始点と終点の時刻と座標は固定したうえで，作用を最小とする軌跡を求める。つまり $q(t_1)$, $q(t_2)$, t_1, t_2 は定数として扱う。したがって，変換前後の作用積分の差分は定数であり，最小作用の原理から与えられる粒子の軌跡に全く影響を与えない。1.7.2 項で解説したガリレイ変換の場合，式 (3.38) で表される作用積分の不定性は，相対運動する 2 つの慣性系のどちらの系を基準にとるかで作用積分の値，すなわち物質波の位相変化量の値が変わることに対応していた。

3.3.2　正準変換と変換の母関数

　簡単のため，一般化座標 q，正準運動量 p，これらを変数とするハミルトニアン $H = H(q, p, t)$ で表される自由度 1 の粒子系を例として扱う。粒子の運動は，以下の正準運動方程式で記述される。

$$
\dot{q} = \frac{\partial H(q, p, t)}{\partial p}
\tag{3.39}
$$

$$
\dot{p} = -\frac{\partial H(q, p, t)}{\partial q}
\tag{3.40}
$$

ここで，変数変換

$$
q = q(Q, P, t)
\tag{3.41}
$$

$$
p = p(Q, P, t)
\tag{3.42}
$$

により q, p が Q, P に変換されるとする。変換後の新しい変数 Q, P が正準変数であるためには，Q, P で定義されるハミルトニアン $K = K(Q, P, t)$ が存在

し，以下の方程式が満たされなければならない。

$$\dot{Q} = \frac{\partial K(Q, P, t)}{\partial P} \tag{3.43}$$

$$\dot{P} = -\frac{\partial K(Q, P, t)}{\partial Q} \tag{3.44}$$

3.3.1 項で示したように同一の粒子の運動を表す 2 つのラグランジアンをオイラー-ラグランジュ方程式に代入して得られる粒子の運動方程式の形が同じ形になるためには，2 つのラグランジアンが式 (3.27) の変換式で結ばれる必要があった。この条件を満たすために変数変換 (3.41)(3.42) が満たすべき条件を以下で調べる。ラグランジアンのルジャンドル変換でハミルトニアンが定義されることから，上記の条件は q, Q, t の関数である $W(q, Q, t)$ の時間全微分を用いて以下のように結ばれることと等価であることが期待される。

$$p\dot{q} - H(q, p, t) = P\dot{Q} - K(Q, P, t) + \frac{dW(q, Q, t)}{dt} \tag{3.45}$$

ここで W は，変換前後の一般化座標の関数である必要がある。W の全微分は以下のように書ける。

$$\frac{dW}{dt} = \frac{\partial W}{\partial q}\dot{q} + \frac{\partial W}{\partial Q}\dot{Q} + \frac{\partial W}{\partial t} \tag{3.46}$$

式 (3.45) に式 (3.46) を代入すると

$$\dot{q}p - H(q, p, t) = \dot{Q}P - K(Q, P, t) + \frac{\partial W}{\partial q}\dot{q} + \frac{\partial W}{\partial Q}\dot{Q} + \frac{\partial W}{\partial t} \tag{3.47}$$

となる。変数 q, Q は独立であるから，式 (3.47) が恒等的に成り立つためには，$\dot{q}, \dot{Q}$ の係数がそれぞれ等しくなければならない。これより

$$p = \frac{\partial W(q, Q, t)}{\partial q} \tag{3.48}$$

$$P = -\frac{\partial W(q, Q, t)}{\partial Q} \tag{3.49}$$

$$H(q, p, t) = K(Q, P, t) - \frac{\partial W(q, Q, t)}{\partial t} \tag{3.50}$$

124　第 3 章　正準形式

が満たされていればよいことが分かる。変換式 (3.41) と (3.42) により q, p から
Q, P の変換が与えられている場合，方程式 (3.48)(3.49) の解として $W(q, Q, t)$
が求まる。逆に $W(q, Q, t)$ が与えられているとき，変換式 (3.48)(3.49) により
q, p から Q, P への変換が与えられる。$W(q, Q, t)$ を変換の**母関数** (generator)
と呼ぶ。ある正準変数から別の正準変数への変換が，変換の母関数によって，変
換式 (3.48)(3.49) で与えられ，ハミルトニアンが式 (3.50) で変換されるとき，
この変換を**正準変換** (canonical transformation) と呼ぶ。

　最小作用の原理を用いた正準運動方程式の導出過程 (3.19) を振り返ると，作
用積分の被積分関数に任意の q, p, t の関数 $F(q, p, t)$ の時間に関する全微分を
加えても位相空間上で始点と終点が固定されていれば，最小作用の原理から得
られる運動方程式に影響を与えないことが分かる。被積分関数に関数 $F(q, p, t)$
の時間に関する全微分を加えると，作用積分は以下のように変化する。

$$
\begin{aligned}
S &= \int_{t_1}^{t_2} dt \left[p\dot{q} - H(q, p, t) + \frac{dF(q, p, t)}{dt} \right] \\
&= \int_{t_1}^{t_2} dt \left[p\dot{q} - H(q, p, t) \right] + F(q(t_2), p(t_2), t_2) - F(q(t_1), p(t_1), t_1)
\end{aligned}
$$
$$(3.51)$$

条件 (3.16) と (3.17) より，始点と終点の位相空間中の座標が固定されている
ため，式 (3.51) の最後の 2 つの項は作用積分の変分の結果ゼロとなり，作用積
分の変分に寄与を与えない。ここで作用積分の被積分関数への関数 F の時間全
微分の付加項が，変分原理から得られる運動方程式に影響を与えないためには，
q についての固定端条件 (3.16) だけではなく，p についての固定端条件 (3.17)
も必要であった。一方，変分原理から正準運動方程式を導出する過程 (3.19) で
は，q についての固定端条件 (3.16) があれば十分であり，p についての固定端条
件 (3.17) は必要なかった。変換式 (3.45) では，作用積分の被積分関数に q, Q, t
の関数 $W(q, Q, t)$ の時間全微分を加えていた。変数変換 (3.41)(3.42) を振り
返ると，変換後の一般化座標 Q は q, p の関数であることが分かる。つまり，W
は Q を通して間接的に p に依存しており，式 (3.51) における F と読み替えて
もよい。このことから，作用積分の被積分関数への関数 F の時間全微分の付加

項の不定性が，正準変換の自由度の存在を保証していると理解できる。正準変換による座標変換を可能にするために条件 (3.17) が必要なのである。

3.3.3　正準変換を用いた運動の解析の例

正準変換を用いた運動の解析の例として 1 次元調和振動子を扱う。質量が $m = 1$ で，バネ定数が $\kappa = 1$ の 1 次元調和振動子のハミルトニアンは以下のように与えられる。

$$H = \frac{1}{2}\left(p^2 + q^2\right) \tag{3.52}$$

天下り的ではあるが，これに以下の母関数で定義される正準変換を施す。

$$W(q, Q) = \frac{1}{2}q^2 \cot Q \tag{3.53}$$

この母関数で表現される変数変換は以下のようになる。

$$p = \frac{\partial W}{\partial q} = q \cot Q \tag{3.54}$$

$$P = -\frac{\partial W}{\partial Q} = \frac{1}{2}q^2 \frac{1}{\sin^2 Q} \tag{3.55}$$

$$H(q, p) = K(Q, P) \tag{3.56}$$

はじめの 2 つの式を整理すると，以下の関係式を得る。

$$q = \sqrt{2P} \sin Q \tag{3.57}$$

$$p = \sqrt{2P} \cos Q \tag{3.58}$$

新しい変数を用いて，ハミルトニアン (3.52) は以下のように書ける。

$$H = P = K \tag{3.59}$$

ハミルトニアンが Q を含まないので Q は循環座標であり，共役な運動量 P が保存することが分かる。実際，正準運動方程式は

$$\dot{Q} = \frac{\partial K}{\partial P} = 1 \tag{3.60}$$

図 3.1　正準変数 P, Q で張られる位相空間中の調和振動子の軌跡

$$\dot{P} = -\frac{\partial K}{\partial Q} = 0 \tag{3.61}$$

となり，確かに P が保存する．この例では P は系のハミルトニアンに等しいので，これはエネルギー保存則を表している．方程式 (3.60) を解くと，

$$Q = t + C \tag{3.62}$$

となる．C は定数である．ここでは質量 1，バネ定数 1 としているので，固有振動数が $\omega_0 = \sqrt{\kappa/m} = 1$ であり，t の係数が 1 となっている．一般の調和振動子の場合は $Q = \omega_0 t + C$ となる．したがって，Q は振動の位相であり，本質的に「時間」である．ハミルトニアンが Q に依存しないとは，ハミルトニアンが時間に陽に依存しない，すなわち時間推進変換に対して系が対称であるということであり，エネルギーが保存するのはネーターの定理から当然期待される結果である．図 3.1 に正準変数 (Q, P) で張られる位相空間中での調和振動子の軌跡を太い実線で示した．

3.3.4　母関数の変数選択の自由度

ところで，正準変換の母関数は，必ずしも変換前後の一般化座標 q, Q のみの関数である必要はない．正準変換は，正準変数 (q, p) から新しい正準変数 (Q, P) への変換なので，母関数は一般にはこれら 4 つの変数と時間 t の関数である．これらの変数は，正準変換の 2 つの関係式 (3.41)(3.42) で結ばれるという条件があるため 2 つ減り，独立な変数は 2 つである．母関数の変数の選び方には，(q, Q) の組以外に $(q, P), (p, Q), (p, P)$ の 3 つの組がありうる．例えば，以下のルジャンドル変換で $W(q, Q, t)$ と結ばれる新しい母関数 $W'(q, P, t)$ を考える．

$$W'(q, P, t) = W(q, Q, t) + PQ \tag{3.63}$$

正準変換の関係式 (3.48)(3.49) を用いると W' は

$$\frac{\partial W'(q, P, t)}{\partial q} = \frac{\partial W(q, Q, t)}{\partial q} = p \tag{3.64}$$

$$\frac{\partial W'(q, P, t)}{\partial P} = Q \tag{3.65}$$

を満たす。式 (3.45) に変数変換 (3.63) を代入すると

$$p\dot{q} - H(q, p, t) = P\dot{Q} - K(Q, P, t) - \dot{P}Q - P\dot{Q} + \frac{\partial W'}{\partial q}\dot{q} + \frac{\partial W'}{\partial P}\dot{P} + \frac{\partial W'}{\partial t}$$

$$= -K(Q, P, t) - \dot{P}Q + p\dot{q} + Q\dot{P} + \frac{\partial W'}{\partial t} \tag{3.66}$$

となり，変換の前後のハミルトニアンが以下の関係式で結ばれることが分かる。

$$H(q, p, t) = K(Q, P, t) - \frac{\partial W'(q, P, t)}{\partial t} \tag{3.67}$$

この式の形は式 (3.50) と同様，変換前後のハミルトニアンの差が母関数の時間に関する偏微分となることを示しており，正準変換の母関数の定義にあてはまっている。

3.3.5 恒等変換

恒等変換

$$q = Q \tag{3.68}$$

$$p = P \tag{3.69}$$

を与える母関数を探す。これを以下のように書き換える。

$$Q = q \tag{3.70}$$

$$p = P \tag{3.71}$$

これから

128　第 3 章　正準形式

$$W'(q, P) = Pq \tag{3.72}$$

とすれば，変数変換 (3.64)(3.65) に代入すると

$$p = \frac{\partial W'}{\partial q} = P \tag{3.73}$$

$$Q = \frac{\partial W'}{\partial P} = q \tag{3.74}$$

のようになり，確かに恒等変換が導かれる。

3.3.6　無限小変換

　変換後の変数と変換前の変数の差が無限小となる無限小変換を考える。変換前後の変数の差が有限な値をもつ変換は，無限小変換を多数回繰り返すことで実現できる。したがって，無限小変換に対する物理系の変換性を調べておけば十分である。ただし，座標系を右手系から左手系に変換するパリティ変換のような，無限小変換の繰り返しで実現できない変換は，以下の議論では除外する。このような変換は，ディスクリート変換と呼ばれる。

　関数 $G(q, P)$ を用いて，恒等変換からのズレの大きさが小さいことを表現する微小量 ϵ を導入し，無限小変換の母関数を以下のように定義する。

$$W'(q, P) = Pq + \epsilon G(q, P) \tag{3.75}$$

これより，微小量 ϵ の 1 次までで以下の変数変換の関係式を得る。

$$p = P + \epsilon \frac{\partial G(q, P)}{\partial q} \sim P + \epsilon \frac{\partial G(q, p)}{\partial q} \tag{3.76}$$

$$Q = q + \epsilon \frac{\partial G(q, P)}{\partial P} \sim q + \epsilon \frac{\partial G(q, p)}{\partial p} \tag{3.77}$$

関数 G の変数を P から p に入れ替えたのは，これらの差はこの変換の関係式に微小量の 2 次以上の高次の差のみに現れるので，1 次までの近似でその差を無視したためである。変換の関係式 (3.76)(3.77) から，変換前後の変数の変化量を G で表す以下の関係式が得られる。

$$\delta^L q(t) \equiv Q(t) - q(t) = \epsilon \frac{\partial G(q, p)}{\partial p} \tag{3.78}$$

$$\delta^L p(t) \equiv P(t) - p(t) = -\epsilon \frac{\partial G(q, p)}{\partial q} \tag{3.79}$$

このような性質から，$G(q, p)$ を**無限小変換の母関数**と呼ぶ。ここで δ^L は 2.3 節で導入されたリー微分であり，変換前後の正準座標と正準運動量をそれぞれの座標系の時計が指す時刻が同一の t のときで差分をとった量である。

先取りする形にはなるが，次節で定義されるポアソン括弧式を用いると式 (3.78)(3.79) は以下の形にまとめられる。

$$\delta^L q(t) = \epsilon[q, G(q, p)]_c \tag{3.80}$$

$$\delta^L p(t) = \epsilon[p, G(q, p)]_c \tag{3.81}$$

3.4 ポアソン括弧式

q, p の任意の関数である $A(q, p)$, $B(q, p)$ に対して**ポアソン括弧式** (Poisson bracket) は以下のように定義される。

$$[A, B]_c \equiv \frac{\partial A}{\partial q} \frac{\partial B}{\partial p} - \frac{\partial A}{\partial p} \frac{\partial B}{\partial q} \tag{3.82}$$

ここで，量子論で用いられる交換関係式と区別するため添字の c をつけた。古典的 (classical) という意味が込められている。

一般の自由度 f の系のポアソン括弧式は以下のように定義される。

$$[A, B]_c \equiv \sum_{i=1}^{f} \left(\frac{\partial A}{\partial q_i} \frac{\partial B}{\partial p_i} - \frac{\partial A}{\partial p_i} \frac{\partial B}{\partial q_i} \right) \tag{3.83}$$

例えば $A = q_1 = x$, $B = p_1 = p_x$ のとき

$$[q_1, p_1]_c = \sum_{i=1}^{f} \delta_{i1} \delta_{i1} = 1 \tag{3.84}$$

となる。

130　第 3 章　正準形式

3.5　系の対称性と無限小変換の母関数の保存

系の対称性と保存量の関係は，変換の母関数を用いて，"ある変換に対してハミルトニアンが不変のとき，その変換の母関数に対応する物理量が保存する"と表現することができる。以下，自由度 1 の 1 次元系を考える。ある物理量 $F = F(q, p, t)$ の粒子の軌道に沿った時間全微分を考える。すると，

$$\frac{dF}{dt} = \frac{\partial F}{\partial q}\dot{q} + \frac{\partial F}{\partial p}\dot{p} + \frac{\partial F}{\partial t} = \frac{\partial F}{\partial q}\frac{\partial H}{\partial p} - \frac{\partial F}{\partial p}\frac{\partial H}{\partial q} + \frac{\partial F}{\partial t}$$
$$= [F, H]_c + \frac{\partial F}{\partial t} \tag{3.85}$$

のように，ポアソン括弧式を使ってまとめられる。この関係式は，物理量 F が時間に陽に依存せず $(\frac{\partial F}{\partial t} = 0)$，その時間依存性が粒子の一般化座標と正準運動量を通してのみ現れ，かつ F と H のポアソン括弧式がゼロのとき，物理量 F が保存することを示している。

例として位置エネルギーが $U(r)$ で与えられる中心力場中を運動する質量 m の質点の角運動量保存を扱う。ここで $r = \sqrt{x^2 + y^2 + z^2}$ は，中心から質点までの距離である。質点の運動量を p_x, p_y, p_z とするとハミルトニアンは以下のように与えられる。

$$H = \frac{1}{2m}(p_x^2 + p_y^2 + p_z^2) + U(r) \tag{3.86}$$

中心を通る軸の周りの角運動量は

$$\boldsymbol{L} = \boldsymbol{r} \times \boldsymbol{p} \tag{3.87}$$

で与えられる。したがって，角運動量の z 成分は

$$L_z = xp_y - yp_x \tag{3.88}$$

であり，時間を陽に含まない。次に，角運動量の z 成分 L_z とハミルトニアン H のポアソン括弧式を計算すると，

$$[L_z, H]_c = \frac{\partial L_z}{\partial x}\frac{\partial H}{\partial p_x} - \frac{\partial L_z}{\partial p_x}\frac{\partial H}{\partial x}$$
$$+ \frac{\partial L_z}{\partial y}\frac{\partial H}{\partial p_y} - \frac{\partial L_z}{\partial p_y}\frac{\partial H}{\partial y}$$
$$+ \frac{\partial L_z}{\partial z}\frac{\partial H}{\partial p_z} - \frac{\partial L_z}{\partial p_z}\frac{\partial H}{\partial z}$$
$$= p_y\frac{p_x}{m} - (-y)\frac{dU}{dr}\frac{\partial r}{\partial x} + (-p_x)\frac{p_y}{m} - x\frac{dU}{dr}\frac{\partial r}{\partial y}$$
$$= \frac{dU}{dr}\left(\frac{yx}{r} - \frac{xy}{r}\right) = 0 \tag{3.89}$$

となる。この結果は，中心力場中では質点の角運動量の z 成分が保存することを示している。同様の計算を行うと，L_x, L_y が保存することも証明できる。よって，中心力場中の質点では，中心を通る任意の軸の周りの回転運動に伴う角運動量が保存する。

次に，無限小座標変換 (3.75) によるハミルトニアンの変分を求める。この正準変数の変換を以下のように表す。

$$Q(t) = q(t) + \delta^L q(t) \tag{3.90}$$
$$P(t) = p(t) + \delta^L p(t) \tag{3.91}$$

ハミルトニアンの変分は以下のように計算できる。

$$\delta H \equiv H(Q, P) - H(q, p) = \frac{\partial H}{\partial q}\delta^L q + \frac{\partial H}{\partial p}\delta^L p$$
$$= \epsilon\frac{\partial H}{\partial q}\frac{\partial G}{\partial p} - \epsilon\frac{\partial H}{\partial p}\frac{\partial G}{\partial q} = -\epsilon[G, H]_c \tag{3.92}$$

ここで式 (3.78)(3.79) を用いた。式 (3.85) と式 (3.92) を用いると，変換の母関数の粒子の軌道に沿った時間全微分とハミルトニアンと母関数のポアソン括弧式の間の以下の関係式が得られる。

$$\frac{dG}{dt} = [G, H]_c = -\frac{\delta H}{\epsilon} \tag{3.93}$$

132　第 3 章　正準形式

ここで，G は時間に陽に依存しないとした。この方程式は，母関数 G で表される変換に対してハミルトニアンが不変，すなわち $\delta H = 0$ のとき，G に対応する物理量が粒子の運動に伴って保存することを示している。これが系の対称性と保存量の関係の正準変換の母関数を用いた表現である。

時間推進

　3 つの具体例を取り上げる。まず時間推進変換を考える。

$$t' = t + \epsilon \tag{3.94}$$

この変換で粒子の位相空間中の座標が以下のように変換される。

$$Q(t + \epsilon) = q(t) \tag{3.95}$$
$$P(t + \epsilon) = p(t) \tag{3.96}$$

したがって，変数変換前後での座標と正準運動量の同時刻での変化量，すなわちリー微分は以下のようになる。

$$\delta^L q(t) = Q(t) - q(t) = q(t - \epsilon) - q(t) = -\dot{q}\epsilon = -\epsilon\frac{\partial H}{\partial p} \tag{3.97}$$

$$\delta^L p(t) = P(t) - p(t) = p(t - \epsilon) - p(t) = -\dot{p}\epsilon = \epsilon\frac{\partial H}{\partial q} \tag{3.98}$$

ここで，正準運動方程式を用いた。したがって，無限小時間推進変換の母関数 G はハミルトニアン H を用いて

$$G = -H \tag{3.99}$$

のように書ける。以上の結果は，ハミルトニアンが時間推進に対して不変であるとき，エネルギーが保存することを示している。

空間推進

　続いて空間推進変換を考える。

3.5 系の対称性と無限小変換の母関数の保存 133

$$x' = x + \epsilon \tag{3.100}$$

この変換で粒子の位相空間中の座標が以下のように変換される。

$$q' = q + \epsilon \tag{3.101}$$

$$p' = p \tag{3.102}$$

この変換による座標と正準運動量のリー微分は以下のようになる。

$$\delta^L q(t) = Q(t) - q(t) = \epsilon \tag{3.103}$$

$$\delta^L p(t) = 0 \tag{3.104}$$

この変換を与える母関数は以下のものである。

$$G = \frac{\epsilon \cdot p}{\epsilon} \tag{3.105}$$

ここで ϵ は ϵ の絶対値である。したがって，ハミルトニアンが空間推進に対して不変であるとき，保存する量は運動量である。

空間回転

最後に 3 次元空間での単位ベクトル e を軸とした回転角 ϵ の無限小回転を考える。この変換に伴う，座標の各成分の変換は，以下のように書くことができる[1]。

$$x' = x + \epsilon x \times e \tag{3.106}$$

この変換により一般化座標と正準運動量の各成分は以下の式にしたがって変換される。

$$Q(t) = q(t) + \epsilon q(t) \times e \tag{3.107}$$

$$P(t) = p(t) + \epsilon p(t) \times e \tag{3.108}$$

---

[1] p.98 参照。

134　第 3 章　正準形式

したがって，正準変数の成分のリー微分は以下のようになる。

$$\delta^L \boldsymbol{q}(t) = \epsilon \boldsymbol{q}(t) \times \boldsymbol{e} \tag{3.109}$$

$$\delta^L \boldsymbol{p}(t) = \epsilon \boldsymbol{p}(t) \times \boldsymbol{e} \tag{3.110}$$

これより無限小座標回転の母関数が以下のように与えられることが分かる。

$$G = (\boldsymbol{p} \times \boldsymbol{q}) \cdot \boldsymbol{e} = \epsilon^{ijk} e_i p_j q_k \tag{3.111}$$

ここで，ϵ^{ijk} は完全反対称テンソルであり，隣り合う添字の入れ替えに対して反対称性を持つ（$\epsilon^{123} = 1, \epsilon^{213} = \epsilon^{132} = -1$）3 階のテンソルである。反対称性から添字のいずれか 2 つが等しい成分はゼロである。

　具体的に確かめてみると

$$\frac{\partial G}{\partial p_\ell} = \epsilon^{ijk} e_i \delta_{j\ell} q_k = \epsilon^{i\ell k} e_i q_k = \epsilon^{\ell ki} q_k e_i = (\boldsymbol{q} \times \boldsymbol{e})_\ell \tag{3.112}$$

$$\frac{\partial G}{\partial q_\ell} = \epsilon^{ijk} e_i p_j \delta_{\ell k} = \epsilon^{ij\ell} e_i p_j = -\epsilon^{\ell ji} p_j e_i = -(\boldsymbol{p} \times \boldsymbol{e})_\ell \tag{3.113}$$

となり，母関数と変数のリー微分の関係式 (3.78)(3.79) にこれらを代入すると，確かに式 (3.109)(3.110) が再現される。以上から，無限小回転に対してハミルトニアンが不変であるとき，保存量は回転軸の周りの角運動量である。

3.6　正準変換としての正準運動方程式

　ここでは，正準変換として正準運動方程式を捉えることができることを解説する。3.5 節で示したように，ハミルトニアンを使って無限小時間推進変換の母関数が

$$W(q(t), P(t)) = P(t)q(t) - \delta t H(q(t), P(t)) \tag{3.114}$$

で与えられる。3.5 節では，時計を微小量 $\epsilon = \delta t$ だけ進ませる変換を扱った。ここで，時間推進変換とは，時計を δt だけ進ませた新しい座標への変換を表しており，時間推進変換後の時刻 $t' = t + \delta t$ は，変換前の座標系での時刻 t と物理的に同時刻である（図 2.4 参照）。これを物理的に時間が t から $t + \delta t$ に経過

3.6 正準変換としての正準運動方程式　135

した期間の物理量の時間進化に拡張する。そこで

$$Q(t) = q(t + \delta t) \tag{3.115}$$

$$P(t) = p(t + \delta t) \tag{3.116}$$

により定義される変数の q, p から Q, P への変換を考える。定義から明らかなように変換後の変数は時刻 t から微小時間 δt 経過後の正準変数である。これらの式を微小量の 1 次までテイラー展開し，正準運動方程式を用いると以下のように整理される。

$$Q(t) = q(t + \delta t) = q(t) + \delta t \frac{\partial H(q(t), P(t))}{\partial p(t)} \tag{3.117}$$

$$P(t) = p(t + \delta t) = p(t) - \delta t \frac{\partial H(q(t), P(t))}{\partial q(t)} \tag{3.118}$$

$$\therefore p(t) = P(t) + \delta t \frac{\partial H(q(t), P(t))}{\partial q(t)} \tag{3.119}$$

正準変数間の関係式 (3.117)(3.119) は，以下のように定義される母関数 $\widetilde{W}$ による正準変換であると捉えることができる。

$$\widetilde{W}(q(t), P(t)) = q(t)P(t) + \delta t H(q(t), P(t)) \tag{3.120}$$

変換前後の変数は以下の関係式で結ばれる。

$$
\begin{aligned}
Q(t) = q(t + \delta t) &= \frac{\partial \widetilde{W}(q(t), P(t))}{\partial P(t)} \\
&= q(t) + \delta t \frac{\partial H(q(t), P(t))}{\partial P(t)} \\
&= q(t) + \delta t \frac{\partial H(q(t), p(t))}{\partial p(t)}
\end{aligned} \tag{3.121}
$$

$$p(t) = \frac{\partial \widetilde{W}(q(t), P(t))}{\partial q(t)}$$

136　第 3 章　正準形式

$$= P(t) + \delta t \frac{\partial H(q(t), P(t))}{\partial q(t)}$$

$$= p(t + \delta t) + \delta t \frac{\partial H(q(t), p(t))}{\partial q(t)} \tag{3.122}$$

ここで，ハミルトニアンが現れる項が既に微小量の 1 次なので，ハミルトニアンの中の正準運動量の変換前後の差が微小量の 2 次以上の寄与しか与えないことを考慮して，$P(t)$ を $p(t)$ に置き換えた。以上のように，正準運動方程式に従う粒子の運動は，変数 $q(t)$ から $Q(t) = q(t + \delta t)$ へ，$p(t)$ から $P(t) = p(t + \delta t)$ への無限小正準変換と捉えることができる。式 (3.95)(3.96) と比べると，正準運動方程式に従う粒子の運動は，t から $t' = t - \delta t$ への無限小時間推進に対応していることが分かる。この時間推進変換を繰り返すことで，粒子の軌跡の時間進化が追えるのである。

//3.7　非慣性系の正準形式

1.7.3 項で取り上げた回転系を例に非慣性系の正準形式を紹介する。回転系の自由粒子のラグランジアンは 1.7.3 項で与えられた。正準運動量は以下のように書けることを見た。

$$P'_x = \frac{\partial L}{\partial \dot{x}'} = m(\dot{x}' - y'\Omega) \tag{3.123}$$

$$P'_y = \frac{\partial L}{\partial \dot{y}'} = m(\dot{y}' + x'\Omega) \tag{3.124}$$

$$P'_z = \frac{\partial L}{\partial \dot{z}'} = m\dot{z}' \tag{3.125}$$

ポアソン括弧式は，この正準運動量による微分として

$$
\begin{aligned}
[A, B]_c = {} & \frac{\partial A}{\partial x'} \frac{\partial B}{\partial P'_x} - \frac{\partial A}{\partial P'_x} \frac{\partial B}{\partial x'} \\
& + \frac{\partial A}{\partial y'} \frac{\partial B}{\partial P'_y} - \frac{\partial A}{\partial P'_y} \frac{\partial B}{\partial y'} \\
& + \frac{\partial A}{\partial z'} \frac{\partial B}{\partial P'_z} - \frac{\partial A}{\partial P'_z} \frac{\partial B}{\partial z'}
\end{aligned} \tag{3.126}
$$

のように定義される。

例として，1.7.3 項で扱った回転系のハミルトニアンを求めてみる。ラグランジアンからハミルトニアンへのルジャンドル変換の公式に代入することで以下のように求まる。

$$
\begin{aligned}
H' &= P'_x v'_x + P'_y v'_y + P'_z v'_z - L \\
&= \frac{1}{m} \left(P'_x (P'_x + my'\Omega) + P'_y (P'_y - mx'\Omega) + P'_z P'_z \right) \\
&\quad - \frac{1}{2m}(P'^2_x + P'^2_y + P'^2_z) + U \\
&= \frac{1}{2m}(P'^2_x + P'^2_y + P'^2_z) + y' P'_x \Omega - x' P'_y \Omega + U
\end{aligned}
\tag{3.127}
$$

ここで，式 (1.169)(1.156)(1.157) を用いた。右辺は，以下のように整理できる。

$$
H' = \frac{1}{2m} \left((P'_x + my'\Omega)^2 + (P'_y - mx'\Omega)^2 + P'^2_z \right) - \frac{m}{2}(x'^2 + y'^2)\Omega^2 + U
\tag{3.128}
$$

回転系で測定した粒子の力学的エネルギー (1.151) と一致している。正準運動方程式にハミルトニアン (3.127) を代入すると，以下の運動方程式を得る。

$$
\dot{x}' = \frac{\partial H}{\partial P_x} = \frac{P'_x}{m} + y'\Omega
\tag{3.129}
$$

$$
\dot{y}' = \frac{\partial H}{\partial P_y} = \frac{P'_y}{m} - x'\Omega
\tag{3.130}
$$

$$
\dot{z}' = \frac{\partial H}{\partial P_z} = \frac{P'_z}{m}
\tag{3.131}
$$

$$
\dot{P}'_x = -\frac{\partial H}{\partial x'} = P'_y \Omega - \frac{\partial U}{\partial x'}
\tag{3.132}
$$

$$
\dot{P}'_y = -\frac{\partial H}{\partial y'} = -P'_x \Omega - \frac{\partial U}{\partial y'}
\tag{3.133}
$$

$$
\dot{P}'_z = -\frac{\partial H}{\partial z'} = -\frac{\partial U}{\partial z'}
\tag{3.134}
$$

方程式 (3.129) と (3.130) を用いて，方程式 (3.132) の P'_x を x' の時間微分で，P'_y を $\dot{y}'$ で書き換えると以下の方程式に帰着される。

138 第3章 正準形式

$$m\ddot{x}' - m\dot{y}'\Omega = m\dot{y}'\Omega + mx'\Omega^2 - \frac{\partial U}{\partial x'}$$

$$\therefore m\ddot{x}' = 2m\dot{y}'\Omega + mx'\Omega^2 - \frac{\partial U}{\partial x'} \tag{3.135}$$

同様の計算により運動方程式の他の成分が以下のように求まる。

$$m\ddot{y}' = -2m\dot{x}'\Omega + my'\Omega^2 - \frac{\partial U}{\partial y'} \tag{3.136}$$

$$m\ddot{z}' = -\frac{\partial U}{\partial z'} \tag{3.137}$$

これらは 1.7.3 項で求めた,回転系の粒子の運動方程式 (1.147) と確かに一致している。

3.8 電磁場中の荷電粒子の運動を記述する正準形式

非相対論的運動をする電磁場中の電荷 q,質量 m の質点の運動を記述する正準形式を紹介する。電場 $\boldsymbol{E}$,磁束密度 $\boldsymbol{B}$ が存在すると,質点には以下の力が働く。

$$\boldsymbol{F}(\boldsymbol{x}(t),t) = q\boldsymbol{E}(\boldsymbol{x}(t),t) + q\boldsymbol{v}(t) \times \boldsymbol{B}(\boldsymbol{x}(t),t) \tag{3.138}$$

ここで,$\boldsymbol{x}(t)$ は時刻 t のときの質点の位置ベクトル,$\boldsymbol{v}(t) = \frac{d\boldsymbol{x}(t)}{dt}$ は質点の速度である。電場は静止している荷電粒子に働く力として定義される。一方,磁束密度は荷電粒子が運動するときはじめて現れる力を与えるものとして定義される。

4 つのマクスウェル方程式 (Maxwell equations) のうち,次の 2 つは電荷分布や電流分布などの環境に影響されず常に成り立つ。そのため**内部方程式** (internal equations) とも呼ばれる。

$$\text{div}\,\boldsymbol{B}(\boldsymbol{x},t) = 0 \tag{3.139}$$

$$\text{rot}\,\boldsymbol{E}(\boldsymbol{x},t) + \frac{\partial \boldsymbol{B}(\boldsymbol{x},t)}{\partial t} = \boldsymbol{0} \tag{3.140}$$

3.8 電磁場中の荷電粒子の運動を記述する正準形式 **139**

方程式 (3.139) より，磁束密度はベクトルポテンシャル $\boldsymbol{A}$ を用いて以下のように表される。

$$\boldsymbol{B}(\boldsymbol{x}, t) = \mathrm{rot}\,\boldsymbol{A}(\boldsymbol{x}, t) \tag{3.141}$$

この式を方程式 (3.140) に代入すると，以下のように整理できる。

$$\mathrm{rot}\left(\boldsymbol{E} + \frac{\partial \boldsymbol{A}}{\partial t}\right) = \boldsymbol{0} \tag{3.142}$$

この式から電場が以下のように書けることが分かる。

$$\boldsymbol{E} + \frac{\partial \boldsymbol{A}}{\partial t} = -\boldsymbol{\nabla}\phi$$

$$\therefore \boldsymbol{E} = -\boldsymbol{\nabla}\phi - \frac{\partial \boldsymbol{A}}{\partial t} \tag{3.143}$$

ここで ϕ は，スカラーポテンシャルである。スカラーポテンシャルとベクトルポテンシャルを合わせて電磁場ポテンシャルと呼ぶ。電磁場が電磁場ポテンシャルで式 (3.143)(3.141) のように表されることは内部方程式から導かれたことなので，電磁場が存在する環境に依らず常に成り立つ事実である。

電磁場中の荷電粒子の運動方程式

$$m\frac{d\boldsymbol{v}}{dt} = q\boldsymbol{E}(\boldsymbol{x}(t), t) + q\boldsymbol{v}(t) \times \boldsymbol{B}(\boldsymbol{x}(t), t) \tag{3.144}$$

を電磁場ポテンシャルを用いて整理する。運動方程式の x 成分は以下のようになる。

$$\begin{aligned}
m\frac{dv_x}{dt} &= -q\partial_x\phi - q\partial_t A_x + q(v_y(\partial_x A_y - \partial_y A_x) - v_z(\partial_z A_x - \partial_x A_z)) \\
&= -q\partial_x\phi - q(\partial_t A_x + \boldsymbol{v}\cdot\boldsymbol{\nabla}A_x) + q\partial_x(\boldsymbol{v}\cdot\boldsymbol{A}) \\
&= -q\frac{dA_x}{dt} - q\partial_x\phi + q\partial_x(\boldsymbol{v}\cdot\boldsymbol{A}) \tag{3.145}
\end{aligned}$$

y, z 成分も同様の形で書ける。ここで

$$\partial_x = \frac{\partial}{\partial x} \tag{3.146}$$

140 第 3 章 正準形式

のように偏微分を簡略化して表す記号を用いた。電磁場中の質点のラグランジアンを以下のように定義すれば，オイラー-ラグランジュ方程式から上記の運動方程式が導かれる。

$$L = \frac{m\boldsymbol{v}^2}{2} + q\boldsymbol{v} \cdot \boldsymbol{A} - q\phi \tag{3.147}$$

実際

$$\frac{\partial L}{\partial v_x} = mv_x + qA_x$$

$$\frac{\partial L}{\partial x} = q\partial_x(\boldsymbol{v} \cdot \boldsymbol{A}) - q\partial_x\phi$$

より

$$\frac{d}{dt}\frac{\partial L}{\partial v_x} - \frac{\partial L}{\partial x} = m\frac{dv_x}{dt} + q\frac{dA_x}{dt} - q\partial_x(\boldsymbol{v} \cdot \boldsymbol{A}) + q\partial_x\phi = 0 \tag{3.148}$$

のように方程式 (3.145) が再現できる。電磁場中の荷電粒子のラグランジアンが式 (3.147) の形で与えられることの実験的裏付けについて B.3 節に述べた。また，電磁場ポテンシャルのゲージ変換の自由度が，3.3.1 項で解説したラグランジアンの不定性の 1 つとして取り込まれることを B.2 節で示した。

　一般化座標 x と正準共役な運動量 P_x は以下のように定義される。

$$P_x = \frac{\partial L}{\partial v_x} = mv_x + qA_x = p_x + qA_x \tag{3.149}$$

正準運動量の y, z 成分も同様に定義される。ハミルトニアンが以下のように求まる。

$$H = \boldsymbol{P} \cdot \boldsymbol{v} - L = \frac{1}{2m}(\boldsymbol{P} - q\boldsymbol{A})^2 + q\phi \tag{3.150}$$

正準運動方程式にこのハミルトニアンを代入すれば質点の運動方程式 (3.145) が導かれることを示すことができる。

$$\frac{dx}{dt} = \frac{\partial H}{\partial P_x} = \frac{1}{m}(P_x - qA_x) = v_x \tag{3.151}$$

$$\frac{d}{dt}P_x = \frac{d}{dt}(mv_x + qA_x) = -\partial_x H$$

$$
\begin{aligned}
&= \frac{q}{m}(\boldsymbol{P} - q\boldsymbol{A}) \cdot \partial_x \boldsymbol{A} - q\partial_x \phi \\
&= q\boldsymbol{v} \cdot \partial_x \boldsymbol{A} - q\partial_x \phi
\end{aligned}
\tag{3.152}
$$

3.9 リウヴィルの定理

正準運動方程式に従って1次元運動する多数の粒子からなる粒子系を考える。この系のハミルトニアンを H とする。粒子 α が従う運動方程式は以下のようになる。

$$
\dot{q}_\alpha = \frac{\partial H}{\partial p_\alpha} \qquad \dot{p}_\alpha = -\frac{\partial H}{\partial q_\alpha}
\tag{3.153}
$$

位相空間 q_α-p_α を考える。

$$
\boldsymbol{v}_\alpha = (\dot{q}_\alpha, \dot{p}_\alpha, 0)
\tag{3.154}
$$

$$
\boldsymbol{A}_\alpha = (0, 0, H)
\tag{3.155}
$$

で定義される位相空間中の速度ベクトル $\boldsymbol{v}_\alpha$ と速度ポテンシャル $\boldsymbol{A}_\alpha$ を導入する。これらを用いると運動方程式 (3.153) は以下のようにまとめられる。

$$
\boldsymbol{v}_\alpha = \boldsymbol{\nabla}_\alpha \times \boldsymbol{A}_\alpha
\tag{3.156}
$$

ここで

$$
\boldsymbol{\nabla}_\alpha \equiv \left(\frac{\partial}{\partial q_\alpha}, \frac{\partial}{\partial p_\alpha}, 0 \right)
\tag{3.157}
$$

は位相空間における粒子 α に対する勾配ベクトルである。したがって，位相空間中の速度の発散は $\boldsymbol{\nabla}_\alpha \cdot (\boldsymbol{\nabla}_\alpha \times \boldsymbol{A}_\alpha) = 0$ より

$$
\boldsymbol{\nabla}_\alpha \cdot \boldsymbol{v}_\alpha = 0
\tag{3.158}
$$

となりゼロである。このような粒子を十分多数含む位相空間中の微小領域 $q \sim q + \Delta q,\ p \sim p + \Delta p$ を考える。各構成粒子の位相空間中の速度 $\boldsymbol{v}_\alpha$ を全構成粒子で平均をとった速度 $\boldsymbol{v}$ を

142　第 3 章　正準形式

$$\boldsymbol{v}(q, p) = \frac{1}{N} \sum_{\alpha=1}^{N} \boldsymbol{v}_\alpha(q_\alpha, p_\alpha) \tag{3.159}$$

で定義する。ここで，構成粒子の数を N とした。各構成粒子が式 (3.158) を満たすので，

$$\boldsymbol{\nabla} \cdot \boldsymbol{v} = 0 \tag{3.160}$$

を満たす。式 (3.160) は，正準運動方程式のもとで運動する粒子系は非圧縮性流体であることを示している。一般に速度場の発散がゼロであることが流体が非圧縮性流体であることの解説を B.4 節に与えた。すなわち，粒子の運動に伴い位相空間内で粒子系が占める位相体積は保存される。微小体積要素で表すと，

$$\Delta q \Delta p = 一定 \tag{3.161}$$

のように表現される。

┌─ リウヴィルの定理 (Liouville's theorem) ─────────

　正準運動方程式に従って運動する粒子の集合体が位相空間中に占める体積は保存する。

└────────────────────────────

　3 次元空間を正準運動方程式に従って運動する粒子系のリウヴィルの定理の証明を B.5 項に与えた。

　リウヴィルの定理は，粒子系の位相空間内の状態の進化の基礎方程式であるボルツマン方程式の導出において重要な役割を果たす。これについては B.6 節に入門的な内容を紹介した。銀河は約 1,000 億個の星が重力で束縛された系である。全ての星の運動方程式を解いて時間発展を調べれば，原理的には銀河内の星のダイナミクスを理解することができるが，星の数が膨大であり現実的に困難である。そのため星の分布関数の解析が重要な役割を担う。星々は，平均間隔が星の半径の数千万倍から数億倍と非常に離れて分布しており，かつ重力はクーロン力に比べて圧倒的に弱いため，互いが衝突することはない。したがって，B.6 節で紹介した無衝突ボルツマン方程式を用いて星の分布関数を解析す

ることで銀河のダイナミクスの解析を行うことができるのである。散乱，吸収，放射が無視できる媒質中の光線の伝搬が，正準運動方程式と基本的に同じ形の方程式系で書けることを B.7 節で示した。このことから光線の伝搬にもリウヴィルの定理が成り立ち，エテンデゥが保存することを B.7 節で示した。

3.10 ビリアル定理

3.10.1 自己重力平衡系

お互いの重力により相互作用する質量 m_α を持つ N 個の粒子系が力学的平衡状態にある場合を考察する。粒子 α の位置ベクトルを $\boldsymbol{r}_\alpha$ とすると，粒子 α の重力エネルギー U_α は以下のように書ける。

$$U_\alpha = -\sum_{\beta=1(\neq\alpha)}^{N} \frac{Gm_\alpha m_\beta}{|\boldsymbol{r}_\alpha - \boldsymbol{r}_\beta|} \tag{3.162}$$

これを全ての粒子について足し上げることで粒子系の自己重力エネルギー U が以下のように計算される。

$$U = -\frac{1}{2}\sum_{\gamma=1}^{N}\sum_{\beta=1(\neq\gamma)}^{N} \frac{Gm_\gamma m_\beta}{|\boldsymbol{r}_\gamma - \boldsymbol{r}_\beta|} \tag{3.163}$$

右辺に現れる $1/2$ は右辺の和でダブルカウントされている分を補正するためにつけた因子である。また，右辺の重力エネルギーの和は，自分自身以外の全ての粒子の寄与について足し上げるという意味である。ここで，式 (3.162) 中の α を意識的に別の文字 γ に置き換えた。式 (3.163) に現れる γ は $1 \sim N$ の間の全ての値をとり，特定の値を持たない。このような添字をダミーの添字と呼び，計算上の混乱が避けられれば何を採用してもよい。ここでは，$\boldsymbol{r}_\alpha$ は特定の α 番目の粒子を指定しており，それとの混同を避けるため式 (3.162) 中の α を意識的に別の文字 γ に置き換えたのである。

粒子 α の運動方程式は以下のようになる。

$$\frac{d}{dt}m_\alpha \boldsymbol{v}_\alpha = -\boldsymbol{\nabla}_\alpha U \tag{3.164}$$

144　第3章　正準形式

ここで，$\boldsymbol{v}_\alpha$ は粒子 α の速度，$\boldsymbol{\nabla}_\alpha$ は $\left(\frac{\partial}{\partial x_\alpha}, \frac{\partial}{\partial y_\alpha}, \frac{\partial}{\partial z_\alpha}\right)$ を成分とする $\boldsymbol{r}_\alpha$ による勾配ベクトルである。この式の右辺を実際に計算して，粒子 α に働く重力を具体的に計算してみる。この計算では

$$\frac{\partial x_\beta}{\partial x_\alpha} = \frac{\partial y_\beta}{\partial y_\alpha} = \frac{\partial z_\beta}{\partial z_\alpha} = \delta_{\alpha\beta} \tag{3.165}$$

などを用いる。ここで，$\delta_{\alpha\beta}$ は**クロネッカーのデルタ**と呼ばれる関数で

$$\delta_{\alpha\beta} = \begin{cases} 1 & (\alpha = \beta) \\ 0 & (\alpha \neq \beta) \end{cases} \tag{3.166}$$

で定義される。式 (3.165) は，異なる粒子 ($\alpha \neq \beta$) の座標は独立であり，自分自身の同じ座標成分同士の微分は 1 になることを示している。

まず，2 つの粒子の相対間隔 $|\boldsymbol{r}_\gamma - \boldsymbol{r}_\beta|$ の $\boldsymbol{\nabla}_\alpha$ による微分を計算する。

$$|\boldsymbol{r}_\gamma - \boldsymbol{r}_\beta|^2 = (x_\gamma - x_\beta)^2 + (y_\gamma - y_\beta)^2 + (z_\gamma - z_\beta)^2 \tag{3.167}$$

の両辺の x_α による偏微分を計算すると

$$2|\boldsymbol{r}_\gamma - \boldsymbol{r}_\beta|\frac{\partial}{\partial x_\alpha}|\boldsymbol{r}_\gamma - \boldsymbol{r}_\beta| = 2(x_\gamma - x_\alpha)\left(\frac{\partial x_\gamma}{\partial x_\alpha} - \frac{\partial x_\beta}{\partial x_\alpha}\right)$$

となることから

$$\frac{\partial}{\partial x_\alpha}|\boldsymbol{r}_\gamma - \boldsymbol{r}_\beta| = \frac{(x_\gamma - x_\beta)(\delta_{\gamma\alpha} - \delta_{\beta\alpha})}{|\boldsymbol{r}_\gamma - \boldsymbol{r}_\beta|} \tag{3.168}$$

が得られる。これを用いると式 (3.164) の右辺は

$$\begin{aligned}
-\boldsymbol{\nabla}_\alpha U &= \boldsymbol{\nabla}_\alpha \frac{1}{2} \sum_{\gamma=1}^{N} \sum_{\beta=1(\neq\gamma)}^{N} \frac{Gm_\gamma m_\beta}{|\boldsymbol{r}_\gamma - \boldsymbol{r}_\beta|} \\
&= \frac{1}{2} \sum_{\gamma=1}^{N} \sum_{\beta=1(\neq\gamma)}^{N} Gm_\gamma m_\beta \left[-\frac{\boldsymbol{r}_\gamma - \boldsymbol{r}_\beta}{|\boldsymbol{r}_\gamma - \boldsymbol{r}_\beta|^3}\delta_{\alpha\gamma} + \frac{\boldsymbol{r}_\gamma - \boldsymbol{r}_\beta}{|\boldsymbol{r}_\gamma - \boldsymbol{r}_\beta|^3}\delta_{\alpha\beta} \right] \\
&= -\frac{1}{2} \sum_{\beta\neq\alpha} Gm_\alpha m_\beta \frac{\boldsymbol{r}_\alpha - \boldsymbol{r}_\beta}{|\boldsymbol{r}_\alpha - \boldsymbol{r}_\beta|^3} + \frac{1}{2} \sum_{\gamma\neq\alpha} Gm_\alpha m_\gamma \frac{\boldsymbol{r}_\gamma - \boldsymbol{r}_\alpha}{|\boldsymbol{r}_\gamma - \boldsymbol{r}_\alpha|^3}
\end{aligned}$$

$$= -\sum_{\beta \neq \alpha} Gm_\alpha m_\beta \frac{\boldsymbol{r}_\alpha - \boldsymbol{r}_\beta}{|\boldsymbol{r}_\alpha - \boldsymbol{r}_\beta|^3} \tag{3.169}$$

のように計算され，確かに α 以外の粒子からの重力の重ね合わせになっている。粒子系の運動エネルギーを K とすると

$$\begin{aligned}
2K &= \sum_{\alpha=1}^{N} m_\alpha v_\alpha^2 = \sum_{\alpha=1}^{N} (m_\alpha \boldsymbol{v}_\alpha) \cdot \boldsymbol{v}_\alpha \\
&= \frac{d}{dt}\left(\sum_{\alpha=1}^{N} (m_\alpha \boldsymbol{v}_\alpha) \cdot \boldsymbol{r}_\alpha\right) - \sum_{\alpha=1}^{N} \frac{dm_\alpha \boldsymbol{v}_\alpha}{dt} \cdot \boldsymbol{r}_\alpha \\
&= \frac{d}{dt}\left(\sum_{\alpha=1}^{N} (m_\alpha \boldsymbol{v}_\alpha) \cdot \boldsymbol{r}_\alpha\right) + \sum_{\alpha=1}^{N} \boldsymbol{r}_\alpha \cdot \boldsymbol{\nabla}_\alpha U
\end{aligned} \tag{3.170}$$

となる。この粒子系が力学的平衡状態にあるとして，この式の長時間 T にわたる平均をとる。右辺第 1 項の長時間平均が無視できることを示す。

$$\begin{aligned}
&\frac{1}{T}\int_0^T dt \frac{d}{dt}\left(\sum_{\alpha=1}^{N} (m_\alpha \boldsymbol{v}_\alpha) \cdot \boldsymbol{r}_\alpha\right) \\
&= \frac{1}{T}\left[\sum_{\alpha=1}^{N} m_\alpha \boldsymbol{v}_\alpha(T) \cdot \boldsymbol{r}_\alpha(T) - \sum_{\alpha=1}^{N} m_\alpha \boldsymbol{v}_\alpha(0) \cdot \boldsymbol{r}_\alpha(0)\right] \to 0 \tag{3.171}
\end{aligned}$$

粒子系が力学的平衡状態にあるということは，系内の粒子は広がりも縮みもしない一定の空間領域内を運動していることになる。このような運動をしている系の $\sum_{\alpha=1}^{N} m_\alpha \boldsymbol{v}_\alpha(t) \cdot \boldsymbol{r}_\alpha(t)$ は時間が変化しても大きくは変化しない。したがって，右辺の $[\cdot]$ 内の量は，ある一定の範囲内の値をとるので，長時間平均すなわち $T \to \infty$ の極限では式 (3.171) はゼロに近づく。これを用いて関係式 (3.170) の長時間平均をとると以下の関係式を得る。

$$\begin{aligned}
2\overline{K} &= \sum_{\alpha=1}^{N} \overline{\boldsymbol{r}_\alpha \cdot \boldsymbol{\nabla}_\alpha U} \\
&= -\sum_{\alpha=1}^{N} \overline{\boldsymbol{r}_\alpha \cdot \boldsymbol{\nabla}_\alpha \frac{1}{2} \sum_{\gamma=1}^{N} \sum_{\beta=1(\neq\gamma)}^{N} \frac{Gm_\gamma m_\beta}{|\boldsymbol{r}_\gamma - \boldsymbol{r}_\beta|}}
\end{aligned}$$

$$
\begin{aligned}
&= \overline{\frac{1}{2} \sum_{\alpha=1}^{N} \boldsymbol{r}_\alpha \cdot \sum_{\gamma=1}^{N} \sum_{\beta=1(\neq\gamma)}^{N} G m_\gamma m_\beta \left(\frac{\boldsymbol{r}_\gamma - \boldsymbol{r}_\beta}{|\boldsymbol{r}_\gamma - \boldsymbol{r}_\beta|^3} \delta_{\gamma\alpha} - \frac{\boldsymbol{r}_\gamma - \boldsymbol{r}_\beta}{|\boldsymbol{r}_\gamma - \boldsymbol{r}_\beta|^3} \delta_{\beta\alpha} \right)} \\
&= \overline{\frac{1}{2} \sum_{\gamma=1}^{N} \sum_{\beta=1(\neq\gamma)}^{N} G m_\gamma m_\beta \frac{\boldsymbol{r}_\gamma \cdot (\boldsymbol{r}_\gamma - \boldsymbol{r}_\beta) - \boldsymbol{r}_\beta \cdot (\boldsymbol{r}_\gamma - \boldsymbol{r}_\beta)}{|\boldsymbol{r}_\gamma - \boldsymbol{r}_\beta|^3}} \\
&= \overline{\frac{1}{2} \sum_{\alpha=1}^{N} \sum_{\beta=1(\neq\alpha)}^{N} \frac{G m_\alpha m_\beta}{|\boldsymbol{r}_\alpha - \boldsymbol{r}_\beta|}} = -\overline{U} \tag{3.172}
\end{aligned}
$$

式 (3.172) の関係式が，自己重力平衡系のビリアル定理 (Virial's theorem) である。

┌ 自己重力平衡系のビリアル定理 ─────────

$$2\overline{K} = -\overline{U}$$

互いの重力で相互作用する粒子系が，力学的半衡状態にあるとき，系の自己重力エネルギーの長時間平均が，系全体の平均運動エネルギーの -2 倍に等しいという関係式である。**ビリアル平衡** (Virial equilibrium) にある自己重力系の例として，図 3.2 に球状星団 M13 の写真を載せた。

球状星団は約 100 万個の恒星で構成される星団である。星々が互いの重力で引き合って束縛されている。重力により潰れず一定の形を保っていられるのは，星々が有限の運動エネルギーを持って運動しているからである。簡単のため球状星団中の星の分布は球対称性を持っており，それぞれが星団の中心を軌道中心とする円運動をしているとする。円軌道の面の向きが様々な方向にランダムに向いていれば，球対称性を保つことができる。星の分布がほぼ球状なので，質量分布が球対称であると近似する。ある星の軌道半径を R とすると，この星に働く重力は，R より内側に存在する星の総質量 $M(< R)$ からの寄与のみとなる。星の質量 m，速度 v とすると，遠心力と重力のつり合いから次の式を得る。

$$\frac{m v^2}{R} = \frac{G m M(< R)}{R^2}$$

3.10 ビリアル定理　147

図 3.2　球状星団 M13 [口絵 3 参照, 提供：仙台市天文台]

これより
$$2\frac{mv^2}{2} = \frac{GmM(<R)}{R} \tag{3.173}$$
が得られる．この結果は，構成する星一つ一つに対して，運動エネルギーの 2 倍が重力ポテンシャルエネルギーにマイナスを掛けたものに等しいことを示している．全ての星が遠心力と重力がつり合った状態の円運動をしている場合，星団を構成する全ての星々に対して式 (3.173) が成り立ち，系全体でビリアル定理 (3.172) が成り立っていることが理解できる．

3.10.2　調和振動子

図 1.16 で紹介した単振り子の振動の振幅が極めて小さい場合 ($\theta \ll 1$) を考える．式 (1.118)(1.119) から，振動の速度は

$$\dot{x} = \ell\dot{\theta}\cos\theta \tag{3.174}$$
$$\dot{y} = -\ell\dot{\theta}\sin\theta \tag{3.175}$$
$$v = \sqrt{\dot{x}^2 + \dot{y}^2} = \ell\dot{\theta} \tag{3.176}$$

のように角速度によって表される．加速度は以下のように表される．

$$\ddot{x} = \ell\ddot{\theta}\cos\theta - \ell\dot{\theta}^2\sin\theta \tag{3.177}$$

148　第 3 章　正準形式

$$\ddot{y} = -\ell\ddot{\theta}\sin\theta - \ell\dot{\theta}^2\cos\theta \tag{3.178}$$

紐の張力を T とすると質点の運動方程式は以下のようになる。

$$m\ell\ddot{\theta}\cos\theta - m\ell\dot{\theta}^2\sin\theta = -T\sin\theta \tag{3.179}$$

$$-m\ell\ddot{\theta}\sin\theta - m\ell\dot{\theta}^2\cos\theta = -T\cos\theta + mg \tag{3.180}$$

式 (3.179) の両辺に $\sin\theta$ を掛け，式 (3.180) の両辺に $\cos\theta$ を掛けて足すと張力を遠心力と重力で与える次の関係式を得る。

$$m\ell\dot{\theta}^2 = T - mg\cos\theta \tag{3.181}$$

式 (3.179) の両辺に $\cos\theta$ を掛け，式 (3.180) の両辺に $\sin\theta$ を掛けて引くと回転角に対する運動方程式を得る。

$$m\ell\ddot{\theta} = -mg\sin\theta \sim -mg\theta = -m\omega^2\ell\theta \tag{3.182}$$

最後の変形で，微小振動であることを用いた。ここで $\omega = \sqrt{g/\ell}$ は，振り子の固有角振動数である。初期条件 $\theta = \theta_0, \dot{\theta} = 0$ を満たすこの方程式の解が

$$\theta = \theta_0\cos\omega t \tag{3.183}$$

と求まる。運動方程式 (3.182) は，固有振動数 ω の調和振動子の運動方程式である。

運動方程式 (3.182) の両辺に $\ell\dot{\theta}$ を掛けてエネルギー積分を行うと以下のようになる。

$$\frac{d}{dt}\left(\frac{1}{2}mv^2 + \frac{1}{2}mg\ell\theta^2\right) = 0 \tag{3.184}$$

これは力学的エネルギー

$$E = \frac{1}{2}mv^2 + \frac{1}{2}mg\ell\theta^2 = \frac{1}{2}mg\ell\theta_0^2 = \frac{1}{2}m\omega^2\ell^2\theta_0^2 \tag{3.185}$$

が保存することを示している。振動の周期 $2\pi/\omega$ より十分長い時間 T での運動エネルギーの長時間平均を求めると

$$\overline{K} = \frac{1}{T} \int_0^T dt \frac{1}{2} m v^2 = \frac{1}{T} \int_0^T dt \frac{1}{2} m \ell^2 \theta_0^2 \omega^2 \sin^2 \omega t$$

$$= \frac{1}{T} \frac{1}{2} m \ell^2 \theta_0^2 \omega^2 \frac{1}{2} \left(T - \frac{1}{2\omega} \sin 2\omega T \right) \to \frac{1}{4} m g \ell \theta_0^2 \qquad (3.186)$$

となる。ここで $\to$ は $\frac{1}{T\omega} \to 0$ の極限を表している。同様に位置エネルギー U の長時間平均は以下のようになる。

$$\overline{U} = \frac{1}{T} \int_0^T \frac{1}{2} m g \ell \theta_0^2 \cos^2 \omega t \, dt$$

$$= \frac{1}{T} \frac{1}{2} m g \ell \theta_0^2 \frac{1}{2} \left(T + \frac{1}{2\omega} \sin 2\omega T \right) \to \frac{1}{4} m g \ell \theta_0^2 \qquad (3.187)$$

この結果から，調和振動子の運動エネルギーと位置エネルギーの長時間平均には以下の関係式が成り立つことが分かる。

調和振動子系のビリアル定理 ─────────────

$$\overline{K} = \overline{U} \qquad (3.188)$$

3.10.3　一般の保存力場

　粒子間に働く力が粒子の位置座標 $\boldsymbol{r}_i$ $(i = 1, \cdots, n)$ のみに依存する保存力場であり，その位置エネルギーが $\boldsymbol{r}_i$ $(i = 1, \cdots, n)$ の同次関数で与えられる場合のビリアル定理を示す。保存力場の位置エネルギーを $U(\boldsymbol{r}_1, \cdots, \boldsymbol{r}_n)$ とする。位置エネルギーが座標の k 次の同次関数である場合を扱う。ここで，同次関数であるとは，例えば

$$U \propto C_{(k-5,2,1,2,0,\cdots,0)} x_1^{k-5} x_2^2 x_3^1 x_4^2 + C_{(k,0,\cdots,0)} x_1^k + \cdots$$

のように，位置エネルギーに現れる各項の座標の幕乗が全て同じ k 次であるということである。ここで k は $k \geq 5$ の整数とした。また，$C_{(k-5,2,1,2,0,\cdots,0)}$，$C_{(k,0,\cdots,0)}$ は定数である。物理で扱う位置エネルギーは粒子間の相対間隔

150　第 3 章　正準形式

$|\boldsymbol{r}_i - \boldsymbol{r}_j|(j \neq i)$ にのみ依存し，その依存性が $|\boldsymbol{r}_i - \boldsymbol{r}_j|^k(j \neq i)$ の和で書ける場合がほとんどである。例えば，隣同士の質点がバネで結ばれた調和振動子系は $k = 2$ で

$$U \propto \sum_i (r_i^2 - 2r_i r_{i+1} + r_{i+1}^2) \tag{3.189}$$

のように書くことができ，重力場の場合は $k = -1$ で

$$U \propto \sum_i \sum_{j \neq i} (r_i^2 - 2r_i r_j + r_j^2)^{-1/2} \tag{3.190}$$

のように書くことができる。座標を β^{-1} 倍スケールする変換を施す。すなわち

$$\boldsymbol{r}_i \to \beta \boldsymbol{r}_i \tag{3.191}$$

のような変換を行う。すると，位置エネルギーは k 次の同次関数であることから，以下のように変換される。

$$U(\beta \boldsymbol{r}_1, \cdots, \beta \boldsymbol{r}_\alpha, \cdots, \beta \boldsymbol{r}_n) = \beta^k U(\boldsymbol{r}_1, \cdots, \boldsymbol{r}_\alpha, \cdots, \boldsymbol{r}_n) \tag{3.192}$$

系が力学的平衡状態にあるとき，式 (3.172) の 1 つ目の等号が成り立つ。したがって，

$$2\overline{K} = \sum_{\alpha=1}^N \overline{\boldsymbol{r}_\alpha \cdot \boldsymbol{\nabla}_\alpha U(\boldsymbol{r}_\alpha)} \tag{3.193}$$

式 (3.192) を β で微分すると以下のようになる。

$$\begin{aligned}
k\beta^{k-1} U(\boldsymbol{r}_1, \cdots, \boldsymbol{r}_\alpha, \cdots, \boldsymbol{r}_n) &= \sum_{\alpha=1}^n \frac{\partial U(\beta \boldsymbol{r}_1, \cdots, \beta \boldsymbol{r}_\alpha, \cdots, \beta \boldsymbol{r}_n)}{\partial \beta \boldsymbol{r}_\alpha} \cdot \frac{\partial \beta \boldsymbol{r}_\alpha}{\partial \beta} \\
&= \sum_{\alpha=1}^n \frac{\partial U(\beta \boldsymbol{r}_1, \cdots, \beta \boldsymbol{r}_\alpha, \cdots, \beta \boldsymbol{r}_n)}{\partial \beta \boldsymbol{r}_\alpha} \cdot \boldsymbol{r}_\alpha
\end{aligned} \tag{3.194}$$

この式で $\beta = 1$ とおくと，以下の関係式を得る。

$$kU(\boldsymbol{r}_1, \cdots, \boldsymbol{r}_\alpha, \cdots, \boldsymbol{r}_n) = \sum_{\alpha=1}^n \frac{\partial U(\boldsymbol{r}_1, \cdots, \boldsymbol{r}_\alpha, \cdots, \boldsymbol{r}_n)}{\partial \boldsymbol{r}_\alpha} \cdot \boldsymbol{r}_\alpha \tag{3.195}$$

3.10 ビリアル定理　151

この式を用いて，式 (3.193) の右辺を置き換えると以下の関係式を得る。

┌─ 一般の保存力場におけるビリアル定理 ──────────

$$2\overline{K} = k\overline{U(\boldsymbol{r}_\alpha)} \tag{3.196}$$

重力場のときは，$k = -1$ とすると式 (3.172) が確かに得られる。調和振動子のときは，$k = 2$ とすると式 (3.188) が確かに得られる。同次式に対して成立する関係式 (3.194) は，**オイラーの定理**と呼ばれる。

付録B

//B.1　ルジャンドル変換の応用例：強磁性転移

B.1.1　ランダウの理論

ここでは，ルジャンドル変換が物理系の新しい見方の導入に繋がり，パラダイムシフトと言っても過言ではない変革をもたらした，ランダウによって提案された強磁性転移に関する理論を解説する。

磁気双極子モーメント $\boldsymbol{\mu}$ を持つ原子から構成される結晶を考える。磁気双極子モーメントを仮想的な正と負の大きさ q_m の磁荷を持つ磁気単極子で構成される磁気双極子でモデル化する。磁気双極子モーメントは，各磁気単極子の位置ベクトルにそれぞれの磁荷の値を掛けたベクトルの足し合わせで定義される。したがって，2つの磁気単極子を結ぶベクトルを $\boldsymbol{d}$ とすると磁気双極子モーメント $\boldsymbol{\mu}$ は以下のように書ける。

$$\boldsymbol{\mu} = q_m \boldsymbol{d} \tag{B.1}$$

図 B.1 のように大きさ B で矢印の方向を向いた一様磁場中に磁気双極子モーメントが置かれている。仮想的に置いた磁荷 $+q_m$ の磁気単極子には図中点線矢印で示したように磁場の方向に $q_m B$ の大きさの力が働き，磁荷 $-q_m$ の磁気単極子には磁場と反対方向に同じ大きさの力が働く。図から分かるように磁気双極子モーメントと磁場の向きが揃った場合が，安定な状態，言い換えると磁場と磁気双極子モーメントの相互作用によるエネルギーが最も低い状態である。磁場と磁気双極子モーメントの相互作用によるエネルギーの基準を磁気双極子

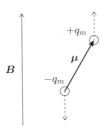

図 B.1　磁場と磁気双極子モーメントの相互作用

が磁場と直交した方向を向いたときにとる．基準点から磁気双極子モーメントと磁場のなす角が θ になるところまで磁気双極子モーメントをその中心を軸に回転する．この間に $+q_m$ および $-q_m$ の磁気単極子が磁場によりされる仕事はそれぞれ $+q_m B \frac{d}{2}\cos\theta, -q_m B\left(-\frac{d}{2}\cos\theta\right)$ である．これらを足すと，磁気双極子モーメント全体として磁場によりされた仕事は $q_m B d \cos\theta = \boldsymbol{\mu}\cdot\boldsymbol{B}$ と求まる．磁場によりされた仕事の分だけ系のエネルギーは低下するので，磁気双極子モーメントと磁場 $\boldsymbol{B}$ の相互作用による系のエネルギーは

$$E = -\boldsymbol{\mu}\cdot\boldsymbol{B} \tag{B.2}$$

と書ける．

　次に，磁気双極子モーメント $\boldsymbol{\mu}_i$ ($i=1\sim N$) を持つ N 個の原子から構成される結晶を考える．この結晶に一様磁場 $\boldsymbol{B}$ をかける．ここでは，簡単のため外部磁場の方向を上向きと定義し，磁気双極子モーメントは上向きと下向きのどちらかをとりうるとする．各原子の磁気双極子モーメントは，熱的揺らぎにより上を向いたり下を向いたりと，その方向が揺らいでいる．外部磁場がかかっていない高温状態では，結晶全体の平均の磁気双極子モーメントはゼロである．一方で，一様磁場 $\boldsymbol{B}$ の中に置かれると，結晶全体の平均の磁気双極子モーメント m の磁場強度依存性が図 B.2 のようになる．この曲線を**磁化曲線**と呼ぶ．まず，温度がある臨界値 T_c より高い場合に着目する．磁気双極子モーメントが磁場と同じ向きを向いた方が安定でエネルギーが低い状態のため，各原子の磁気双極子モーメントは上を向こうとする．一方，熱的揺らぎが磁気双極子モー

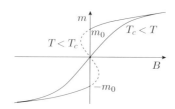

図 B.2　物質の磁気双極子モーメントの外部からかけられた磁場の強度依存性

メントの向きを乱雑化しようとする．この 2 つの効果の兼ね合いで，平均の磁気双極子モーメントの値 m が決まる．磁場強度を強くしていく極限では，全ての原子の磁気双極子モーメントが上を向いた状態に落ち着く．一方，磁場を弱くしていくと熱的揺らぎによる乱雑化が優って，平均の磁気双極子モーメントの値が低下し，磁場強度ゼロでは，平均の磁気双極子モーメントの値がゼロになる．結晶の磁化曲線が $T > T_c$ の曲線で書けるとき，この結晶を **常磁性体** と呼ぶ．

温度が低下して T_c 以下になると図 B.2 に示したもう 1 つの曲線のように磁場強度をゼロにしても平均の磁気双極子モーメントがゼロにならず有限値 m_0 をとり，その向きはかけていた磁場の向きを向く．図 B.2 では，磁場に沿って例えば z 軸を設定し，磁場が z 軸負の方向を向いているとき，磁場が負の値を持つとし，磁気双極子モーメントも z 軸正の方向を正に，負の方向を負にとった．このように外部から磁場がかかっていない状態で結晶の磁気双極子モーメントが有限の値を持つ物質を **強磁性体** と呼ぶ．

磁化曲線が図 B.2 のような振る舞いをする物質は，温度が T_c 以下に低下すると常磁性体から強磁性体に状態が転移する．これを **強磁性転移** と呼ぶ．以下では，ランダウにより与えられた強磁性転移の物理モデルを解説し，ルジャンドル変換が巧妙に用いられていることを見る．

熱力学によると，一般に熱平衡状態にある物質のエントロピー S はヘルムホルツの自由エネルギー F の温度微分と以下の関係で結ばれる．

$$S = -\left(\frac{\partial F}{\partial T}\right)_V \tag{B.3}$$

右辺の偏微分に添え字としてつけた V は体積を一定に保った状態で微分することを意味している。ここで扱っている系の平均の磁気双極子モーメント m は，自由エネルギー F の磁場による偏微分と以下の関係で結ばれる。

$$m = -\left(\frac{\partial F}{\partial B}\right)_V \tag{B.4}$$

この系のヘルムホルツの自由エネルギーは，温度と磁場の関数であり，その全微分は以下のように書ける。

$$dF = \left(\frac{\partial F}{\partial T}\right)_V dT + \left(\frac{\partial F}{\partial B}\right)_V dB = -SdT - mdB \tag{B.5}$$

ここで以下のルジャンドル変換により F をギブスの自由エネルギー G に変換する。

$$G = F + Bm \tag{B.6}$$

ギブスの自由エネルギーの全微分を計算すると

$$dG = dF + dmB + mdB = -SdT + Bdm \tag{B.7}$$

となり，G は T と m の関数となり

$$\left(\frac{\partial G}{\partial m}\right)_V = B \tag{B.8}$$

の関係式を得る。ルジャンドル変換 (B.6) は，磁化曲線（図 B.2）を 90 度回転して，横軸を m，縦軸を $\left(\frac{\partial G}{\partial m}\right)_V$，すなわち磁場と読み直す変換と見なすことができる。そこで，図 B.2 の $T < T_c$ のときの磁化曲線に，$-m_0 < m < m_0$ の範囲に $m < -m_0$ の範囲と $m_0 < m$ の範囲の磁化曲線を滑らかに繋ぐように外挿した磁化曲線を破線で付け足した。この曲線は $B \sim 0$ 近辺では m の 3 次関数でよく近似でき，以下のように書くことができる。

$$\left(\frac{\partial G}{\partial m}\right)_V = 2a \times (T - T_c)m + 2bm^3 \tag{B.9}$$

ここで a，b は正の定数である。$m = m_0$ で $B = 0$ となることから

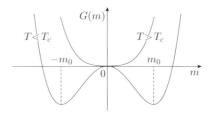

図 B.3　ギブス自由エネルギーの強磁性転移前と後の磁気双極子モーメント依存性の温度変化

$$0 = 2a(T - T_c)m_0 + 2bm_0^3 \tag{B.10}$$

が成り立ち，$T < T_c$ より m_0 の温度依存性が

$$m_0 = \sqrt{\frac{a(T_c - T)}{b}} \tag{B.11}$$

となるので，定数 a, b から値が決まる。温度が臨界温度以上の $T > T_c$ のときは，$m = 0$ 以外で式 (B.9) の右辺がゼロとなることはなく，高温のときの磁化曲線の $B \sim 0$ 近辺の振る舞いをよく再現できる。よって，式 (B.9) から

$$G = a(T - T_c)m^2 + \frac{b}{2}m^4 \tag{B.12}$$

のようにギブスの自由エネルギーが m の 4 次関数として表される。図 B.3 に $T > T_c$ と $T < T_c$ のそれぞれのギブスの自由エネルギーの結晶全体で平均した磁気双極子モーメントに対する依存性を示した。

$T > T_c$ では，$m = 0$ が最も自由エネルギーの低い状態であるため，常磁性体となる。一方，臨界温度以下では $m = m_0$ と $m = -m_0$ で自由エネルギーが最低値をとり，$m = 0$ の状態より安定な状態となるため，これらのどちらかの状態が出現し，強磁性体となる。以上がランダウの強磁性転移のモデルである。

B.1.2 強磁性転移の微視的理解

強磁性転移の微視的理解を以下に解説する。磁気双極子モーメント $\boldsymbol{\mu}_i$ を持つ原子 i の周辺には，$\boldsymbol{\mu}_i$ の方向に磁場が生成される。この原子が作る磁場などを通して隣の原子 j の磁気双極子モーメントと相互作用する。この相互作用によるエネルギーは以下のようにモデル化される。

$$E_{ij} = -J\boldsymbol{\mu}_i \cdot \boldsymbol{\mu}_j \tag{B.13}$$

ここで，J は相互作用の結合定数と呼ばれ，正の定数である。結晶を構成する原子の磁気双極子モーメント間の相互作用による結晶全体のエネルギーが以下のように書ける。

$$E = -J \sum_{\langle ij \rangle} \boldsymbol{\mu}_i \cdot \boldsymbol{\mu}_j \tag{B.14}$$

ここで $\langle ij \rangle$ は，隣り合う格子点の対を表す。各原子の磁気双極子モーメントが全て揃った状態が最もエネルギーの低い状態である。臨界温度より温度が高い高温状態では，熱的揺らぎによる磁気双極子モーメントの方向の乱雑化が磁気双極子モーメント間の相互作用により磁気双極子モーメントの方向が揃おうとする効果に打ち勝ち，常磁性体となる。温度が低下すると，乱雑化の効果が低下し，臨界温度以下になると方向が揃おうとする効果が打ち勝ち，強磁性体へと転移する。

外部磁場がゼロの状態で温度を $T > T_c$ の状態から $T < T_c$ の状態に結晶を冷却すると次のようなことが起こる。結晶中のすみずみに上を向いた磁気双極子モーメントを持つ原子が近傍に多数いる周辺には上向きの磁場が存在することになり，この磁場との相互作用によりさらに周辺の原子の磁気双極子モーメントも同じ向きを向こうとする。その結果，この周辺の磁気双極子モーメントが上向きに揃った状態となり，$m = m_0$ の状態に転移する。

磁気双極子モーメントの平均値は，**秩序パラメータ**と呼ばれる量である。強磁性体へ転移後は，結晶内の原子の磁気双極子モーメントは上向きか下向きのどちらかに揃った秩序立った状態にあり，m は有限の値を持つ。このような強磁性状態にある場合に，結晶の上下を反転すると磁化の向きも反転するため，上

158　付録 B

向き下向きの対称性は破れている。一方，結晶が転移前で常磁性状態にあるときは，結晶内の原子の磁気双極子モーメントの向きは無秩序で $m = 0$ となる。このとき，結晶を上下反転しても，磁化がゼロであることに変わりはなく，上向き下向きの対称性が保たれている。強磁性転移では，温度が臨界温度以下になることで，自発的に上向きか下向きの磁化が現れ，上下対称性が破れる。これは強磁性転移だけではなく，全ての相転移現象に共通の現象であり，**自発的対称性の破れ** (spontaneous symmetry breaking) と呼ばれる。

//**B.2　電磁場ポテンシャルのゲージ変換自由度**

電場と磁場は，電磁場ポテンシャルを用いた式 (3.141)(3.143) によって求められた。このとき，得られる電場・磁場が同一でありさえすれば十分であり，電磁場ポテンシャル自体は一意には決まらない。例えば，ベクトルポテンシャル $\boldsymbol{A}$ に任意のスカラー関数 $\chi(\boldsymbol{x}, t)$ の勾配を加えて新たなベクトルポテンシャル $\boldsymbol{A}'$ を以下のように導入してみる。

$$\boldsymbol{A}' = \boldsymbol{A} + \boldsymbol{\nabla}\chi \tag{B.15}$$

スカラー関数の勾配の回転は恒等的にゼロ，すなわち $\boldsymbol{\nabla} \times \boldsymbol{\nabla}\chi = 0$ であることから，ベクトルポテンシャル $\boldsymbol{A}'$ を用いて式 (3.141) から導出される磁場は，ベクトルポテンシャル $\boldsymbol{A}$ から導出される磁場と変わらない。このことは，ベクトルポテンシャルに任意のスカラー関数の勾配を加えても構わないという不定性が存在し，ある磁場を与えるベクトルポテンシャルは一意には決定できないことを示している。このとき，電場が不変であるためには変換 (B.15) に伴ってスカラーポテンシャル ϕ が ϕ' に変換されなければならない。式 (3.143) に代入し変換後の電磁場ポテンシャルで電場を書き表すと以下のようになる。

$$\boldsymbol{E} = -\boldsymbol{\nabla}\phi' - \frac{\partial \boldsymbol{A}'}{\partial t} = -\boldsymbol{\nabla}\phi' - \frac{\partial \boldsymbol{A}}{\partial t} - \boldsymbol{\nabla}\frac{\partial \chi}{\partial t}$$

これが式 (3.143) と一致するためにはスカラーポテンシャルが以下のように変換されればよいことが分かる。

$$\phi' = \phi - \frac{\partial \chi}{\partial t} \tag{B.16}$$

電磁場ポテンシャルを任意のスカラー関数 χ を用いて式 (B.15)(B.16) のように変換することを**ゲージ変換** (gauge transformation) と呼ぶ。すなわち，同じ電場・磁場を与えればよいという条件のもとでは，電磁場ポテンシャルのとり方にはゲージ変換の自由度の不定性が存在することになる。

電磁場中の荷電粒子のラグランジアンは，電磁場ポテンシャルを用いて式 (3.147) のように与えられた。したがって，ゲージ変換により電磁場ポテンシャルが変換されると，ラグランジアンも L から L' に変換される。ゲージ変換後の電磁場ポテンシャルを用いたラグランジアン L' と元の電磁場ポテンシャルを用いて表したラグランジアンの差は

$$L' - L = q\boldsymbol{v} \cdot \boldsymbol{A}' - q\phi' - (q\boldsymbol{v} \cdot \boldsymbol{A} - q\phi) = q\boldsymbol{v} \cdot \boldsymbol{\nabla}\chi + q\frac{\partial \chi}{\partial t} = \frac{d(q\chi)}{dt} \quad \text{(B.17)}$$

のようにスカラー関数 $q\chi(\boldsymbol{x}, t)$ の粒子の軌道に沿った時間全微分となる。3.3.1 項で解説したように，ラグランジアンには座標と時間のみに依存するスカラー関数の時間全微分を加えても得られる運動方程式が不変であるという不定性があった。式 (B.17) の結果は，このこととも整合した結果である。電磁場中を運動する荷電粒子の場合，ラグランジアンにスカラー関数の時間全微分を加える変換の一部は，電磁場ポテンシャルのゲージ変換に対応しているのである。

B.3 アハラノフ-ボーム効果

3.8 節で与えた電磁場中を運動する荷電粒子のラグランジアンは，電磁場ポテンシャル，すなわちスカラーポテンシャルとベクトルポテンシャルを用いて与えられていた。古典電磁気学では，電場・磁場が観測にかかわる量であり，電磁場ポテンシャルは数学的取り扱いを楽にするために導入された数学的道具にすぎず，それ自身が観測にかかることはないと考える。しかしながら，全ての物質には粒子性と波動性の二重性が備わっているとことを明らかにした量子力学の世界では，電磁場ポテンシャルが観測量と直接関係する効果が導かれる。ここではそのような効果の 1 つであるアハラノフ-ボーム効果について解説する。

第 1 章では，作用積分を $\hbar$ で割ったものが粒子を物質波と捉えたときに始点から終点まで到達する間の位相変化量に対応することを解説した。したがって，

160   付録 B

ラグランジアン (3.147) を用いて電磁場中を運動する荷電粒子が始点から終点まで運動する間の物質波としての位相変化量は以下のように書ける。

$$\frac{1}{\hbar}S = \frac{1}{\hbar}\int_{t_1}^{t_2} dt \left[\frac{m\boldsymbol{v}^2}{2} + q\boldsymbol{v}\cdot\boldsymbol{A} - q\phi\right] \tag{B.18}$$

以下では，静磁場の存在が位相変化量に与える影響について考察する。そこで，スカラーポテンシャルがゼロで，ベクトルポテンシャルのみが存在するとする。荷電粒子は，半径 R の円軌道を速度の大きさを変えずに運動しているとする。第 1 項は，粒子の軌道に沿った周回積分において寄与を与えない。積分 (B.18) を，この円運動の 1 周期にわたる周回積分とすると，位相変化量は

$$\frac{1}{\hbar}S = \frac{1}{\hbar}\oint qd\boldsymbol{x}\cdot\boldsymbol{A} \tag{B.19}$$

のようにベクトルポテンシャルを粒子の軌道に沿って周回積分したものとして表される。ストークスの定理を用いると式 (B.19) は以下のように変形できる。

$$\frac{1}{\hbar}S = \frac{1}{\hbar}\int_{\sigma} qd\boldsymbol{\Sigma}\cdot\mathrm{rot}\,\boldsymbol{A} = \frac{q}{\hbar}\int_{\sigma} d\boldsymbol{\Sigma}\cdot\boldsymbol{B} = -\frac{q\Phi}{\hbar} \tag{B.20}$$

ここで，$\boldsymbol{B} = \mathrm{rot}\,\boldsymbol{A}$ は磁束密度，σ は粒子の軌道で囲まれた領域の面積であり，$\Phi \equiv -\int_{\sigma} d\boldsymbol{\Sigma}\cdot\boldsymbol{B}$ は粒子の軌道が囲む面を貫く磁束である。符号は，4.1.4 項で解説するように，荷電粒子の回転運動の方向が反磁性電流が流れる方向であることに起因している。

　ところで，電磁場中の荷電粒子のラグランジアン (3.147) は，オイラー-ラグランジュ方程式に代入することで電磁場中の荷電粒子の運動方程式が導かれるものとして与えられた。つまり，保存力場中を運動する粒子のときのように，作用積分を $\hbar$ で割ったものが物質波の位相変化量に相当するという指導原理に基づいて与えられたものではなかった。しかし，この原理がこの例でも適応できるのであれば，式 (B.20) で与えられる位相変化が電磁場中の荷電粒子の物質波に対して引き起こされることが予言される。これが**アハラノフ-ボーム効果**である。

　アハラノフ-ボーム効果の本質が，磁場の存在ではなくベクトルポテンシャル

B.3 アハラノフ-ボーム効果 161

の存在であることを明確にするため，以下のような例を考える。断面が半径 a の円形になる無限の長い円筒領域の内側が円筒の軸の方向を向いた一様で定常な磁場 B で満たされ，その外側には磁場が存在しない状況を考える。このような状況は，非常に長く密に巻かれたソレノイドコイルに定常電流を流すことで実現できる。円筒の中心軸を法線とする平面を考える。この平面を x-y 平面とし円筒の中心軸と交わる点を原点とする。磁場の向きを z 軸とする。すると，設定通りの磁場を与えるベクトルポテンシャルの 1 つが以下のように求められる。

$$
\boldsymbol{A} = \left\{
\begin{array}{ll}
\frac{B}{2}(-y, x, 0) & \text{for} \quad R < a \\
\frac{Ba^2}{2}\left(-\frac{y}{R^2}, \frac{x}{R^2}, 0\right) & \text{for} \quad R \geq a
\end{array}
\right.
\tag{B.21}
$$

ここで $R = \sqrt{x^2 + y^2}$ で，円筒領域の内と外でベクトルポテンシャルが連続になるべきという条件を用いた。円筒領域の外側では，rot $\boldsymbol{A} = \boldsymbol{0}$，すなわち磁場がゼロである。式 (B.21) は，円筒領域の外では，磁場はゼロであるがベクトルポテンシャルは有限の値を持つことを示している。この系に軌道半径が R で原点を中心とした円軌道を一定の速さで回転する荷電粒子が存在したとき，$R \geq a$ の場合について式 (B.19) の周回積分を行うと

$$
\frac{1}{\hbar}S = -\frac{q}{\hbar}\int_0^{2\pi} d\varphi = -\frac{q}{\hbar}\pi a^2 B
\tag{B.22}
$$

となり式 (B.20) と同じ結果が得られる。この積分では，ベクトルポテンシャルが有限の値を持つことが重要であった。このことから，アハラノフ-ボーム効果の本質は磁場の存在ではなくベクトルポテンシャルの存在であると言われている。符号は，正の電荷を持つ荷電粒子は時計回りに回転することに起因する。

　円筒領域の外側では，磁場が存在しないのでベクトルポテンシャルをスカラー関数 χ の勾配で $\boldsymbol{A} = \boldsymbol{\nabla}\chi$ のように与えることができるはずである。式 (B.19) の周回積分を χ を用いて表すと以下のようになる。

$$
\frac{1}{\hbar}S = \frac{q}{\hbar}\oint d\boldsymbol{x} \cdot \boldsymbol{\nabla}\chi = \frac{q}{\hbar}\oint d\chi
\tag{B.23}
$$

最後の式変形では，被積分関数が χ の全微分で表せることを用いた。素朴に考えると，関数の全微分の周回積分は始点での値と終点での値の差になり，ゼロ

162 付録 B

となるように思える。これは，式 (B.22) の結果と矛盾する。この矛盾がどこからきたのか以下で考察する。式 (B.21) で与えられた外側の領域のベクトルポテンシャルは，以下のスカラー関数の勾配で与えられる。

$$\chi = -\frac{Ba^2}{2}\tan^{-1}\frac{x}{y} \tag{B.24}$$

式 (B.19) の周回積分を χ を用いて表すと以下のようになる。

$$\frac{1}{\hbar}S = \frac{q}{\hbar}\oint d\boldsymbol{x}\cdot\boldsymbol{\nabla}\chi = \frac{q}{\hbar}\oint d\chi \tag{B.25}$$

関数 (B.24) の形から分かるように $y = 0$ となる x 軸上では関数 χ は定義できず，x 軸を跨ぐ経路での周回積分は単純に始点での値と終点での値の差とはならない。積分経路を以下のような原点を中心とした半径 R の x-y 平面内の円周にとる。

$$x = R\cos\varphi \qquad y = R\sin\varphi$$

周回積分は，方位角 φ についての $0 \sim 2\pi$ の積分となる。$\varphi = 0, \pi, 2\pi$ のとき χ は定義できない。そこで，周回積分の順番に従って y がゼロに近づく極限で χ がとる値を調べる。まず，$\varphi > 0$ 側，すなわち第一象限から φ が 0 に近づく極限では，$x/y \to +\infty$ となり，$\chi \to -\pi Ba^2/4$ となる。次に，$\varphi < \pi$ 側から φ が π に近づく極限では，$x/y \to -\infty$ となり，$\chi \to \pi Ba^2/4$ となる。x 軸を跨いで $\varphi > \pi$ となる第三象限から φ が π に近づく極限では，$x/y \to +\infty$ となり，$\chi \to -\pi Ba^2/4$ となる。最後に，$\varphi < 2\pi$ から φ が 2π に近づく極限では，$x/y \to -\infty$ となり，$\chi \to \pi Ba^2/4$ となる。したがって，周回積分 (B.25) は以下のように x 軸を挟んで 2 つに分解して実施しなければならない。

$$\begin{aligned}\frac{1}{\hbar}S &= -\frac{q}{\hbar}\left(\int_{+0}^{\pi-0}\frac{d\chi}{d\varphi}d\varphi + \int_{\pi+0}^{2\pi-0}\frac{d\chi}{d\varphi}d\varphi\right)\\ &= -\frac{q}{\hbar}\left(\int_{-\frac{Ba^2}{2}\frac{\pi}{2}}^{\frac{Ba^2}{2}\frac{\pi}{2}}d\chi + \int_{-\frac{Ba^2}{2}\frac{\pi}{2}}^{\frac{Ba^2}{2}\frac{\pi}{2}}d\chi\right)\\ &= -\frac{q}{\hbar}2\left\{\frac{Ba^2}{2}\frac{\pi}{2} - \left(-\frac{Ba^2}{2}\frac{\pi}{2}\right)\right\} = -\frac{q}{\hbar}\pi Ba^2 \end{aligned} \tag{B.26}$$

この結果は，ベクトルポテンシャルの周回積分から得られた結果 (B.22) と期待通り一致している。

ベクトルポテンシャル (B.21) に以下のようなゲージ変換を施す。

$$\boldsymbol{A}' = \boldsymbol{A} - \boldsymbol{\nabla}\chi \tag{B.27}$$

すると，ゲージ変換後のベクトルポテンシャルは

$$\boldsymbol{A}' = \begin{cases} \frac{B}{2}\left(-y + a^2 \frac{y}{R^2}, x - a^2 \frac{x}{R^2}, 0\right) & \text{for} \quad R < a \\ (0,0,0) & \text{for} \quad R \geq a \end{cases} \tag{B.28}$$

のような形をとり，円筒領域の外側ではベクトルポテンシャルがゼロになる。もちろん，新しいベクトルポテンシャル $\boldsymbol{A}'$ の rot から得られる磁場 $\boldsymbol{B}$ は変換前と変わらない。このとき，式 (B.19) の周回積分が $R > a$ の領域ではゼロになり，$R < a$ の磁場が存在する領域では

$$\frac{1}{\hbar}S = \frac{q}{\hbar}\left(\pi R^2 - \pi a^2\right)B \tag{B.29}$$

となる。これらの結果は，ストークスの定理を用いて周回積分を磁場の面積分に変換して得られる結果と矛盾する。ストークスの定理を用いて得られる結果は

$$\frac{1}{\hbar}S = \begin{cases} \frac{q}{\hbar}\pi a^2 B & \text{for} \quad R \geq a \\ \frac{q}{\hbar}\pi R^2 B & \text{for} \quad R < a \end{cases} \tag{B.30}$$

であり，粒子の軌道に囲まれる領域を貫く磁束に比例する。式 (B.20) の導出過程から明らかなように，式 (B.20) の結果はベクトルポテンシャルの選び方に依らないため，式 (B.30) が正解である。この矛盾は，ベクトルポテンシャル (B.21) は全ての空間に対して定義されているのに対して，スカラー関数 χ が x 軸上では定義できないためゲージ変換 (B.27) が x 軸上では定義できないことに起因している。つまり，ゲージ変換によって磁場が存在する外部のベクトルポテンシャルを全ての空間で式 (B.28) のようにゼロにすることはできない。以上の結果は，ベクトルポテンシャルは，その場所の磁場の値，すなわち局所的な条件だけでは指定されず，系の磁場の分布の大局的な条件によって制約を

164　付録 B

受けることを示している。どこかに磁場が存在していれば，磁場が存在していない領域に有限の値を持つベクトルポテンシャルが存在することになり，それが荷電粒子の物質波の位相に影響を与えアハラノフ-ボーム効果として観測されることになる。

　アハラノフ-ボーム効果の存在は，1986 年に外村彰氏によって電子線を使った実験で実証された。日経サイエンスの記事 [18] に詳しい解説がある。電子の波動性を実証し，作用積分を $\hbar$ で割ったものが電子の物質波としての位相変化量であるという解釈の正当性に実験的裏付けを与えるものでもある。また，電磁場中の荷電粒子のラグランジアンが式 (3.147) で与えられることの実験的実証でもある。

//B.4　非圧縮性流体

　ある流体の速度場 $\boldsymbol{v}(\boldsymbol{x}, t)$ が

$$\operatorname{div} \boldsymbol{v}(\boldsymbol{x}, t) = 0 \tag{B.31}$$

を満たすとき，流体は非圧縮性，すなわち流体要素の体積が不変で密度が変化しないことを解説する。まず，時刻 t から微小時間 Δt 後の時刻 $t + \Delta t$ への流体要素の位置の時間変化を

$$\boldsymbol{x}(t) \rightarrow \boldsymbol{x}(t + \Delta t) = \boldsymbol{x}(t) + \boldsymbol{v}(t)\Delta t \tag{B.32}$$

のような座標変換が行われたと捉えて説明する。時刻 t のときに微小体積 $d^3x(t) = dx(t)dy(t)dz(t)$ で囲われた領域が，それから Δt 後の時刻 $t + \Delta t$ のとき $d^3x(t + \Delta t) = dx(t + \Delta t)dy(t + \Delta t)dz(t + \Delta t)$ に変化したとする。これらは以下の関係式で結ばれる。

$$d^3x(t) = \frac{\partial(x(t), y(t), z(t))}{\partial(x(t + \Delta t), y(t + \Delta t), z(t + \Delta t))} d^3x(t + \Delta t) \tag{B.33}$$

ここで右辺の係数はヤコビアンである。計算しやすいように以下のような逆変換を扱う。

$$d^3x(t+\Delta t) = \frac{\partial(x(t+\Delta t), y(t+\Delta t), z(t+\Delta t))}{\partial(x(t), y(t), z(t))} d^3x(t) \tag{B.34}$$

この式のヤコビアンは，微小量 Δt の 1 次までで以下のように計算される．

$$\begin{aligned}
&\frac{\partial(x(t+\Delta t), y(t+\Delta t), z(t+\Delta t))}{\partial(x(t), y(t), z(t))}\\
&= \begin{vmatrix} \frac{\partial x(t+\Delta t)}{\partial x(t)} & \frac{\partial x(t+\Delta t)}{\partial y(t)} & \frac{\partial x(t+\Delta t)}{\partial z(t)} \\ \frac{\partial y(t+\Delta t)}{\partial x(t)} & \frac{\partial y(t+\Delta t)}{\partial y(t)} & \frac{\partial y(t+\Delta t)}{\partial z(t)} \\ \frac{\partial z(t+\Delta t)}{\partial x(t)} & \frac{\partial z(t+\Delta t)}{\partial y(t)} & \frac{\partial z(t+\Delta t)}{\partial z(t)} \end{vmatrix}\\
&= \begin{vmatrix} 1+\frac{\partial v_x(t)}{\partial x(t)}\Delta t & \frac{\partial v_x(t)}{\partial y(t)}\Delta t & \frac{\partial v_x(t)}{\partial z(t)}\Delta t \\ \frac{\partial v_y(t)}{\partial x(t)}\Delta t & 1+\frac{\partial v_y(t)}{\partial y(t)}\Delta t & \frac{\partial v_y(t)}{\partial z(t)}\Delta t \\ \frac{\partial v_z(t)}{\partial x(t)}\Delta t & \frac{\partial v_z(t)}{\partial y(t)}\Delta t & 1+\frac{\partial v_z(t)}{\partial z(t)}\Delta t \end{vmatrix}\\
&\sim 1 + \Delta t\left(\frac{\partial v_x(t)}{\partial x(t)} + \frac{\partial v_y(t)}{\partial y(t)} + \frac{\partial v_z(t)}{\partial z(t)}\right)\\
&= 1 + \mathrm{div}\,\boldsymbol{v}(\boldsymbol{x}, t)\Delta t \tag{B.35}
\end{aligned}$$

3 つ目の等号では，Δt の 2 次以上の微小量を落とし，1 次まで残した．よって，速度場が条件 (B.31) を満たすとき，流体要素の体積が不変であること，すなわち流体が**非圧縮性流体**であることが示された．

次に 2 次元系に限定して，視覚的に解説する．図 B.4 に時刻 t のとき，1 辺が dx, dy の四角い境界で囲まれた領域の面積の微小時間 Δt 後の変化の様子を

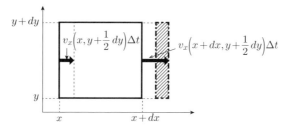

図 B.4　速度場の発散による流体要素の面積変化

166   付録 B

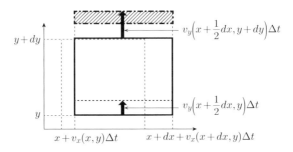

図 B.5　速度場の発散による流体要素の面積変化

示した．簡単のため流体は y 方向の速度成分を持たないとした．左端と右端の境界の x 方向の速度は，y に依存せず境界の中点の値で代表されるとする．左の境界は $v_x(x, y+dy/2)\Delta t$ だけ移動し，右の境界は $v_x(x+dx, y+dy/2)\Delta t$ だけ移動する．この結果，Δt 後の領域の面積は，斜め線でハッチを掛けた領域の面積分だけ増加する．面積の増加分 ΔS_x は

$$\Delta S_x = v_x\left(x+dx, y+\frac{1}{2}dy\right)\Delta t\, dy - v_x\left(x, y+\frac{1}{2}dy\right)\Delta t\, dy$$
$$\sim \frac{\partial v_x(x,y)}{\partial x}\Delta t \times dx dy \tag{B.36}$$

である．最後の等号では第 1 項を x についてテイラー展開して dx の 1 次まで残した．また，$v_x(x,y)$ が y に依存しないとしているので $v_x(x, y+dy/2)$ を $v_x(x,y)$ で置き換えた．

速度の y 成分が存在するときは，下と上の境界の変化も同時に起こり，左と右の領域の中心も y 方向に移動する．これを，同時に起こるのではなく，逐次的に起こると捉えても結果は変わらない．速度場の y 成分の存在による領域の面積変化を図 B.5 に示した．

領域の面積は，斜め線でハッチを掛けた領域の面積分増加する．面積の増加分 ΔS_y は

$$\Delta S_y = \left[v_y\left(x+\frac{1}{2}dx, y+dy\right)\Delta t - v_y\left(x+\frac{1}{2}dx, y\right)\Delta t\right]$$

$$\times \left(dx + \frac{\partial v_x(x,y)}{\partial x} dx \Delta t \right)$$

$$\sim \frac{\partial v_y(x,y)}{\partial y} \Delta t \times dxdy \tag{B.37}$$

となる。ここで微小量 Δt の 2 次以上の高次の微小量を落とした。ここでは $v_y(x,y)$ が x に依存しないとした。

　流体が 2 つの方向の速度を持つような一般の場合の面積変化量は，まず x 方向の速度場の x 依存性により面積が変化し，その後 y 方向の速度場の y 依存性により面積変化が生じたと逐次的に考えればよい。このとき，式 (B.37) の dx を $dx + \frac{\partial v_x}{\partial x} \Delta t \times dx$ に置き換える必要がある。しかし，dx からの増加分は，ΔS_y に Δt の 2 次の微小量としてしか寄与を与えないので，Δt の 1 次の近似では，式 (B.36) と式 (B.37) の和として正味の面積変化量は以下のように表すことができる。

$$\Delta S = \Delta S_x + \Delta S_y = \mathrm{div}\, \boldsymbol{v} \Delta t \times dxdy \tag{B.38}$$

条件式 (B.31) が満たされるとき，確かに面積変化量がゼロ，すなわち非圧縮性流体であることが証明できた。この例から分かるように，x 方向の膨張した分を y 方向に圧縮されることで相殺して条件式 (B.31) が成り立っている。非圧縮性流体だからといって流体要素の形が変わらないわけではなく，体積を一定に保ちながら形が変形しうる。式 (B.38) や式 (B.35) から分かるように，$\mathrm{div}\, \boldsymbol{v}$ は単位時間あたりの体積変化率を与える。これを**速度場の発散**と呼ぶ。

　最後に $v_x(x,y)$ が x に依存せず y のみに依存し，$v_y(x,y)$ が y に依存せず x のみに依存する場合を解説する。図 B.6 に速度場の x 成分のみが存在し，それが y にのみ依存し，x に依存しない場合を示した。時刻 Δt 後に実線の境界で囲われた領域が点線で囲われた領域に変化する。このとき

$$\frac{\partial v_x}{\partial y} > 0 \tag{B.39}$$

である。図から分かるように，領域は形が四角形から平行四辺形に変形するだけで面積は変わらない。速度場が条件 (B.39) を満たすとき，速度場に歪み（シ

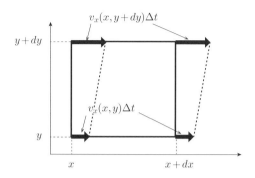

図 B.6　速度場のシアーの存在による流体要素の形の変化

アー）が存在するという。シアーは形の変形にのみ寄与し，体積変化は引き起こさない。一般の流体の速度場は，発散とシアーの両方が重ね合わされた状態にある。

B.5　3次元空間を運動する粒子系のリウヴィルの定理の証明

3次元空間を正準運動方程式に従って運動する粒子系の位相体積が不変であることを示す。時刻 t における 6 次元位相空間中の点 $(q_1(t), q_2(t), q_3(t), p_1(t), p_2(t), p_3(t))$ にいる粒子を考える。微小位相体積

$$dV_{\mathrm{ph}} = dq_1(t)dq_2(t)dq_3(t)dp_1(t)dp_2(t)dp_3(t) \tag{B.40}$$

を考える。微小時間 δt 経過後の位相空間中の粒子の位置は，微小量の 1 次までで以下のように書ける。

$$q_r(t+\delta t) = q_r(t) + \delta t \frac{\partial H(q_r(t), p_r(t))}{\partial p_r(t)} \quad (r=1,2,3) \tag{B.41}$$

$$p_r(t+\delta t) = p_r(t) - \delta t \frac{\partial H(q_r(t), p_r(t))}{\partial q_r(t)} \quad (r=1,2,3) \tag{B.42}$$

位相体積 $V_{\mathrm{ph}}(t)$ での体積積分 $J_3(t)$ を

B.5 3次元空間を運動する粒子系のリウヴィルの定理の証明 169

$$J_3(t) = \int_{V_{\mathrm{ph}}(t)} dV_{\mathrm{ph}} \tag{B.43}$$

と定義する。この位相体積の中に非常に多数の粒子が存在しており，各粒子が正準運動方程式に従って運動しているとする。微小時間 δt 経過後，同一の粒子たちが占める体積を $V_{\mathrm{ph}}(t+\delta t)$ とすると，時刻 $t+\delta t$ のときの J_3 は

$$\int_{V_{\mathrm{ph}}(t+\delta t)} \frac{\partial(q_1(t+\delta t), q_2(t+\delta t), q_3(t+\delta t), p_1(t+\delta t), p_2(t+\delta t), p_3(t+\delta t))}{\partial(q_1(t), q_2(t), q_3(t), p_1(t), p_2(t), p_3(t))} dV_{\mathrm{ph}}$$
(B.44)

と与えられる。方程式 (B.41)(B.42) を用いて，微小量 δt の1次までの近似で積分 (B.44) のヤコビアンを計算する。ヤコビアンは 6×6 行列の対角成分の掛け算の項とそれ以外に分離できる。対角成分は

$$1 + \delta t \frac{\partial}{\partial q_1(t)} \frac{\partial H}{\partial p_1(t)}$$

のように1と微小量の1次の量の足し算である。一方，非対角成分は1がなく，微小量の1次の項のみである。ヤコビアンへの非対角成分の寄与は，必ず2項以上の非対角成分の掛け算の形で現れる。したがって，非対角成分のヤコビアンへの寄与は微小量の2次以上の寄与しか与えず無視できる。したがって，微小量の1次までの近似では，ヤコビアンには対角成分の掛け算の項のみが寄与を与える。この考察からヤコビアンは，微小量の1次までで以下のように計算され，1となることが示される。

$$\frac{\partial(q_1(t+\delta t), q_2(t+\delta t), q_3(t+\delta t), p_1(t+\delta t), p_2(t+\delta t), p_3(t+\delta t))}{\partial(q_1(t), q_2(t), q_3(t), p_1(t), p_2(t), p_3(t))}$$
$$= 1 + \sum_{r=1}^{3} \left(\frac{\partial^2 H}{\partial q_r(t) \partial p_r(t)} - \frac{\partial^2 H}{\partial p_r(t) \partial q_r(t)} \right) = 1 \tag{B.45}$$

したがって，$J_3(t+\delta t) = J_3(t)$ であり，3次元空間中を正準運動方程式に従って運動する粒子系の位相体積が保存すること，すなわちリウヴィル定理が証明された。

170 付録 B

//**B.6 無衝突ボルツマン方程式**

リウヴィルの定理から，粒子間の衝突が無視できる粒子系の時間発展を記述する基礎方程式である無衝突ボルツマン方程式が導出される。ここでは，位相空間を一般化座標と正準運動量で張られる空間とする。粒子の集合である粒子系の状態とその時間発展を解明することは，位相空間中の粒子系の振る舞いを明らかにすることと言うことができる。そのために位置 $q \sim q+dq$，運動量 $p \sim p+dp$ の微小位相体積内にある粒子数 $\Delta N(q,p)$ を $\Delta N(q,p) = f(q,p,t)dqdp$ で与える関数 $f(q,p,t)$ を導入する。この関数を**分布関数**と呼ぶ。粒子の運動が正準運動方程式で記述される場合を考える。このとき，粒子の座標と運動量は連続的に時間発展する。ある時刻に座標 $q \sim q+dq$，運動量 $p \sim p+dp$ の微小位相体積内にあった粒子全てを囲い込むことができる連続的な微小位相体積を定義する。粒子間の衝突がなければ，この微小体積内から抜け出す粒子が存在しないだけでなく，新たに参入する粒子も存在しない。すなわち，この微小位相体積内の粒子の位相空間中の軌跡に沿って含まれる粒子数 ΔN が保存する。これを方程式で表すと

$$\frac{d\Delta N}{dt} = \frac{d}{dt}(f(q,p)dqdp) = \frac{df(q,p)}{dt}dqdp = 0 \qquad \text{(B.46)}$$

である。最後の変形ではリウヴィルの定理を用いた。これから f が満たす以下の方程式が得られる。

$$\frac{\partial f}{\partial t} + \frac{dq}{dt}\frac{\partial f}{\partial q} + \frac{dp}{dt}\frac{\partial f}{\partial p} = 0 \qquad \text{(B.47)}$$

ここで q, p は，正準運動方程式の解として得られたものを用いる。この方程式は**無衝突ボルツマン方程式** (collisionless Boltzmann equation) と呼ばれる方程式であり，位相空間中の粒子系の時間発展を記述する基礎方程式である。粒子同士の衝突が起きると粒子の運動量の向きが変わり，位相空間中の粒子の位置にジャンプが起こり連続ではなくなる。粒子間の衝突や，粒子の生成・消滅

B.7 リウヴィルの定理の幾何光学への応用：エテンデゥの保存　171

が起きる場合は，式 (B.47) の右辺をそれらを取り込んだ項で置き換える。この項のことを**衝突項**と呼ぶ。衝突項がある場合を含めて分布関数の時間発展方程式は，単にボルツマン方程式と呼ばれる。

B.7 節で示すように，光の散乱，吸収，放射が無視できるとき，伝搬する光線に対してもリウヴィルの定理が成り立つ。光線を運動量 p を持ち，座標 q に存在する光子の集まりと捉え，光子の分布関数 f の時間発展も無衝突ボルツマン方程式 (B.47) で追うことができる。光子の散乱，吸収，放射が起きる場合は，この方程式の右辺に付加項を付け加えることで光子のボルツマン方程式が得られる。光子のボルツマン方程式は，文献 [16] で扱われている輻射輸送方程式の出発点となる方程式であり，宇宙空間の光の伝搬を研究するための重要なツールである。

B.7　リウヴィルの定理の幾何光学への応用：エテンデゥの保存

ここでは，リウヴィルの定理を幾何光学に適応することで導かれるエテンデゥの保存則を紹介する。この定理は，光学実験を行ううえでその理解が欠かせない定理である。そのための準備として光線の時間発展が正準運動方程式で書けることを示す。

B.7.1　光線の正準運動方程式

屈折率の空間変化が起きるスケール，鏡やレンズなど光学素子のサイズが光の波長に比べて十分大きいとき，光の伝搬はその波動性を無視して粒子的に扱うことができる。光を粒子の集まりと捉えるとき，その粒子一粒一粒を**光子**と呼ぶ。古典的な光学では，光子 1 個の運動を扱うことはなく，同一方向に伝搬する多数の光子の流れにより形成されるビームである光線の軌跡を扱う。このように光の伝搬をその波動性を無視して光線の伝搬として扱う近似を**幾何光学近似**と呼ぶ。このとき光線が辿る経路は，式 (1.45) で解説したフェルマーの原理に従う経路であり，各点の波面の法線方向に伝搬する。幾何光学近似が良い精度で使える状況では，任意の波面形状の波に対して波長と同程度の局所的な

領域においては，その波面形状を波数ベクトル

$$\bm{k} = \bm{\nabla}\varphi(\bm{r}, \omega) \tag{B.48}$$

の平面波として非常に良い精度で扱える．ここで $\varphi(\bm{r}, \omega)$ は，式 (1.49) で定義したアイコナールである．

位置 $\bm{r}$ で波数ベクトル $\bm{k}$ の媒質の光に対する屈折率が $n(\bm{r}, \bm{k})$ で与えられるとき，ω と波数ベクトルの大きさ k は以下の分散関係式で結ばれる．

$$\omega = \frac{c}{n(\bm{r}, \bm{k})} k \tag{B.49}$$

このような状況下で式 (B.48) で定義される波数ベクトルの伝搬方程式を導く．真空中（すなわち屈折率が 1 の媒質中）での光の波長を λ_0，波数の大きさを $k_0 = 2\pi/\lambda_0$ とする．図 B.7 では，z 軸正の向きに伝搬する波数ベクトル $\bm{k}$ の平面波が波面に平行な x 方向に屈折率が変化する媒質に入射し，微小時間 dt 経過後の伝搬の様子を示した．図 B.7 より

$$dx\alpha = \frac{cdt}{n(x+dx, y, z, \bm{k})} - \frac{cdt}{n(x, y, z, \bm{k})} \tag{B.50}$$

で光の微小屈折角 α が与えられることが分かる．図 B.7 では $\frac{\partial n}{\partial x} < 0$，すなわち x の増加に伴って屈折率が減少する場合を示した．図のように，この媒質を通過することで光の進行方向が x 軸負の方向に屈折し，負の値を持つ波数ベク

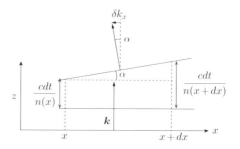

図 B.7　光の進行方向に垂直な方向に媒質の屈折率が依存するときの光の屈折

B.7　リウヴィルの定理の幾何光学への応用：エテンデゥの保存　173

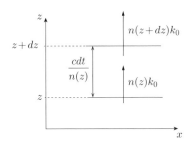

図 B.8　光の進行方向に媒質の屈折率が依存するときの波数ベクトルの変化

トルの x 成分 δk_x が発生する。式 (B.50) より k_x の発展方程式

$$\delta k_x = -k\alpha = -kcdt \frac{\partial}{\partial x} \frac{1}{n(x,y,z,\boldsymbol{k})}$$

$$\frac{dk_x}{dt} = -kc \frac{\partial}{\partial x} \frac{1}{n(x,y,z,\boldsymbol{k})} \tag{B.51}$$

$$\frac{dk_x}{dt} = -\frac{\partial \omega}{\partial x} \tag{B.52}$$

が得られる。最後の変形では，x, y, z, k_x, k_y, k_z が全て独立変数であり，分散関係 (B.49) が成り立つことを用いた。同様の発展方程式が波数ベクトルの y 成分に対しても以下のように成り立つことは自明である。

$$\frac{dk_y}{dt} = -\frac{\partial \omega}{\partial y} \tag{B.53}$$

次に波の伝搬方向に沿って屈折率が変化する場合の波数ベクトルの発展方程式を導出する。図 B.8 に微小時間間隔 dt の間に z 軸正の方向に平面波が伝搬する様子を示した。屈折率の分だけ伝搬速度が遅くなり，dt 間に伝搬する距離は $dz = \frac{cdt}{n(x,y,z,\boldsymbol{k})}$ である。光が z から $z+dz$ まで伝搬する間に光の波長は，$\lambda_0/n(x,y,z,\boldsymbol{k}) \to \lambda_0/n(x,y,z+dz,\boldsymbol{k})$ に変化する。したがって，波数ベクトルの伝搬方向に沿った成分 k_z の変化量 δk_z は

174 付録 B

$$\delta k_z = (n(x, y, z + dz, \boldsymbol{k}) - n(x, y, z, \boldsymbol{k}))k_0$$
$$= \frac{\partial n}{\partial z}k_0 dz = \frac{\partial n}{\partial z}k_0\frac{cdt}{n} \tag{B.54}$$

と書け，k_z の発展方程式が以下のように求まる．

$$\frac{dk_z}{dt} = \frac{c}{n^2}\frac{\partial n}{\partial z}k = -\frac{\partial \omega}{\partial z} \tag{B.55}$$

A.4.2 項で解説したように，光を含む波動による情報伝達速度は群速度で与えられる．光を光子の集まりと考えたとき，情報伝達は発信者と受信者の間の光子の受け渡しによって行われるので，光子の伝達速度（言い換えると光線の伝達速度）が群速度

$$\frac{d\boldsymbol{r}}{dt} = \boldsymbol{\nabla}_{\boldsymbol{k}}\omega \tag{B.56}$$

で与えられることになる．真空中を伝搬する光の場合，この速度は位相速度と等しく c である．

以上から，光線の伝搬は以下の 6 つの方程式で与えられることが分かった．

$$\frac{dr_i}{dt} = \frac{\partial \omega}{\partial k_i} \tag{B.57}$$

$$\frac{dk_i}{dt} = -\frac{\partial \omega}{\partial r_i} \tag{B.58}$$

ただし，$i = 1, 2, 3$ で $r_1 = x$, $k_1 = k_x$, $r_2 = y$, $k_2 = k_y$, $r_3 = z$, $k_3 = k_z$ である．これらの方程式は ω をハミルトニアン H に，波数ベクトル $\boldsymbol{k}$ を運動量 $\boldsymbol{p}$ に置き換えれば，正準運動方程式に他ならない．これらが，光線の伝搬を決定する正準運動方程式である．量子力学によれば，角振動数 ω の光線はディラック定数 $\hbar$ を用いて $\hbar\omega$ のエネルギーを持った光子の集まりであり，その運動量は $\hbar\boldsymbol{k}$ である．式 (B.57) の右辺の分母・分子に $\hbar$ を掛けると，この方程式の右辺はエネルギーの運動量による偏微分となる．ハミルトニアンは粒子のエネルギーであるから式 (B.57) が正準運動方程式の 1 つに対応していることが確認できる．式 (B.58) の両辺に $\hbar$ を掛けると左辺は光子の運動量の時間微分であり，右辺は光子のエネルギーの空間座標による勾配となり，粒子の正準運

B.7 リウヴィルの定理の幾何光学への応用：エテンデゥの保存　175

動方程式のもう 1 つの方程式に該当することが確認できる。特に明示してこな
かったが，ここまでの議論では光が伝搬中に吸収されたり，媒質から光が新た
に発せられたりしないという仮定を前提としていた。

B.7.2　エテンデゥの保存

光線の伝搬が正準運動方程式 (B.57)(B.58) で記述できるということは，光
線に対してもリウヴィルの定理が成立することを意味している。光線の位相空
間は r, k によって張られる 6 次元空間である。光線の占める微小位相体積は

$$dV = dx\,dy\,dz\,dk_x\,dk_y\,dk_z \tag{B.59}$$

である。以下では，簡単のため光は真空中を伝搬するとする。伝搬方向を z 軸
正の向きにとると，微小時間 dt 間の伝搬距離は $dz = cdt$ で得られる。また，
$dA = dxdy$ は光線が通過する領域の断面積である。一方，波数空間の微小体
積は，伝搬方向である z 軸を囲む微小立体角 $d\Omega$ を用いて $k^2 dk d\Omega$ と表すこと
ができる。これらを用いると微小位相体積は，以下のように表される。

$$dV = c\,dt\,k^2\,dk\,dA\,d\Omega \tag{B.60}$$

リウヴィルの定理は，光線の伝搬中の位相体積 dV が保存することを保証す
る。微小時間間隔 dt は観測者が任意に選択できる量である。波数ベクトルの大
きさ k は，分散関係式があるため光の角振動数と等価な量である。真空中では
光の振動数は一定なので k も不変である。波数ベクトルの微小間隔 dk は，選択
する振動数の間隔を指定する量であり，これも観測者が任意に指定できる。し
たがって，式 (B.60) の中で光線の伝搬中に変化しうるのは光線の断面積 dA と
進行方向が張る立体角 $d\Omega$ である。実際，光学機器により光束を絞って dA を
小さくしたり大きくしたりすることはよく行われる。式 (B.60) が光線の伝搬
中に不変であるという事実は，光学機器により光束の断面積が変化させられる
とき

┌─ エテンデゥの保存 ─────────────────

$$dG \equiv dA\,d\Omega = 一定 \tag{B.61}$$

のように光束の断面積と進行方向が張る立体角の積で定義される量が一定に保たれることを主張する。式 (B.61) で定義される量を**エテンデゥ** (Etendue) と呼ぶ。光束を絞って断面積を小さくするとその反動で進行方向が広がり，光線が発散する。逆に光線の進行方向を揃えたい場合は，光束の断面積を広げてやればよい。この様子は，A.2.3 項で議論した波の不確定性関係の現れの具体例の 1 つである。

　エテンデゥの保存は，光学実験を実施するときのイロハのイとなる重要な概念である。天文学において輻射輸送を考察するとき，$I_\nu d\nu dt dA d\Omega$ がある周波数 ν から $\nu + d\nu$ の間にあり，時間 dt 間に断面積 dA の領域を面と垂直に通過し，面の法線の周りの立体角 $d\Omega$ の方向から飛来する光の強度になるように I_ν という量を導入する。この I_ν は**強度** (intensity) と呼ばれ，エテンデゥの保存の法則とエネルギー保存則から真空中を伝搬する光線に対しては必ず一定値をとる保存量である。

第**4**章

断熱不変量および
ハミルトン-ヤコビ理論

　本章でははじめに，3つの具体的な物理系を取り上げて，それぞれの系に特有な断熱不変量の存在を示す。その後，一般的な周期運動する力学系において作用変数が断熱不変量になることの証明を与える。続いて，作用変数および断熱不変量を用いたケプラー運動の解析の例を示す。最後にハミルトン-ヤコビ理論 (Hamilton-Jacobi theory) を紹介し，古典力学が物質の波動性が無視できる極限を記述する理論であることを具体的に実感してもらう。

4.1　断熱不変量

4.1.1　作用変数・断熱不変量

　周期運動をする自由度 1 の質点系を考える。一般化座標を q，正準運動量を p とする。位相空間 (q, p) 中の粒子の軌跡は，図 4.4 のような閉じた軌跡となる。周期運動する粒子の位相空間中の軌跡に沿った以下の積分により**作用変数** (action variable) J を定義する。

$$J \equiv \oint p\,dq \tag{4.1}$$

周回積分は位相空間中での粒子の進行方向の向きに行う．仮想的なベクトル $\boldsymbol{v} = (p, 0, 0)$，$\boldsymbol{\nabla}_{qp} = \left(\frac{\partial}{\partial q}, \frac{\partial}{\partial p}, 0\right)$ および $d\boldsymbol{qp} = (dq, dp, 0)$ を導入すると，作用変数 (4.1) の定義はストークスの定理を用いて以下のように書き換えられる．

$$J = \oint \boldsymbol{v} \cdot d\boldsymbol{qp} = \int_\sigma \boldsymbol{n} \cdot (\boldsymbol{\nabla}_{qp} \times \boldsymbol{v}) dq dp = \int_\sigma dq dp \tag{4.2}$$

ここで $\boldsymbol{n}$ は，粒子の軌跡で囲まれた面の単位法線ベクトルで

$$\boldsymbol{n} = \frac{\boldsymbol{\nabla}_{qp} \times \boldsymbol{v}}{|\boldsymbol{\nabla}_{qp} \times \boldsymbol{v}|} = (0, 0, -1) \tag{4.3}$$

で定義される．また σ は，粒子の位相空間中の軌跡に囲まれた面である．すなわち，作用変数は周期運動する粒子の位相空間中の閉じた軌跡で囲まれる領域の面積に等しい．

この系を特徴づけるパラメータのユックリした変化のもとで作用変数 J は不変であり，作用変数 J は**断熱不変量** (adiabatic invariance) と呼ばれる．以下では，まず3つの具体例を用いて，作用変数が断熱不変量になることを示す．"断熱"という言葉が意味するのは，可逆的であることに起因する．ユックリ変化したパラメータの値を，元に戻る方向に再度ユックリ変化させて元の値に戻すと，系の物理状態は元の状態に戻る．

4.1.2 粒子が閉じ込められた容器の体積の断熱変化

断熱不変量の"断熱"という言葉がしっくり受け入れられる例として，図 4.1 のように平行な2つの壁の間を速度 v で往復する質量 m の粒子を考える．壁と粒子との衝突は，完全弾性衝突とする．壁の間の運動は自由粒子として扱え

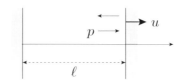

図 4.1　平行な壁の間を運動する自由粒子

るとする。この粒子は，壁の間の往復に要する時間

$$T = \frac{2\ell}{v} \tag{4.4}$$

の周期運動をしていると考えることができる。ここで，ℓ は壁の間隔である。壁の間を運動する粒子のラグランジアンは以下のように与えられる。

$$L = \frac{m}{2}v^2 \tag{4.5}$$

正準運動量は以下のように与えられる。

$$p = \frac{\partial L}{\partial v} = mv \tag{4.6}$$

この粒子の往復運動の作用変数は式 (4.1) より

$$J = p\ell + (-p)(-\ell) = 2p\ell \tag{4.7}$$

である。ここで，片側の壁が速度 u で反対の壁から遠ざかり，壁の間隔が伸びるとする。粒子が片方の壁から反対側の壁まで達する間の壁の間隔の変化量 $\Delta\ell$ が ℓ に比べて十分小さいとみなせるほど，壁の移動速度はユックリであるとする。この条件は，粒子の速度 $v = p/m$ と比べて壁の移動速度 u が十分小さいこと ($u \ll v$) と等価である。以下でこのことを確認しよう。

　粒子が固定された左側の壁から出発した時刻を $t = 0$ とする。遠ざかる右側の壁に衝突した時刻を t_1 とすると

$$vt_1 = \ell + ut_1 \tag{4.8}$$

である。これより

$$t_1 = \frac{\ell}{v - u} \tag{4.9}$$

と求まる。この結果から，左の壁を出発してから右の壁に衝突するまでの壁の移動距離は

$$\Delta\ell = ut_1 \sim \frac{u}{v}\ell \tag{4.10}$$

と与えられ，確かに $u \ll v$ であれば $\Delta\ell \ll \ell$ が満たされる。

180   第 4 章 断熱不変量およびハミルトン-ヤコビ理論

速度 u で遠ざかる壁との衝突で引き起こされる粒子の運動量の変化量を求める。壁が静止して見える系，すなわち壁の速度と同じ速度で移動する系では，衝突の前後で粒子の速度は大きさが同じで向きが反対になる。この系では，衝突前の粒子の速度は壁が遠ざかる分だけ減少し，$v - u$ となる。したがって，壁と一緒に移動する系で観測される衝突後の粒子の速度は $-(v - u)$ となる。静止した観測者は，壁と一緒に移動する系に対して速度 $-u$ で移動している。静止した観測者が観測する衝突後の粒子の速度は $-(v - u) - (-u) = -v + 2u$ である。したがって，速度 u で遠ざかる壁との衝突前後での粒子の運動量の変化量は

$$\Delta p = -2mu \tag{4.11}$$

と求まる。遠ざかる右側の壁に衝突後の粒子の運動量を p_{ref} とすると

$$p_{\mathrm{ref}} = p - 2mu \tag{4.12}$$

となる。これらから，壁がユックリ移動しているときの作用変数は

$$J = p(\ell + \Delta\ell) + (-p_{ref})(-(\ell + \Delta\ell)) = 2p\ell + 2p\Delta\ell - 2mu\ell - 2mu\Delta\ell$$

$$\sim 2p\ell + 2mv\frac{u}{v}\ell - 2mu\ell - 2mu\frac{u}{v}\ell = 2p\ell\left(1 - \left(\frac{u}{v}\right)^2\right) \sim 2p\ell \tag{4.13}$$

となり，u/v の 1 次までの精度で式 (4.7) の結果と一致していることが分かる。

ここでの例は，周期運動する粒子に対して式 (4.1) で定義される作用変数が断熱不変量であることを示す具体的な例の 1 つであり，系を特徴づけるパラメータは壁の間の間隔であった。この問題では，壁が遠ざかる例として扱ったが，壁の移動速度 u が負の値を持つとすれば，壁が近づく場合に拡張できる。したがって，一旦遠ざかった壁が，再び近づき元の状態に戻ったとき，粒子の運動量は始めの値 p に戻ることが分かる。つまり，この例で取り扱った変化は可逆的であるといえる。

外部との熱のやりとりが遮断された壁を断熱壁と呼ぶ。断熱壁で囲まれた体積 V の容器に閉じ込められた気体の体積をユックリ変化させる熱力学的過程を考える。このような体積変化の過程を**断熱変化**と呼ぶ。ここでユックリした体積変化とは，系の状態が常に熱平衡状態に近い状態が保てるような速度での変

化を意味し，準静的変化とも呼ばれる。温度 T の単原子分子理想気体の体積を準静的に断熱変化させると

$$TV^{2/3} = \text{一定} \tag{4.14}$$

の関係を保ちながら温度が変化することが知られている。この場合も変化は可逆的であり，一旦断熱的に膨張させた体積を再び断熱的に圧縮して元の体積に戻すと，内部状態は元の状態に戻る。

　熱力学では，単原子分子理想気体の状態方程式を用いて，断熱変化における熱力学第一法則から関係式 (4.14) が導かれる。ここでは，式 (4.7) で与えられる作用変数が断熱不変量であることから関係式 (4.14) と同様の関係式を導出する。1 辺の長さが ℓ の箱に閉じ込められた粒子系を考える。粒子系が温度 T で熱平衡状態にあるとき，エネルギー等分配則から，粒子の運動の各方向の運動エネルギーの平均が

$$\left\langle \frac{p_x^2}{2m} \right\rangle = \left\langle \frac{p_y^2}{2m} \right\rangle = \left\langle \frac{p_z^2}{2m} \right\rangle = \frac{1}{2} k_{\mathrm{B}} T \tag{4.15}$$

のように与えられる。ここで $\langle \cdot \rangle$ は，系に含まれる全粒子の平均値をとる操作を表す。ここで k_{B} ($= 1.381 \times 10^{-23}\ \mathrm{m^2\,kg\,s^{-2}\,K^{-1}}$) はボルツマン定数 (Boltzmann constant) である。粒子系が熱平衡状態にあるためには，粒子間の衝突が頻繁に起きる必要がある。一方，作用変数が式 (4.17) で表されるためには，粒子間の相互作用や衝突が無視できなければならない。そこで，以下では熱平衡状態 (4.15) が実現された後，粒子間の相互作用や衝突が起きなくなった系の体積が等方的かつ断熱的に膨張している状況を考える。箱の各面の法線方向に x, y, z 軸をとる。運動量 (p_x, p_y, p_z) の粒子の作用変数は

$$J_x = 2p_x\ell \quad J_y = 2p_y\ell \quad J_z = 2p_z\ell \tag{4.16}$$

の 3 成分である。作用変数の x 成分は x 方向の運動に伴う運動エネルギーを用いて以下のように変形することができる。

$$J_x = 2\frac{p_x^2}{2mp_x}2m\ell = 8m\ell^2 \frac{p_x^2}{2m}\frac{1}{2p_x\ell} = 8m\ell^2 \frac{p_x^2}{2m}\frac{1}{J_x}$$

182　第 4 章　断熱不変量およびハミルトン-ヤコビ理論

これから

$$J_x^2 = 8m\ell^2 \frac{p_x^2}{2m} = 8mV^{2/3}\frac{p_x^2}{2m} \tag{4.17}$$

を得る。この結果を，箱に閉じ込められた全ての粒子に対して平均をとることで，以下の結果を得る。

$$\langle J_x^2 \rangle = 8mV^{2/3}\left\langle \frac{p_x^2}{2m} \right\rangle = 4mk_{\mathrm{B}}TV^{2/3} \tag{4.18}$$

　構成粒子によっては，x 方向の速度成分をほとんど持たない粒子が存在する。そのような粒子に対しては，壁の移動速度が粒子の速度より十分ユックリであるという近似が成り立たず，J_x を断熱不変量として扱うことができない。しかし，壁の移動速度を構成粒子の速度の二乗平均のルートより十分小さくなるように調整することで，このような粒子の寄与は無視し，$\langle J_x^2 \rangle$ を体積の断熱変化に対して近似的に不変であるとしてよいであろう。

　同様の関係式を J_y, J_z に対しても求めることができる。体積が V から $\tilde{V}$ に等方的に膨張したとする。体積変化が等方的なので膨張後も x, y, z の各成分の運動に対する運動エネルギーの平均が等しいという関係は保たれる。したがって，膨張後の粒子系の温度 $\tilde{T}$ を以下のように定義できる。

$$\left\langle \frac{\tilde{p}_x^2}{2m} \right\rangle = \left\langle \frac{\tilde{p}_y^2}{2m} \right\rangle = \left\langle \frac{\tilde{p}_z^2}{2m} \right\rangle = \frac{1}{2}k_{\mathrm{B}}\tilde{T} \tag{4.19}$$

作用変数の各成分が断熱不変量であることを式 (4.18) に適用すると

$$\tilde{T}\tilde{V}^{2/3} = TV^{2/3} \tag{4.20}$$

の関係が得られる。式 (4.20) は，気体の断熱変化の式 (4.14) と同じ形である。断熱不変量から関係式 (4.20) を導いた過程から分かるように，熱力学で用いられる "体積のユックリした変化" とは，粒子の速度の二乗平均のルートに比べて領域の境界の膨張速度が十分ユックリであればよいことを意味している。

4.1.3　単振り子

　紐の長さ ℓ，質量 m の単振り子を考える。振動の振幅が微小のとき，単振り

子のラグランジアンは以下のように書ける。

$$L = \frac{1}{2}m\ell^2\dot{\theta}^2 - \frac{1}{2}mg\ell\theta^2 = \frac{1}{2}m\ell^2\dot{\theta}^2 - \frac{1}{2}m\omega^2\ell^2\theta^2 \tag{4.21}$$

ここで，$\omega = \sqrt{g/\ell}$ は単振り子の固有角振動数である。振動角 θ に共役な運動量は

$$p_\theta = \frac{\partial L}{\partial \dot{\theta}} = m\ell^2\dot{\theta} \tag{4.22}$$

と書ける。解 (3.183) を代入すると，作用変数は以下のように計算できる。

$$\begin{aligned} J = \oint m\ell^2\dot{\theta}d\theta &= \int_0^{\frac{2\pi}{\omega}} m\ell^2\theta_0^2\omega^2\sin^2\omega t\, dt \\ &= \pi m\ell^2\theta_0^2\omega = 2\pi\frac{E}{\omega} \end{aligned} \tag{4.23}$$

ここで，E は単振り子の力学的エネルギーであり，以下のように与えられる。

$$E = \frac{1}{2}mg\ell\theta_0^2 \tag{4.24}$$

　この単振り子の紐の長さが固有振動の周期 $2\pi/\omega$ に比べて十分ユックリ変化するとき，すなわち $\left|\dot{\ell}/\ell\right| \ll \omega/2\pi$ のとき，作用変数 (4.23) が不変であることを示す。紐の長さが一定の速度 $\dot{\ell}$ で変化するとする。長さの変化速度が一定ということは，$\ddot{\ell} = 0$ である。単振り子のハミルトニアンは以下のように書ける。

$$H = \frac{1}{2m}\frac{p_\theta^2}{\ell^2} + \frac{1}{2}mg\ell\theta^2 \tag{4.25}$$

正準運動方程式から運動方程式が以下のように求まる。

$$\dot{\theta} = \frac{\partial H}{\partial p_\theta} = \frac{p_\theta}{m\ell^2} \tag{4.26}$$

$$\dot{p}_\theta = -\frac{\partial H}{\partial \theta} = -mg\ell\theta \tag{4.27}$$

式 (4.26) より

$$p_\theta = m\ell^2\dot{\theta} \tag{4.28}$$

184　第 4 章　断熱不変量およびハミルトン-ヤコビ理論

であり，紐の長さが時間変化するとして式 (4.27) に代入すると

$$m\ell^2\ddot{\theta} + 2m\ell\dot{\ell}\dot{\theta} = -mg\ell\theta \tag{4.29}$$

$$\therefore \ddot{\theta} + 2\frac{\dot{\ell}}{\ell}\dot{\theta} + \omega^2\theta = 0 \tag{4.30}$$

を得る。ここで $\omega = \sqrt{g/\ell_0}$ であり，紐の長さの時間変化が始まる前の紐の長さ ℓ_0 を用いて定義される単振り子の固有角振動数であり，紐の長さの時間変化が十分ユックリであることから $\sqrt{g/\ell} \sim \sqrt{g/\ell_0}$ と近似できることを用いた。運動方程式 (4.29) の両辺に振動の速度 $\ell\dot{\theta}$ を掛けて，式を整理すると以下の振動子の力学的エネルギーの時間発展の式を得る。

$$\frac{d}{dt}\left(\frac{1}{2}m\ell^2\dot{\theta}^2 + \frac{1}{2}mg\ell\theta^2\right) = -m\ell\dot{\ell}\dot{\theta}^2 + \frac{1}{2}mg\dot{\ell}\theta^2$$

$$= \frac{\dot{\ell}}{\ell}\left(-m\ell^2\dot{\theta}^2 + \frac{1}{2}mg\ell\theta^2\right) = \frac{\dot{\ell}}{\ell}(-2K + U) \tag{4.31}$$

条件 $\left|\dot{\ell}/\ell\right| \ll \omega/2\pi$ のもとで，この式の 1 周期にわたる平均をとる。力学的エネルギーの 1 周期にわたる平均を $\overline{E}$ と書き表すと，

$$\frac{d\overline{E}}{dt} = \frac{\dot{\ell}}{\ell}(-2\overline{K} + \overline{U}) = -\frac{\dot{\ell}}{\ell}\frac{\overline{E}}{2} \tag{4.32}$$

となる。ここで $|\dot{\ell}| \ll \ell$ であるため，調和振動子のビリアル定理 (3.188) を適用できることを用いた。また，1 周期では紐の長さの変化が無視できるので，力学的エネルギーの平均は式 (4.24) で与えられ，作用変数 J は式 (4.23) で与えられる。作用変数の分母の時間微分は以下のように計算される。

$$\frac{d}{dt}\frac{1}{\omega} = -\frac{1}{\omega^2}\frac{d\omega}{dt} = \frac{1}{2\omega}\frac{\dot{\ell}}{\ell} \tag{4.33}$$

ここで，$\omega = \sqrt{g/\ell}$ を用いた。式 (4.32)(4.33) を用いて作用変数 (4.23) の時間微分を計算すると

$$\frac{dJ}{dt} = 2\pi\left(\frac{1}{\omega}\frac{d\overline{E}}{dt} - \frac{\overline{E}}{\omega^2}\frac{d\omega}{dt}\right) = 2\pi\left(-\frac{\dot{\ell}}{\ell}\frac{\overline{E}}{2\omega} + \frac{\dot{\ell}}{\ell}\frac{\overline{E}}{2\omega}\right) = 0 \tag{4.34}$$

4.1 断熱不変量 185

となり，作用変数 J が不変であることが証明された。上の証明は，$\dot{\ell}$ の正負，つまり紐が長くなるか短くなるかは問わない。したがって，この過程は一旦紐を長くしたのち再び短くして元の状態に戻すことができ，可逆的である。

4.1.4 磁気ミラー効果

z 軸正の方向を向いた一様磁場 $\boldsymbol{B} = (0, 0, B_0)$ 中を運動する電荷 q，質量 m の粒子の運動を考察する。x-y 平面内を運動する粒子の運動方程式は

$$m\frac{dv_x}{dt} = qv_y B_0 \quad m\frac{dv_y}{dt} = -qv_x B_0 \tag{4.35}$$

である。この方程式を新たな変数

$$Z \equiv v_x + iv_y \tag{4.36}$$

を導入して Z の方程式にして解く。方程式 (4.35) の第 2 式に虚数単位 i を掛けて方程式 (4.35) の第 1 式と足し合わせると以下の方程式を得る。

$$\frac{dZ}{dt} = -i\frac{qB_0}{m}Z \tag{4.37}$$

サイクロトロン振動数 (cyclotron frequency) ω_c を

$$\omega_c \equiv \frac{qB_0}{m} \tag{4.38}$$

で定義すると解は以下のように求まる。

$$Z = Z_0 e^{-i\omega_c t} \tag{4.39}$$

初期条件 $t = 0$ で $v_x = v_\perp$, $v_y = 0$ とすると

$$v_x = v_\perp \cos\omega_c t \quad v_y = -v_\perp \sin\omega_c t \tag{4.40}$$

が解となる。粒子の軌跡は以下のように求まる。

$$x = \frac{v_\perp}{\omega_c}\sin\omega_c t \quad y = \frac{v_\perp}{\omega_c}\cos\omega_c t \tag{4.41}$$

186 第 4 章 断熱不変量およびハミルトン-ヤコビ理論

電荷 q が正のとき時計回りに，電荷が負のとき反時計周りに半径

$$a_{\mathrm{L}} = \frac{v_\perp}{\omega_{\mathrm{c}}} \tag{4.42}$$

の円軌道を描く。この半径を**ラーモア半径** (Larmor radius) あるいは**ジャイロ半径** (gyro radius) あるいは**サイクロトロン半径** (cyclotron radius) と呼ぶ。電荷の回転に伴う円電流が作る磁場の向きは，外部から与えた磁場 $\boldsymbol{B}$ と反対向きである。このように与えられた磁場の強度を弱める方向に流れる電流を**反磁性電流**と呼ぶ。すなわち，磁場が与えられると荷電粒子は反磁性電流が流れるように回転運動を行う。z 方向には速度 $v_\parallel$ の等速直線運動を行う。ここで，$v_\perp$ は磁場に垂直な方向の速度成分，$v_\parallel$ は磁場に平行な方向の速度成分という意味を込めて名付けられている。それぞれヴイパープ，ヴイパラと読む。

一様磁場中を周回運動する荷電粒子の作用変数を求める。一様磁場 $\boldsymbol{B}$ を与えるベクトルポテンシャルを $\boldsymbol{A}$ とする。円筒座標 (r, θ, z) を用いて運動を記述すると，系のラグランジアンは以下のようになる。

$$L = \frac{m}{2}(\dot{r}^2 + r^2\dot{\theta}^2 + \dot{z}^2) + q(\dot{r}A_r + r\dot{\theta}A_\theta + \dot{z}A_z) - q\phi \tag{4.43}$$

正の電荷を持つ粒子は方位角方向に角速度の大きさ ω_{c} で時計回りに半径 a_{L} の円運動を行い，速度の動系成分はゼロ ($\dot{r} = 0$) である。ここで，回転方向が時計回り（方位角が減少する方向）であることから，$\dot{\theta} = -\omega_{\mathrm{c}}$ である。方位角 θ に共役な正準運動量 p_θ は以下のように定義される。

$$p_\theta = \frac{\partial L}{\partial \dot{\theta}} = mr^2\dot{\theta} + qrA_\theta \tag{4.44}$$

したがって，方位角の周回運動に対する作用変数は以下のように計算される。

$$\begin{aligned}
J_\theta &= \oint p_\theta d\theta \\
&= \int_0^{-2\pi} ma_L^2(-\omega_{\mathrm{c}})d\theta + \int_0^{-2\pi} qA_\theta a_{\mathrm{L}} d\theta \\
&= 2\pi m \frac{v_\perp^2}{\omega_{\mathrm{c}}} + \oint q\boldsymbol{A} \cdot d\boldsymbol{x}
\end{aligned} \tag{4.45}$$

最後の項の変形は，$A_\theta a_\mathrm{L} d\theta$ が粒子の回転運動の軌道に沿ったベクトルポテンシャルと微小線素ベクトルの内積であることを用いた。右辺第 2 項は以下のように計算される。

$$
\oint q\boldsymbol{A} \cdot d\boldsymbol{x} = \int_S q\boldsymbol{\nabla} \times \boldsymbol{A} \cdot \boldsymbol{n} dS
$$
$$
= -\pi a_\mathrm{L}^2 qB_0 = -\pi \frac{v_\perp^2 m^2}{q^2 B_0^2} qB_0
$$
$$
= -2\pi m \frac{mv_\perp^2}{2} \frac{1}{qB_0} = -2\pi \frac{mW_\perp}{qB_0} \tag{4.46}
$$

ここで，ストークスの定理を用いて周回積分を面積分に変換した。$\boldsymbol{n}$ は粒子の軌道を境界とする面の法線ベクトルであり，粒子の回転運動の方向に右ねじを回したときねじが進む方向を向く。また，$\boldsymbol{B} = \boldsymbol{\nabla} \times \boldsymbol{A}$ を用いた。

$$
W_\perp = \frac{1}{2}mv_\perp^2
$$

は，磁場に垂直な速度成分，すなわち回転運動の運動エネルギーである。また $q > 0$ なので，周回積分の方向（粒子の回転方向）に右ねじを回したときネジの進む方向が $\boldsymbol{B}$ と反平行であること，さらに，粒子は半径 a_L の円運動をすることから面の面積が πa_L^2 であることを用いた。以上をまとめると作用変数が以下のように計算できる。

$$
J_\theta = \frac{4\pi m}{q} \frac{W_\perp}{B_0} - \frac{2\pi m}{q} \frac{W_\perp}{B_0} = \frac{2\pi m}{q} \frac{W_\perp}{B_0} \tag{4.47}
$$

　磁場強度が回転周期に比べてユックリ変化するとき，回転運動の運動エネルギーと磁場強度の比が断熱不変量となり，保存されることを示す。ここで "ユックリ" とは，荷電粒子の回転の 1 周期の間の磁場の変化量が，元々存在した磁場の強さと比べて十分小さいことを意味する。そのため，粒子の回転の 1 周期の間の運動は，ラーモア半径 a_L の円運動であると近似できる。電磁誘導の法則 (3.140) により，粒子の軌道で囲まれる面内を貫く磁束の増加を妨げる方向に電流が流れるように誘導起電力が発生する。荷電粒子は，反磁性電流が流れるように回転しており，この起電力により加速される方向は電荷の正負にかか

188　第 4 章　断熱不変量およびハミルトン-ヤコビ理論

わらず粒子を加速する方向である。

　このことを定量的に示す。式 (3.140) に粒子の軌道で囲まれる曲面上の面積分を施す。以下，磁場の時間変化は変化率 $\dot{B}$ で空間的に一様に起きるとする。電荷を正とすると面の法線ベクトル $\boldsymbol{n}$ は磁場 $\boldsymbol{B}$ と反平行である。

$$\int_S \frac{\partial \boldsymbol{B}}{\partial t} \cdot \boldsymbol{n} dS = -\int_S \boldsymbol{\nabla} \times \boldsymbol{E} \cdot \boldsymbol{n} dS \tag{4.48}$$

この式の左辺の大きさ（絶対値）を計算すると，$\pi a_{\mathrm{L}}^2 \dot{B}$ となる。右辺はストークスの定理を用いれば計算できる。符号は誘導起電力の向きの情報を持つが，向きは分かっているので誘導起電力の大きさ E の評価にのみ興味がある。

$$\oint \boldsymbol{E} \cdot d\boldsymbol{x} = 2\pi a_{\mathrm{L}} E \tag{4.49}$$

以上の結果から，誘導起電力の大きさが以下のように求まる。

$$E = \frac{a_{\mathrm{L}}}{2}\dot{B} = \frac{mv_\perp}{2qB_0}\dot{B} \tag{4.50}$$

誘導起電力により，磁場に垂直な速度成分の増加を表す方程式は以下のように書ける。

$$\dot{v}_\perp = \frac{q}{m}E = \frac{v_\perp}{2B_0}\dot{B} \tag{4.51}$$

これらを用いて作用変数 (4.47) の時間変化率を計算すると以下のようになる。

$$\begin{aligned}
\frac{dJ_\theta}{dt} &= \frac{\pi m^2}{q}\frac{d}{dt}\left(\frac{v_\perp^2}{B}\right) \\
&= \frac{\pi m^2}{q}\frac{v_\perp^2}{B_0}\left(\frac{2\dot{v}_\perp}{v_\perp} - \frac{\dot{B}}{B_0}\right) \\
&= \frac{\pi m^2}{q}\frac{v_\perp^2}{B_0}\left(\frac{\dot{B}}{B_0} - \frac{\dot{B}}{B_0}\right) = 0
\end{aligned} \tag{4.52}$$

確かに作用変数 J は不変量である。この結果は，磁場の強さをユックリ増加すると J_θ を一定に保ちながら荷電粒子が加速されることを示している。

　磁場強度がユックリ時間変化する際に作用変数 (4.47) が保存することに起因

4.1 断熱不変量 189

する重要な現象を紹介する。磁場の強度が z 軸正の方向に進むにつれて，少し
づつ増加する状況を考える。$v_\parallel > 0$ のとき，粒子は磁場の周りを回転運動し
ながら z 軸正の方向に磁力線を遡っていく。作用変数が不変のまま磁場が強く
なっていくので，磁力線を遡るに従って $W_\perp$ が大きくなる。磁場に平行な運動
の運動エネルギーは

$$W_\parallel = W_0 - W_\perp \tag{4.53}$$

である。磁場中の粒子の運動エネルギー W_0 が一定に保たれることから

$$W_\perp = \frac{qJ_\theta}{2\pi m} B_0(z) = W_0 \tag{4.54}$$

となる z で $W_\parallel = 0$ となる。すなわち，この位置より先に粒子は進むことがで
きず，ここで反射される。これを**磁気ミラー効果**と呼ぶ。

　さて，上の議論を振り返ってみると電磁誘導の法則で発生する誘導起電力の
方向が，粒子の軌道に沿った方向であることを用いていた。しかし，磁場が無
限に広がった空間に一様に分布している場合，特別な中心が存在せず発生する
誘導起電力の方向を特定することができない。誘導起電力の向きを特定するに
は，磁場が存在する領域や分布する領域など境界条件を特定する必要がある。
上記の議論では，一様磁場としたが，実際には，その磁束が存在する領域の断
面が円形でその中心が粒子の円運動の中心と一致することを前提としていた。
このことと関連して生じる不定性について以下に紹介する。円運動は，x 方向，
y 方向の周期運動に分解でき，それぞれに付随する作用変数 J_x, J_y が定義でき
る。座標 x, y に対応する正準運動量 p_x, p_y はそれぞれ

$$p_x = mv_x + qA_x \quad p_y = mv_y + qA_y \tag{4.55}$$

で粒子の速度 $\boldsymbol{v}$ と結ばれる。粒子は x 方向，y 方向それぞれに対して $-a_\mathrm{L}$ か
ら a_L の間を行き来する周期運動を行う。以下，粒子の電荷は正であるとする。
それらに付随した作用変数が以下のように定義される。

$$J_x = \oint p_x dx = \int_0^{\frac{2\pi}{\omega_\mathrm{c}}} p_x v_x dt = \int_0^{\frac{2\pi}{\omega_\mathrm{c}}} mv_x^2 dt + q\int_0^{\frac{2\pi}{\omega_\mathrm{c}}} A_x v_x dt$$

190　第 4 章　断熱不変量およびハミルトン-ヤコビ理論

$$
\begin{aligned}
&= \int_0^{\frac{2\pi}{\omega_{\mathrm{c}}}} mv_\perp^2 \cos^2 \omega_{\mathrm{c}} t\, dt + q \int_0^{\frac{2\pi}{\omega_{\mathrm{c}}}} A_x v_x dt \\
&= \frac{\pi}{\omega_{\mathrm{c}}} mv_\perp^2 + q \int_0^{\frac{2\pi}{\omega_{\mathrm{c}}}} A_x v_x dt
\end{aligned}
\tag{4.56}
$$

$$
\begin{aligned}
J_y = \oint p_y dy &= \int_0^{\frac{2\pi}{\omega_{\mathrm{c}}}} p_y v_y dt = \int_0^{\frac{2\pi}{\omega_{\mathrm{c}}}} mv_y^2 dt + q \int_0^{\frac{2\pi}{\omega_{\mathrm{c}}}} A_x v_x dt \\
&= \int_0^{\frac{2\pi}{\omega_{\mathrm{c}}}} mv_\perp^2 \sin^2 \omega_{\mathrm{c}} t\, dt + q \int_0^{\frac{2\pi}{\omega_{\mathrm{c}}}} A_x v_x dt \\
&= \frac{\pi}{\omega_{\mathrm{c}}} mv_\perp^2 + q \int_0^{\frac{2\pi}{\omega_{\mathrm{c}}}} A_x v_x dt
\end{aligned}
\tag{4.57}
$$

z 方向を向いた一様磁場を与えるベクトルポテンシャルとして以下のものを採用する。

$$
\boldsymbol{A} = \left(-\frac{1}{2} B_0 y + \frac{\partial \chi}{\partial x}, \frac{1}{2} B_0 x + \frac{\partial \chi}{\partial y}, 0 \right)
\tag{4.58}
$$

ここで χ は，x, y のみに依存するスカラー関数で，B.2 節で解説したベクトルポテンシャルのゲージ変換の自由度の不定性を意識してベクトルポテンシャルにこの関数の勾配を加えた。このとき，J_x, J_y のベクトルポテンシャルの積分の項はそれぞれ以下のように計算できる。

$$
\begin{aligned}
q \int_0^{\frac{2\pi}{\omega_{\mathrm{c}}}} A_x v_x dt = q \int_0^{\frac{2\pi}{\omega_{\mathrm{c}}}} &\left(-\frac{1}{2} B_0 y v_x + v_x \partial_x \chi \right) dt \\
&= -q \frac{v_\perp^2}{2\omega_{\mathrm{c}}} B_0 \int_0^{\frac{2\pi}{\omega_{\mathrm{c}}}} \cos^2 \omega_{\mathrm{c}} t\, dt + q \int_0^{\frac{2\pi}{\omega_{\mathrm{c}}}} v_x \partial_x \chi dt \\
&= -\frac{\pi m v_\perp^2}{2\omega_{\mathrm{c}}} + q \int_0^{\frac{2\pi}{\omega_{\mathrm{c}}}} v_x \partial_x \chi dt,
\end{aligned}
\tag{4.59}
$$

$$
\begin{aligned}
q \int_0^{\frac{2\pi}{\omega_{\mathrm{c}}}} A_y v_y dt = q \int_0^{\frac{2\pi}{\omega_{\mathrm{c}}}} &\left(\frac{1}{2} B_0 x v_y + v_y \partial_y \chi \right) dt \\
&= -q \frac{v_\perp^2}{2\omega_{\mathrm{c}}} B_0 \int_0^{\frac{2\pi}{\omega_{\mathrm{c}}}} \sin^2 \omega_{\mathrm{c}} t\, dt + q \int_0^{\frac{2\pi}{\omega_{\mathrm{c}}}} v_y \partial_y \chi dt
\end{aligned}
$$

$$= -\frac{\pi m v_\perp^2}{2\omega_c} + q \int_0^{\frac{2\pi}{\omega_c}} v_y \partial_y \chi dt \tag{4.60}$$

以上から，2つの作用変数が以下のように求まる。

$$J_x = \frac{\pi m v_\perp^2}{2\omega_c} + q \int_0^{\frac{2\pi}{\omega_c}} v_x \partial_x \chi dt \tag{4.61}$$

$$J_y = \frac{\pi m v_\perp^2}{2\omega_c} + q \int_0^{\frac{2\pi}{\omega_c}} v_y \partial_y \chi dt \tag{4.62}$$

この結果から分かるように，一様磁場中を回転運動する粒子の作用変数 J_x, J_y にはゲージ変換の自由度が混入し，一意に決めることができない（文献 [13] 21 節参照）。例えば，$\chi = -qB_0 xy/2$ を選ぶと $J_x = 0$, $J_y = \pi m v_\perp^2/\omega_c$ となり，$\chi = 0$ の場合と異なる値を持つ。この不定性の原因は，作用変数 J_θ が，断熱不変量であることの証明過程で誘導起電力の向きを一意に決めるためには，磁束が存在する領域や形状など境界条件を指定する必要があったことと同じである。作用変数 J_θ の計算過程では，粒子の軌道を指定することで，粒子の円運動の中心を系の中心として扱うことを暗黙のうちに仮定したことになっている。（この事情は B.3 節で述べた事柄と基本的に同じである。）

4.1.5 摂動論を用いた強度がユックリ変動する 一様磁場中の荷電粒子の運動の解析

系を記述するパラメータのユックリした変化に伴う粒子の運動の解析には，磁場強度を一定としたときの粒子の運動を基準として，磁場の時間変動に伴う基準からのズレを系の運動の摂動 (perturbation) として扱う**摂動論**が有効である。実は上で取り上げた3つの例の運動の解析，最小作用の原理を用いたオイラ−−ラグランジュ方程式の導出，無限小変換の取り扱いなどで既に暗黙のうちに摂動論の考え方を使っていた。ここでは，強度がユックリ時間変化する一様磁場中の粒子の運動を例に，摂動論を明示的に用いた運動の解析手法を具体的に紹介する。

192 第 4 章 断熱不変量およびハミルトン-ヤコビ理論

z 軸正の方向を向いた磁束密度の大きさが B で一様な磁場は，ベクトルポテンシャル

$$\boldsymbol{A} = \left(-\frac{B}{2}y, \frac{B}{2}x, 0 \right) \tag{4.63}$$

により与えられる。ここでは，磁場の強さ B が，時刻 $t = 0$ からユックリ時間変化を始めるとする。ここで，「ユックリ時間変化する」とは，荷電粒子の回転周期の間の磁場強度の変化量が初期の磁場強度 B_0 に比べて十分小さい，すなわち

$$|\dot{B}|\frac{2\pi}{\omega_c} \ll B_0 \tag{4.64}$$

を満たすことを意味する。扱う時刻 t は $|\dot{B}| \, t \ll B_0$ を満たす範囲とする。ちなみに，磁場強度の時間変化によって生じる誘導起電力 $\boldsymbol{E}$ は，式 (3.143) より

$$\boldsymbol{E} = -\frac{\partial \boldsymbol{A}}{\partial t} = \left(\frac{\dot{B}}{2}y, -\frac{\dot{B}}{2}x, 0 \right)$$

と求まる。ハミルトニアンは以下のようになる。

$$H = \frac{1}{2m}\left[\left(p_x + q\frac{B}{2}y \right)^2 + \left(p_y - q\frac{B}{2}x \right)^2 + P_z^2 \right] \tag{4.65}$$

磁力線に沿った方向，すなわち z 軸方向の運動は等速直線運動であることが自明なので，以下では x, y 軸方向の運動のみ扱う。正準運動方程式から以下の方程式を得る。

$$\dot{x} = \frac{\partial H}{\partial p_x} = \frac{1}{m}\left(p_x + q\frac{B}{2}y \right) \tag{4.66}$$

$$\dot{y} = \frac{\partial H}{\partial p_y} = \frac{1}{m}\left(p_y - q\frac{B}{2}x \right) \tag{4.67}$$

$$\dot{p}_x = -\frac{\partial H}{\partial x} = \frac{1}{m}\left(p_y - q\frac{B}{2}x \right)q\frac{B}{2} = q\frac{B}{2}\dot{y} \tag{4.68}$$

$$\dot{p}_y = -\frac{\partial H}{\partial y} = -\frac{1}{m}\left(p_x + q\frac{B}{2}y \right)q\frac{B}{2} = -q\frac{B}{2}\dot{x} \tag{4.69}$$

これらの方程式より，以下の運動方程式が得られる。

4.1 断熱不変量 193

$$m\ddot{x} - q\frac{\dot{B}}{2}y - q\frac{B}{2}\dot{y} = q\frac{B}{2}\dot{y}$$

$$\therefore \ddot{x} - q\frac{\dot{B}}{2m}y - q\frac{B}{m}\dot{y} = 0 \tag{4.70}$$

$$m\ddot{y} + q\frac{\dot{B}}{2}x + q\frac{B}{2}\dot{x} = -q\frac{B}{2}\dot{x}$$

$$\therefore \ddot{y} + q\frac{\dot{B}}{2m}x - q\frac{B}{m}\dot{x} = 0 \tag{4.71}$$

$Z \equiv x + iy$ を用いて整理すると以下のようになる。

$$\ddot{Z} + i\frac{qB}{m}\dot{Z} + i\frac{qB}{2m}\frac{\dot{B}}{B}Z = 0 \tag{4.72}$$

この方程式の解を磁場の時間変動が無視できるときの 0 次解 Z_0 と磁場の時間変動によって生じる摂動の 1 次解 Z_1 に分離して，ユックリした磁場の時間変動によって生じる微小量の 1 次までで求める。見通しを良くするため $|\epsilon| \ll 1$ なる無次元の微小量を導入して

$$Z = Z_0 + \epsilon Z_1 \tag{4.73}$$

$$B = B_0 + \epsilon \dot{B}t \tag{4.74}$$

とおく。これにより ϵ の次数ごとに方程式を整理することが摂動論の肝である。早速，これを方程式 (4.72) に代入すると以下のようになる。

$$0 = \ddot{Z}_0 + \epsilon\ddot{Z}_1 + i\frac{q}{m}(B_0 + \epsilon\dot{B}t)(\dot{Z}_0 + \epsilon\dot{Z}_1) + i\frac{q}{2m}\epsilon\dot{B}(Z_0 + \epsilon Z_1)$$

$$\sim \ddot{Z}_0 + i\frac{qB_0}{m}\dot{Z}_0 + \epsilon\left(\ddot{Z}_1 + i\frac{qB_0}{m}\dot{Z}_1 + i\frac{q}{2m}\dot{B}Z_0\right) \tag{4.75}$$

ここで，ϵ の 1 次までの項を残し，ϵ の次数ごとにまとめた。ϵ の次数ごとにこの方程式が満たされなければならないという要請から，以下の方程式を得る。

$$\ddot{Z}_0 + i\omega_c\dot{Z}_0 = 0 \tag{4.76}$$

$$\ddot{Z}_1 + i\omega_c\dot{Z}_1 + i\frac{\omega_c}{2}\frac{\dot{B}}{B_0}Z_0 = 0 \tag{4.77}$$

194　第 4 章　断熱不変量およびハミルトン-ヤコビ理論

ここで ω_c は，式 (4.38) で定義されるサイクロトロン角振動数である。初期速度が $v_x = v_\perp$, $v_y = 0$ を満たす方程式 (4.76) の解は

$$\dot{Z}_0 = v_\perp \mathrm{e}^{-i\omega_c t} \tag{4.78}$$

となる。粒子の回転中心を原点にとった解 (4.41) は，

$$Z_0 = i\frac{v_\perp}{\omega_c} e^{-i\omega_c t} \tag{4.79}$$

と書ける。これを方程式 (4.77) に代入すると以下のようになる。

$$\ddot{Z}_1 + i\omega_c \dot{Z}_1 - \frac{1}{2}\frac{\dot{B}}{B_0}v_\perp \mathrm{e}^{-i\omega_c t} = 0 \tag{4.80}$$

この方程式を変数分離法を用いて解く。そこで

$$\dot{Z}_1 = \dot{\tilde{Z}}_1 \mathrm{e}^{-i\omega_c t} \tag{4.81}$$

を方程式 (4.80) に代入すると以下の方程式を得る。

$$\ddot{\tilde{Z}}_1 = \frac{1}{2}\frac{\dot{B}}{B_0}v_\perp \tag{4.82}$$

これから

$$\dot{\tilde{Z}}_1 = \frac{1}{2}\frac{\dot{B}}{B_0}v_\perp t \tag{4.83}$$

を得る。したがって，磁場の時間変動によって生じた摂動の 1 次までを含んだ粒子の速度の時間変化を与える解は以下のようになる。

$$\dot{Z} = v_\perp \left(1 + \frac{\dot{B}}{2B_0}t\right) \mathrm{e}^{-i\omega_c t} \tag{4.84}$$

磁場強度が増える場合，つまり $\dot{B} > 0$ のとき，粒子は回転運動の方向に加速度

$$|\ddot{Z}| = \frac{1}{2}\frac{\dot{B}}{B_0}v_\perp \tag{4.85}$$

で加速される。この結果は，電磁誘導の法則を用いて導いた結果 (4.51) と確かに一致している。

4.1 断熱不変量　195

　4.1.4 項で磁場強度の時間変動がもたらす誘導起電力の効果を取り込んで粒子の運動の解析を行ったが，ここでは機械的に ϵ の次数ごとに運動方程式を整理するだけで正しく粒子の速度の時間変化を得ることができた。研究者が研究の現場でよく使うスラングの一つである，摂動論を用いれば "何も考えなくても機械的に計算できる" 点が優れたところである。ここで "何も考えなくてもよい" というのは，背景にある物理に立ち返って考察する必要なしに規則通りに計算すればよいという意味である。自分が導いた答えの信頼度を得るためにも，常に両方のアプローチで同じ問題を解析する姿勢が大切である。

4.1.6　一般的な系に対する作用変数の断熱不変性の証明

　ここまで，具体的な物理系を例にとって式 (4.1) で与えられる作用変数が断熱不変量であることを示してきた。ここでは，粒子が正準運動方程式に従って周期運動する一般の系に対して，作用変数が断熱不変量であることを証明する。また，作用変数を定義する式 (4.1) は天下り的に与え，なぜ正準運動量の軌跡に沿った成分の周回積分なのか根拠を示さなかった。ここでの証明の過程を見ることで，式 (4.1) の形になることが自然であると理解できる。

　C.1.2 項で初期条件を変えることによって，正準運動方程式の解として実現される様々な同時刻の軌跡を跨がる閉曲線に沿った周回積分

$$J(t) = \oint_{C(t)} \boldsymbol{p}(t) \cdot d\boldsymbol{q}(t) \tag{4.86}$$

が相対積分不変量であることを示した。閉曲線 $C(t)$ のとり方は任意であった。以下では，粒子が周期運動を行い，その軌跡が閉曲線 C であるとする。そこで，積分 $J(t)$ の周回積分路 $C(t)$ を周期運動の軌跡 C と一致するようにとる。例として，図 4.2 に 2 次元面内 (q_x, q_y) で周期的に回転運動を行う粒子の軌跡の 1 周期 T の間の時間進化を示した。この例では，$t_1 = 0$，$t_2 = T$ である。粒子の軌跡 a を一点鎖線で，それに隣接する軌跡 b を破線で示した。軌跡 a に沿って $t = 0$ のときの位置から測定した軌跡の長さ $q_a(t)$，軌跡に沿ったその粒子の正準運動量の成分 $p_a(t)$ を用いて積分 (4.86) は以下のように粒子の軌跡に沿った 1 周期にわたる積分で表すことができる。

第 4 章 断熱不変量およびハミルトン-ヤコビ理論

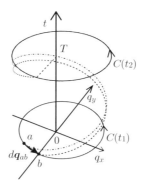

図 4.2　2 次元平面内を周期運動する粒子の軌跡とそれに隣接する軌跡の時間進化

$$J = \int_0^T p_a(t) \frac{dq_a(t)}{dt} dt \qquad (4.87)$$

ここで積分 J が時間に依存せず定数となることを意識して時間依存性を省いた。

系を特徴づけるパラメータのユックリとした時間変化が起きる場合を考える。ここで「ユックリした時間変化」とは，粒子の運動の 1 周期の間のパラメータの変化量がパラメータの元の値と比べて非常に小さいことを意味する。パラメータの時間変化が起こる前の粒子の運動は，軌跡 C を周期 T で運動する周回運動である。このとき，**ポアンカレの相対積分不変量** (4.86) は，1 つの粒子の 1 周期にわたる軌道の周回積分 (4.87) で置き換えることができる。パラメータの時間変化がユックリである場合，時間 T の間であれば粒子の運動は閉曲線 C に沿った周回運動でよく近似できる。このことは，ポアンカレの相対積分不変量 (4.86) を式 (4.87) で定義される J で非常によく近似できることを示している。積分 (4.86) が不変量であることが，式 (4.87) で定義される作用変数 J が不変量であることを保証する。以上が作用変数 J が断熱不変量であることの証明である[†1]。

[†1] 多くの教科書では，[11]L. D. ランダウ，E. M. リフシッツ著『力学』（東京図書）で与えられている証明方法を踏襲している。同様の論法でのより詳しい解説が，文献 [5] で示されている。本書では，銀河のダイナミクスに関する名著として長年世界中の天文学者に愛読されている文献 [12] で採用されているポアンカレの積分不変量を用いた証明方法を採用した。ポアンカレの積分不変量については，文献 [2,3,6] および [4] に詳しい解説がある。

4.2 作用変数と運動の周期

作用変数 (4.1) の系のエネルギー E による偏微分

$$\frac{\partial J}{\partial E} = \oint \frac{\partial p}{\partial E} dq$$

が周回運動の周期になることを示す。E をハミルトニアンに置き換え，ハミルトンの正準運動方程式を代入すると

$$\frac{\partial J}{\partial E} = \oint \frac{\partial p}{\partial H} dq = \oint \frac{dq}{\dot{q}} = T \tag{4.88}$$

となり，運動の周期 T に等しいことが導かれる。

壁の間を行き来する自由粒子の問題では，粒子の力学的エネルギー E は作用変数を用いて以下のように書ける。

$$E = \frac{J^2}{8m\ell^2} \tag{4.89}$$

したがって

$$\frac{\partial E}{\partial J} = \frac{J}{4m\ell^2} = \frac{2p\ell}{4m\ell^2} = \frac{v}{2\ell} \tag{4.90}$$

となり，壁の間を往復する時間（すなわち周回運動の周期）の逆数となる。確かに，式 (4.88) が成立している。単振り子の場合は，式 (4.23) より

$$\frac{\partial J}{\partial E} = \frac{2\pi}{\omega} \tag{4.91}$$

となり，確かに振動の周期が得られる。

一様磁場中を運動する荷電粒子の場合，式 (4.47) より

$$\frac{\partial J}{\partial W_\perp} = \frac{2\pi}{\omega_{\mathrm{c}}} \tag{4.92}$$

となり，確かに回転の周期が得られる。ここでの議論から明らかなように，作用変数はエネルギーと周期の掛け算に比例し，エネルギー × 時間の次元を持つ。

198 第4章 断熱不変量およびハミルトン-ヤコビ理論

4.3 前期量子論で作用変数が活躍した理由

作用変数は前期量子論において，水素原子に束縛された電子のエネルギー準位のモデル化を行うための基本量として用いられた。正の電荷を持つ陽子のクーロン力に束縛された電子の運動の作用変数を J とする。これがエネルギー × 時間の次元を持つ物理定数であるプランク定数 $h\,(= 6.626 \times 10^{-34}\,\mathrm{J\,s})$ の正の整数倍，すなわち

$$J = nh \quad (n \text{ は正の整数}) \tag{4.93}$$

で表されると仮定することで，水素原子のエネルギー準位をモデル化することに成功した。4.1.6 項で述べたように，周期運動の作用変数 J はポアンカレの相対積分不変量と等価である。ポアンカレの相対積分不変量は正準変換に対して不変なので，周期運動の作用変数 J も正準変換に対して不変である。言い換えると，J の値は座標系のとり方に依らない量である。このことが J が系の物理の本質を表す量として採用するのにふさわしいことを保証しており，前期量子論で J が用いられた理由の一つである。

物理は，座標系のとり方に依ってはいけない。座標系を設定することは，観測者の見方を一つに指定することに対応する。例えば，ある強さの風がある方向から吹いているという物理現象は，観測者がどういう座標系を設定するかに依らずに実在している物理現象である。この風を東南東の風，風速 $1\,\mathrm{m/s}$ と表現するのは，東西南北という座標系と設定して，MKS 単位系を用いたからであって，単位系を変えて，座標系を変更すると表現は変わるが，そこにそのとき吹いている物理的実在としての風の存在は不変である。

4.4 ケプラー運動の作用変数を用いた解析

4.4.1 ケプラーの第3法則

ポテンシャルが以下の式で与えられる中心力場中に束縛されている質量が $m = 1$ の粒子の運動を考える。

$$U = -\frac{k}{r} \tag{4.94}$$

ここで $k(>0)$ は定数であり，r は原点から粒子までの距離である。ポテンシャル (4.94) は，原点にある重力源の周りを周回する人工衛星，あるいは原点にある正の電荷を持つ原子核の周りを周回する電子に働く力を表している。厳密には，力の源となる重力源あるいはクーロン力源も人工衛星や電子からの力を受けて運動し，原点に静止し続けることはできない。しかし，重力源やクーロン力源の質量は，人工衛星や電子などその周りを周回する物体の質量より圧倒的に大きいため，第 0 近似で重力源やクーロン力源が原点に静止しているという近似は，悪くない近似である。また，この仮定のもとに展開される以下の議論は，力の源が原点に静止しているという近似を外した一般的な状況に容易に拡張が行える。

粒子のラグランジアンは以下のように与えられる。

$$L = \frac{1}{2}(\dot{r}^2 + r^2\dot{\theta}^2 + r^2\sin^2\theta\dot{\varphi}^2) + \frac{k}{r} \tag{4.95}$$

この系は，原点を中心とした任意の軸の周りの回転変換に対して不変である。ネーターの定理より，原点を通る任意の軸の周りの回転にかかわる角運動量が保存する。このことは，粒子の運動が角運動量を法線とする同一平面内に限られることを保証する。そこで，簡単のため $\theta = \pi/2$ として，x–y 平面内の運動を扱う。この仮定のもとでは，$\dot{\theta} = 0$ であり，ラグランジアンが以下の形に還元される。

$$L = \frac{1}{2}(\dot{r}^2 + r^2\dot{\varphi}^2) + \frac{k}{r} \tag{4.96}$$

方位角 φ が循環座標であるから共役な運動量

$$p_\varphi = \frac{\partial L}{\partial \dot{\varphi}} = r^2\dot{\varphi} \tag{4.97}$$

が保存する。作用変数 J_φ は以下のように計算される。

$$J_\varphi = \oint p_\varphi d\varphi = 2\pi p_\varphi \tag{4.98}$$

ラグランジアンが時間に陽に依存しないため力学的エネルギーが保存する。力学的エネルギーを E とおくと

200 第 4 章 断熱不変量およびハミルトン-ヤコビ理論

$$E = \frac{1}{2}\left(\dot{r}^2 + \frac{p_\varphi^2}{r^2}\right) - \frac{k}{r} \tag{4.99}$$

と書ける。これを用いると動径 r と共役な運動量 p_r が以下のように書ける。

$$p_r = \frac{\partial L}{\partial \dot{r}} = \dot{r} = \pm\sqrt{2E + \frac{2k}{r} - \frac{J_\varphi^2}{4\pi^2 r^2}} \tag{4.100}$$

粒子は中心力場に束縛されているので $E < 0$ である。束縛されているということは，粒子は中心力源から離れるとどこかで $\dot{r} = 0$ となり，再び原点に向かって動き出す。原点に近づくと遠心力が増大し，それ以上原点に近づくことができなくなり $\dot{r} = 0$ となって，今度は原点から遠ざかる方向に運動を始める。これらの点を**転回点**と呼ぶ。転回点の位置は，式 (4.100) で $\dot{r} = 0$ とすることで以下の方程式の解として得られる。

$$2E + \frac{2k}{r} - \frac{J_\varphi^2}{4\pi^2 r^2} = 0 \tag{4.101}$$

両辺に r^2 を掛けると，方程式 (4.101) は

$$(-2E)r^2 - 2kr + \frac{J_\varphi^2}{4\pi^2} = 0 \tag{4.102}$$

のように 2 次方程式に還元される。2 次方程式 (4.102) の解を a, b とし，長い方，すなわち原点から遠日点までの距離を a，短い方，すなわち原点から近日点までの距離を b とすると

$$a = \frac{k + \sqrt{k^2 + EJ_\varphi^2/2\pi^2}}{-2E} \tag{4.103}$$

$$b = \frac{k - \sqrt{k^2 + EJ_\varphi^2/2\pi^2}}{-2E} \tag{4.104}$$

で与えられる。動径方向の運動も a から b の間の周期運動である。そこでもう 1 つの作用変数 J_r を以下のように定義する。

$$J_r = \oint p_r dr = \int_b^a \sqrt{2E + \frac{2k}{r} - \frac{J_\varphi^2}{4\pi^2 r^2}} dr + \int_a^b \left(-\sqrt{2E + \frac{2k}{r} - \frac{J_\varphi^2}{4\pi^2 r^2}} \right) dr$$

$$= 2\int_b^a \sqrt{2E + \frac{2k}{r} - \frac{J_\varphi^2}{4\pi^2 r^2}} dr = 2\sqrt{-2E} \int_b^a \frac{1}{r}\sqrt{(a-r)(r-b)} dr$$

$$\tag{4.105}$$

最後の変形では，2 次方程式 (4.102) の解が $r = a, b$ であり，粒子の運動が $b \leq r \leq a$ に限られることを用いた。式 (4.105) の最後の積分は以下のように変形できる。

$$\int_b^a \frac{1}{r}\sqrt{(a-r)(r-b)} dr$$

$$= \int_b^a \frac{1}{r} \frac{(a-r)(r-b)}{\sqrt{(a-r)(r-b)}} dr$$

$$= -\int_b^a \frac{r dr}{\sqrt{(a-r)(r-b)}} dr + (a+b)\int_b^a \frac{dr}{\sqrt{(a-r)(r-b)}}$$

$$- ab\int_b^a \frac{dr}{r\sqrt{(a-r)(r-b)}}$$

第 1 項と第 2 項の積分は，$r = \{(a+b) - (a-b)\cos u\}/2$ と変数変換することで実行できる。変数変換後の積分範囲は以下のようになる。

$$r : b \to a \qquad u : 0 \to \pi \tag{4.106}$$

第 1 項は，以下のように計算される。

$$-\int_b^a \frac{r dr}{\sqrt{(a-r)(r-b)}} dr$$

$$= -\int_0^\pi \frac{(1/2)\left((a+b) - (a-b)\cos u\right)(1/2)(a-b)\sin u\, du}{\sqrt{(1/2)(a-b)(1+\cos u)(1/2)(a-b)(1-\cos u)}}$$

$$= -\frac{1}{2}\int_0^\pi du\left((a+b) - (a-b)\cos u\right) = -\frac{\pi}{2}(a+b) \tag{4.107}$$

202　第 4 章　断熱不変量およびハミルトン-ヤコビ理論

第 2 項は，以下のように計算される。

$$(a + b) \int_b^a \frac{dr}{\sqrt{(a-r)(r-b)}}$$
$$= (a+b) \int_0^\pi \frac{(1/2)(a-b)\sin u du}{(1/2)(a-b)\sin u} = \pi(a+b) \tag{4.108}$$

第 3 項はまず $s = 1/r$ とおいて変数変換する。

$$-ab \int_b^a \frac{dr}{r\sqrt{(a-r)(r-b)}} = -ab \int_{1/b}^{1/a} \left(\frac{ds}{-s^2} \right) \frac{s}{\sqrt{(a-1/s)(1/s-b)}}$$
$$= -\sqrt{ab} \int_{1/a}^{1/b} \frac{ds}{\sqrt{(s-1/a)(1/b-s)}} \tag{4.109}$$

ここで $s = \{(1/a+1/b)-(1/b-1/a)\cos u\}/2$ とおくと，この積分は本質的に第 2 項の積分と同じになることから

$$-ab \int_b^a \frac{dr}{r\sqrt{(a-r)(r-b)}} = -\pi\sqrt{ab} \tag{4.110}$$

となる。以上から J_r が以下のように求まる。

$$J_r = 2\pi\sqrt{-2E} \left(\frac{a+b}{2} - \sqrt{ab} \right) \tag{4.111}$$

式 (4.103)(4.104) より

$$a + b = -\frac{k}{E} \tag{4.112}$$

$$\sqrt{ab} = \frac{J_\varphi}{2\pi\sqrt{-2E}} \tag{4.113}$$

となる。これらを式 (4.111) に代入すると以下の結果を得る。

$$J_r = 2\pi \frac{k}{\sqrt{-2E}} - J_\varphi \tag{4.114}$$

整理すると，粒子の力学的エネルギーの作用変数による以下の表式を得る。

$$E = -\frac{2\pi^2 k^2}{(J_r + J_\varphi)^2} \tag{4.115}$$

方位角方向の運動の周期を T_φ とすると，式 (4.88) より以下の式を得る。

$$\frac{\partial E}{\partial J_\varphi} = \frac{4\pi^2 k^2}{(J_r + J_\varphi)^3} = \frac{1}{T_\varphi} \tag{4.116}$$

動径方向の運動の周期を T_r とすると，以下の式を得る。

$$\frac{\partial E}{\partial J_r} = \frac{4\pi^2 k^2}{(J_r + J_\varphi)^3} = \frac{1}{T_r} \tag{4.117}$$

これらから，$T_r = T_\varphi$ であることが分かり，1 回転する周期と動径方向の振動の周期が一致していることが分かる。このことは，ケプラー運動の軌道が閉じていることを示している。

式 (4.115) と式 (4.116) から，T_φ は以下のように力学的エネルギーを用いて表すことができる。

$$\frac{1}{T_\varphi} = 4\pi^2 k^2 \times \left(\frac{2\pi k}{\sqrt{-2E}}\right)^{-3} = \frac{(-2E)^{3/2}}{2\pi k} \tag{4.118}$$

ケプラー運動の軌道長半径 r_0 は

$$r_0 = \frac{a+b}{2} = -\frac{k}{2E} \tag{4.119}$$

で与えれる。これを式 (4.118) に代入すると回転運動の周期と軌道長半径の間の以下の関係式を得る。

$$\frac{1}{T_\varphi} = \frac{k^{1/2}}{2\pi} \left(\frac{1}{r_0}\right)^{3/2} \tag{4.120}$$

これは軌道周期の 2 乗が軌道長半径の 3 乗に比例するという**ケプラーの第 3 法則**である。

以下，円運動の場合について式 (4.116) で与えられる T_φ が，回転運動の周期を与えることを確める。円運動では，遠心力と重力のつり合いから以下の関

204　第 4 章　断熱不変量およびハミルトン-ヤコビ理論

係式を得る。

$$\frac{k}{a^2} = \frac{p_\varphi^2}{a^3} = \frac{J_\varphi^2}{4\pi^2 a^3} \tag{4.121}$$

これを用いると円運動での力学的エネルギーは以下のように書ける。

$$-2E = \frac{2k}{a} - \frac{J_\varphi^2}{4\pi^2 a^2} = \frac{k}{a} \tag{4.122}$$

これを代入すると式 (4.118) は以下のように書ける。

$$\frac{1}{T} = \frac{1}{2\pi}\left(\frac{k}{a^3}\right)^{1/2} \tag{4.123}$$

円運動の角振動数を ω とすると，$p_\varphi = a^2\omega$ である。これを式 (4.121) に代入すると角振動数が以下のように求まる。

$$\omega = \left(\frac{k}{a^3}\right)^{1/2} \tag{4.124}$$

式 (4.123) と比較すると

$$\omega T = 2\pi \tag{4.125}$$

であり，T が確かに回転運動の周期になっていることが分かる。

4.4.2　ポテンシャルの断熱変化と長軸短軸比の保存

中心力場 (4.94) の力の強さを表す比例定数 k が質点の回転周期に比べて十分ユックリ時間変化するとき，原点から遠日点までの距離と近日点までの距離の比 $\epsilon = b/a$ が保存することを断熱不変量を用いて示す。式 (4.115) より k が変化すると質点の力学的エネルギー E が変化する。作用変数 J_r を求める式 (4.105) の積分変数を $x = r/a$ を用いて以下のように書き換える。

$$\begin{aligned}
J_r &= 2\sqrt{-2E}\,a \int_\epsilon^1 \frac{1}{x}\sqrt{(1-x)(x-\epsilon)}\,dx \\
&= \frac{J_\varphi}{2\pi}\frac{1}{\epsilon^{1/2}} \int_\epsilon^1 \frac{1}{x}\sqrt{(1-x)(x-\epsilon)}\,dx
\end{aligned}$$

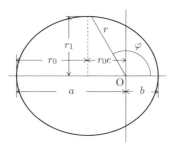

図 4.3　ケプラー運動する質点の楕円軌道

ここで式 (4.113) を用いて，$\sqrt{-E}$ を J_φ で表した．k のユックリした変化に伴い J_φ が断熱不変量であることを用いて J_r の時間微分を計算すると以下のようになる．

$$\begin{aligned}\frac{d}{dt}J_r &= -\frac{1}{2}\frac{J_\varphi}{2\pi}\frac{\dot{\epsilon}}{\epsilon^{3/2}}\int_\epsilon^1 \frac{1}{x}\sqrt{(1-x)(x-\epsilon)}dx - \frac{\dot{\epsilon}}{2}\frac{J_\varphi}{2\pi}\frac{1}{\epsilon^{1/2}}\int_\epsilon^1 \frac{1}{x}\sqrt{\frac{1-x}{x-\epsilon}}dx \\ &= -\dot{\epsilon}\frac{1}{2}\frac{J_\varphi}{2\pi}\int_\epsilon^1 \frac{dx}{x}\left[\frac{1}{\epsilon^{3/2}}\sqrt{(1-x)(x-\epsilon)}+\frac{1}{\epsilon^{1/2}}\sqrt{\frac{1-x}{x-\epsilon}}\right]\end{aligned} \quad (4.126)$$

最後の式の積分は，被積分関数が積分範囲で常に正の値を持つため，ゼロになることはない．したがって，J_r が断熱不変量であることから

$$\dot{\epsilon} = 0 \quad (4.127)$$

となる．

　図 4.3 に，ケプラー運動する質点の楕円軌道の例を $\epsilon = 0.3$ の場合に対して描いた．重力源となる重い天体あるいはクーロン力源となる重い荷電粒子の位置は原点 O であり，ここが楕円の 1 つの焦点となっている．r は動径，φ は方位角である．楕円軌道の**軌道長半径** (semi-major radius) を r_0，**軌道短半径** (semi-minor radius) を r_1 とすると，**離心率** (eccentricity) e は

$$e = \sqrt{1-\left(\frac{r_1}{r_0}\right)^2} \quad (4.128)$$

206 第4章 断熱不変量およびハミルトン-ヤコビ理論

で定義される。離心率を用いて原点から遠日点までの距離 a は

$$a = r_0 + r_0 e \tag{4.129}$$

と表される。この式に式 (4.119) を代入して整理すると

$$e = \frac{1 - \epsilon}{1 + \epsilon} \tag{4.130}$$

が得られる。これから，式 (4.127) が成り立つことから，離心率が保存し，長軸短軸比 r_1/r_0 が保存することが分かる。

4.5 アイコナール方程式

1.3.1 項で単色の光の位相を表す，アイコナール関数 $\varphi(\boldsymbol{r}, \omega)$ を導入した。光はベクトル波であるが，ベクトル波であることはここでの議論の本質に無関係なのでスカラー波として扱い光の波を式 (1.55) のように表現する。屈折率 n の媒質中を伝搬する光は，ダランベールの方程式 (A.61) の伝搬速度 c_s を $\frac{c}{n}$ で置き換えた方程式を満たす。この方程式に式 (1.55) を代入すると以下の方程式が得られる。

$$-\left(\frac{n}{c}\right)^2 \omega^2 a e^{-i\omega t + i\varphi}$$
$$= \boldsymbol{\nabla} \cdot \boldsymbol{\nabla} \left(a e^{-i\omega t + i\varphi}\right)$$
$$= [\nabla^2 a + 2i\boldsymbol{\nabla} a \cdot \boldsymbol{\nabla}\varphi + ia\nabla^2\varphi - a(\boldsymbol{\nabla}\varphi)^2] e^{-i\omega t + i\varphi}$$

$$\therefore \left(\frac{n}{c}\right)^2 \omega^2 a = -\nabla^2 a - 2i\boldsymbol{\nabla} a \cdot \boldsymbol{\nabla}\varphi - ia\nabla^2\varphi + a(\boldsymbol{\nabla}\varphi)^2 \tag{4.131}$$

以下では，B.7.1 項で述べた幾何光学近似が成り立つ状況を考える。したがって，光の波長程度の局所的な領域であれば，波面を式 (B.48) で定義されるアイコナールの勾配で定義される波数ベクトルを持つ平面波で精度良く近似できる。幾何光学近似が成り立つ状況では，波の振幅の波長程度のスケールでの空間変化は非常に小さく

$$\lambda|\boldsymbol{\nabla} a| \sim \frac{1}{k}|\boldsymbol{\nabla} a| \ll |a| \tag{4.132}$$

を満たす。式 (4.131) の右辺の $\boldsymbol{\nabla}\varphi$ を k で置き換え，両辺を $k^2 a$ で割ると以下のようになる。

$$\left(\frac{n}{c}\right)^2 \frac{\omega^2}{k^2} \sim -\frac{1}{k^2 a}\nabla^2 a - \frac{2i}{ka}|\boldsymbol{\nabla}a| - i\frac{1}{k}|\boldsymbol{\nabla}k| + 1 \tag{4.133}$$

この結果から，式 (4.131) の右辺第 1, 2 項は，波長程度のスケールでの振幅の変化量であり，状況設定より無視できる。右辺第 3 項は，波長程度のスケールでの波数の空間変化量であり，これは屈折率の空間変化率を反映した量である。幾何光学近似が適用できる状況では，光の波長程度のスケールでの媒質の屈折率の変化は無視しうるほど小さい。したがって，第 3 項も無視できる。結局，右辺で意味のある項は，最後の項のみである。以上の考察から幾何光学近似のもとで，アイコナールが満たす以下の方程式を得る。

$$\left(\frac{\partial\varphi}{\partial x}\right)^2 + \left(\frac{\partial\varphi}{\partial y}\right)^2 + \left(\frac{\partial\varphi}{\partial z}\right)^2 = \left(\frac{n}{c}\right)^2 \omega^2 \tag{4.134}$$

この方程式は，**アイコナール方程式**と呼ばれる。アイコナール方程式は，幾何光学の基礎方程式を与える[†2]。

4.6 ハミルトン-ヤコビ方程式

始点を固定したまま終点を固定せず作用積分の変分をとると以下のようになる。

$$\delta S = \int_{t_1}^{t} dt \sum_{i=1}^{f} \left(\frac{\partial L}{\partial q_i}\delta q_i + \frac{\partial L}{\partial \dot{q}_i}\delta \dot{q}_i\right)$$

$$= \sum_{i=1}^{f} p_i(t)\delta q_i(t) + \int_{t_1}^{t} dt \sum_{i=1}^{f} \left(\frac{\partial L}{\partial q_i} - \frac{d}{dt}\frac{\partial L}{\partial \dot{q}_i}\right)\delta q_i$$

[†2] C.2 節にマクスウェル方程式から幾何光学近似のもとでのアイコナール方程式の導出過程を示した。文献 [14] にも詳しい解説がある。

208 第 4 章 断熱不変量およびハミルトン-ヤコビ理論

$$= \sum_{i=1}^{f} p_i(t)\delta q_i(t) \tag{4.135}$$

系の独立な自由度を f とし，最後の変形では粒子の運動がオイラー-ラグランジュ方程式に従うことを用いた。これから以下の結果を得る。

$$\frac{\partial S}{\partial q_i(t)} = p_i(t) \tag{4.136}$$

作用積分の一般化座標による偏微分が，その一般化座標と正準共役な正準運動量を与えることが示された。以下では，作用積分を終点の時刻 t と一般化座標 $q_i(t)$ の関数として扱う。ラグランジアンをハミルトニアンで置き換えた式 (3.15) の作用積分の表現を採用したうえで，作用積分の時間全微分を計算すると

$$\begin{aligned}
\frac{dS}{dt} &= \frac{\partial S}{\partial t} + \sum_{i=1}^{f} \frac{\partial S}{\partial q_i(t)}\dot{q}_i(t) \\
&= \frac{\partial S}{\partial t} + \sum_{i=1}^{f} p_i(t)q_i(t) \\
&= \sum_{i=1}^{f} p_i(t)\dot{q}_i(t) - H(q_i(t), p_i(t), t)
\end{aligned} \tag{4.137}$$

となり，式 (4.137) から作用積分が満たす以下の方程式を得る。

$$\frac{\partial S}{\partial t} + H\left(q_i(t), \frac{\partial S}{\partial q_i(t)}, t\right) = 0 \tag{4.138}$$

この方程式は時間 t と f 個の一般化座標 q_i の合計 $f+1$ 個の変数による偏微分を含んだ偏微分方程式である。この偏微分方程式が**ハミルトン-ヤコビ方程式** (Hamilton-Jacobi equation) である。ハミルトン-ヤコビ理論では，作用積分はラグランジアンの始点と終点を結ぶ経路に沿った積分で定義されるものではなく，ハミルトン-ヤコビ方程式 (4.138) の解として定義される。ハミルトン-

ヤコビ方程式 (4.138) は $f+1$ 個の変数による偏微分を含むため，解となる S は $f+1$ 個の積分定数を持つ。1 つは，$S+$定数の形で現れる定数の下駄であり，物理的意味がないので省く。したがって物理的に意味を持ち得る積分定数は f 個であり，それらを α_i $(i=1,2,\cdots,f)$ とする。ハミルトン-ヤコビ方程式 (4.138) の解として得られる作用積分 S は

$$S = S(q_1(t), q_2(t), \cdots, q_f(t), \alpha_1, \alpha_2, \cdots, \alpha_f, t) \tag{4.139}$$

のように f 個の一般化座標 $q_i(t)$，f 個の積分定数 α_i および時間 t の関数である。

例えば，3 次元空間を運動する自由粒子のハミルトン-ヤコビ方程式は以下のようになる。

$$\frac{\partial S}{\partial t} + \frac{1}{2m}\left[\left(\frac{\partial S}{\partial x}\right)^2 + \left(\frac{\partial S}{\partial y}\right)^2 + \left(\frac{\partial S}{\partial z}\right)^2\right] = 0 \tag{4.140}$$

ポテンシャル $V(q_i)$ 中を非相対論的速度で運動する質量 m の 1 個の粒子のハミルトン-ヤコビ方程式は

$$\frac{\partial S}{\partial t} + \frac{1}{2m}(\boldsymbol{\nabla}S)^2 + V(q_i) = 0 \tag{4.141}$$

と書ける。

4.7 ハミルトン-ヤコビ方程式とラグランジュ形式の関係

ハミルトン-ヤコビ方程式とラグランジュ形式の関係について議論する。積分定数 α_i の物理的意味も明らかにする。正準変換 (3.67) から母関数の選び方によっては，変換後のハミルトニアンをゼロにすることができる。このとき，変換後の一般化座標と正準運動量は，循環座標となりそれぞれ保存量となる。言い方を変えると，ハミルトニアンをゼロにできる正準変換が見つかれば，その系の運動の様子が分かったことになり，問題が解けたことになる。そのような母関数 W' を選んだとすると

210　第 4 章　断熱不変量およびハミルトン-ヤコビ理論

$$K(Q_i, P_i, t) = H(q_i, p_i, t) + \frac{\partial W'(q_i, P_i, t)}{\partial t} = 0 \qquad (4.142)$$

を満たす。ここで，$i = 1, \cdots, f$ であり，f は系の独立な自由度である。

式 (3.64) から p_i は，W' の q_i による偏微分で表される。したがって，方程式 (4.142) は以下のように書ける。

$$\frac{\partial W'(q_i, P_i, t)}{\partial t} + H\left(q_i, \frac{\partial W'(q_j, P_j, t)}{\partial q_i}, t\right) = 0 \qquad (4.143)$$

この方程式を満たす変換の母関数 W' を**ハミルトンの主関数** (Hamilton's principal function) と呼ぶ。式 (4.143) が，式 (4.138) と等価であること，すなわち $W' = S$ であることを以下で示す。

ここで，新しいハミルトニアンがゼロ $(K = 0)$ であることから，新しい正準変数での正準運動方程式は以下のようになる。

$$\dot{Q}_i = \frac{\partial K}{\partial P_i} = 0 \qquad (4.144)$$

$$\dot{P}_i = -\frac{\partial K}{\partial Q_i} = 0 \qquad (4.145)$$

これらから，一般化座標と一般化運動量は定数 α_i, β_i を用いて

$$Q_i(t) = \beta_i \qquad (4.146)$$

$$P_i(t) = \alpha_i \qquad (4.147)$$

と書ける。したがって，一般化運動量 P_i はもはや変数ではなく定数 α_i で置き換えられ，W' は $W'(q_i(t), \alpha_i, t)$ のように $q_i(t)$, α_i, t の関数として書くことができる。

ハミルトンの主関数 $W'(q_i(t), \alpha_i, t)$ の時間全微分をとると

$$\frac{dW'}{dt} = \sum_{i=1}^{f} \frac{\partial W'(q_i(t), \alpha_i, t)}{\partial q_i} \dot{q}_i(t) + \frac{\partial W'(q_i(t), \alpha_i, t)}{\partial t}$$

$$= \sum_{i=1}^{f} p_i \dot{q}_i - H(q_i, p_i, t) = L(q_i(t), \dot{q}_i(t), t) \tag{4.148}$$

したがって

$$W'(q_i(t), \alpha_i, t) = \int^t dt' L(q_i(t'), \dot{q}_i(t'), t') \tag{4.149}$$

となる。この式の右辺は作用積分 S である。ハミルトン-ヤコビ方程式の解となるハミルトンの主関数が作用積分であることが示された。また，関係式 (3.65) より

$$\frac{\partial S(q_j, \alpha_j, t)}{\partial \alpha_i} = \beta_i \tag{4.150}$$

である。

4.8 シュレーディンガー方程式とハミルトン-ヤコビ方程式

物質が波動としての性質も兼ね備えているというのが量子力学からの帰結であり，B.3 節で解説したアハラノフ-ボーム効果などの実証実験により検証されている。質量 m で運動速度が光速に比べて十分遅い非相対論的運動をする粒子の波動性は，以下のシュレーディンガー方程式 (Schrödinger equation) を満たす波動関数 ψ により記述される。

$$i\hbar \frac{\partial}{\partial t} \psi = \left[-\frac{\hbar^2}{2m} \nabla^2 + V(\boldsymbol{r}) \right] \psi \tag{4.151}$$

ここで $V(\boldsymbol{r})$ はポテンシャルエネルギーである。第 1 章では，作用積分 S を $\hbar$ で割ったものが物質波が始点から終点まで伝搬する間の位相変化量であるという前提で光との対応から理論を構築した。そこで波動関数を以下のように表す。

$$\psi = \psi_0(\boldsymbol{r}) \exp\left(\frac{i}{\hbar} S \right) \tag{4.152}$$

これをシュレーディンガー方程式に代入して整理すると，ψ_0, S が満たす以下の方程式を得る。

212 第 4 章 断熱不変量およびハミルトン-ヤコビ理論

$$-\frac{\partial S}{\partial t}\psi_0 = -\frac{\hbar^2}{2m}\left[\nabla^2\psi_0 + 2\frac{i}{\hbar}\boldsymbol{\nabla}\psi_0 \cdot \boldsymbol{\nabla}S + \frac{i}{\hbar}\psi_0\nabla^2 S - \frac{1}{\hbar^2}\psi_0(\boldsymbol{\nabla}S)^2\right] + V\psi_0$$

古典的な粒子の場合，物質波の波長は扱う系のスケールと比べて十分短く，位相変化量が非常に大きな値を持ち，$S/\hbar \gg 1$ を満たす。言い換えると，上の方程式において $\hbar \to 0$ の極限をとったものが古典的な粒子を表す。この極限で上の方程式は以下のようになる。

$$\frac{\partial S}{\partial t} = -\frac{1}{2m}(\boldsymbol{\nabla}S)^2 - V \tag{4.153}$$

これはハミルトン-ヤコビの方程式 (4.141) に他ならない。

この状況は，幾何光学近似のもとで光線の伝搬を表す方程式としてアイコナール方程式が得られた状況に対応している。これらは，波としての波長が系の特徴的スケールと比べて十分短い極限では，波動性が無視でき，粒子の運動として扱えることを示している。言い換えると，古典力学は粒子の物質波としての性質を一種の幾何光学近似で無視し，粒子性のみを取り扱う分野と捉えることができる。

4.9 ハミルトンの特性関数

ハミルトン-ヤコビ方程式は以下のように変形できる。

$$H\left(q_i, \frac{\partial S}{\partial q_i}\right) = -\frac{\partial S}{\partial t} \tag{4.154}$$

ハミルトニアンは時間に依存しないとした。ハミルトニアンが時間に依存しないためには，$\frac{\partial S}{\partial q_i}$ も時間に依存してはならない。そのためには S は

$$S = W(q_i, \alpha_i) + Y(t) \tag{4.155}$$

のような形に変数分離形で書けていなければならない。このとき $\frac{\partial S}{\partial t}$ は t のみの関数となる。q_i のみの関数である方程式 (4.154) の左辺が，t のみの関数である右辺と等しいためには，両辺が q_i にも t にも依存しない定数である必要がある。その定数を α とすると，方程式 (4.154) は

$$H\left(q_i, \frac{\partial W}{\partial q_i}\right) = -\frac{dY}{dt} = \alpha \tag{4.156}$$

となる。したがって

$$Y(t) = -\alpha t + 定数 \tag{4.157}$$

であり

$$S(q_i, \alpha_i, t) = W(q_i, \alpha_i) - \alpha t + 定数 \tag{4.158}$$

となる。これはエネルギーが保存する場合（$E = $一定）の式 (1.114) に他ならない。$S$ や W が含有しうる積分定数の数は，式 (4.158) に現れた定数の下駄を除くと独立な自由度の数と同じ f 個であった。したがって，式 (4.156) で現れた α は，f 個の α_i と独立ではない。簡単のため $\alpha_1 = \alpha$ ととる。この式の両辺を α_1 で偏微分し，式 (4.150) を用いると以下の関係式を得る。

$$\frac{\partial W(q_i, \alpha_i)}{\partial \alpha_1} = t + \beta_1 \tag{4.159}$$

方程式 (4.156) の解として与えられる関数 W を**ハミルトンの特性関数** (Hamilton's characteristic function) と呼ぶ。上記の事情を具体的に見るために 1 次元調和振動子 (3.52) を扱う。ハミルトニアンが時間に陽に依存しないため，ハミルトン-ヤコビ方程式は以下のように書ける。

$$\frac{1}{2}\left(\frac{\partial W}{\partial q}\right)^2 + \frac{1}{2}q^2 = \alpha \tag{4.160}$$

これを整理すると，特性関数が満たす方程式が以下のように求まる。

$$\frac{\partial W}{\partial q} = \sqrt{2\alpha - q^2} \tag{4.161}$$

この式から分かるように，W は q と式 (4.160) で定義される α，すなわち系のエネルギーの関数である。3.3.3 項で見たように 1 次元調和振動子を正準変換して座標 Q を循環座標にしたとき，それに共役な運動量を変換前のハミルトニアンに等しくすることができた。このとき，式 (4.161) に現れる α は，P に等しい。式 (4.161) より

$$W(q, \alpha) = \int dq \sqrt{2\alpha - q^2} \tag{4.162}$$

214 第 4 章 断熱不変量およびハミルトン-ヤコビ理論

のように解が求まる。この式を α で偏微分し，積分を $q = \sqrt{2\alpha}\sin\theta$ とおいて θ の積分に変換して積分を実行すると以下の結果を得る。

$$t + \beta = \int dq \frac{1}{\sqrt{2\alpha - q^2}} = \int_{\sin^{-1}(q_1/\sqrt{2\alpha})}^{\sin^{-1}(q/\sqrt{2\alpha})} d\theta$$
$$= \sin^{-1}\left(\frac{q}{\sqrt{2\alpha}}\right) - \sin^{-1}\left(\frac{q_1}{\sqrt{2\alpha}}\right)$$

簡単のため初期時刻 $t = 0$ での位置を $q_1 = 0$ とすると

$$q(t) = \sqrt{2\alpha}\sin(t + \beta) \tag{4.163}$$

を得る。これは期待通り角振動数が 1 の単振動解である。

特性関数について別の角度から考察する。正準変換を行って変換後のハミルトニアンが変換後の一般化座標 Q_i に依存せず一般化運動量 P_i にのみ依存する形に変形する。変換後のハミルトニアンは $K(P_i)$ のように書ける。このとき，Q_i が循環座標となり，それに共役な運動量 P_i が保存する。

$$\dot{P_i} = -\frac{\partial K(P_i)}{\partial Q_i} = 0 \tag{4.164}$$

3.3 節に調和振動子を扱って一般化座標に依存しないハミルトニアンへの変換の例を示した。式 (4.164) から

$$P_i = \alpha_i \tag{4.165}$$

のように一般化運動量は定数 α_i で書ける。式 (4.165) から一般化運動量はもはや変数ではなく定数として扱うことができ，母関数は $W'(q_i, \alpha_i)$ のように書ける。したがって，正準変換は $(q_i, p_i) \rightarrow (q_i, \alpha_i)$ であり，母関数は

$$p_i = \frac{\partial W'(q_i, \alpha_i)}{\partial q_i} \tag{4.166}$$

$$Q_i = \frac{\partial W'(q_i, \alpha_i)}{\partial \alpha_i} \tag{4.167}$$

を満たす関数として定義される。方程式 (4.156) を正準変換後のハミルトニア

4.10 作用変数と角変数 215

ンが $K = \alpha_1$ となるように変換の母関数 W' を決定する方程式として扱う。ここで $\alpha = \alpha_1$ とした。すると，正準運動方程式より

$$\dot{Q}_i = \frac{\partial K}{\partial \alpha_i} = \begin{cases} 1 & (i = 1) \\ 0 & (i \neq 1) \end{cases} \tag{4.168}$$

を得る。これから

$$Q_1 = \frac{\partial W'}{\partial \alpha_1} = t + \beta_1 \tag{4.169}$$

$$Q_i = \frac{\partial W'}{\partial \alpha_i} = \beta_i \quad (i \neq 1) \tag{4.170}$$

を得る。これは特性関数の満たす方程式 (4.159) に他ならない。

4.10 作用変数と角変数

作用変数とそれに共役は正準変数である角変数の定義を示す。周期的な運動を記述するのに便利な $P = \alpha$ となる運動量のとり方を紹介する。調和振動子 (3.52) を例に議論を進める。ただし，振動数がどのように現れるかを明示するため，固有振動数 ω を 1 とせず明記する。q に共役な正準運動量は

$$p(t) = \frac{\partial S}{\partial q} = \frac{\partial W}{\partial q} = \sqrt{2\alpha - \omega^2 q^2} = \sqrt{2\alpha}\cos(\omega t + \beta) \tag{4.171}$$

である。この関係式を整理すると以下のようになる。

$$\frac{p^2}{2\alpha} + \frac{q^2}{(2\alpha/\omega^2)} = 1 \tag{4.172}$$

この式からも分かるように，α は調和振動子の全力学的エネルギーである。図 4.4 に力学的エネルギー α の調和振動子の位相空間上の軌跡を示した。解を式 (4.163) と式 (4.171) のように選択したとき，位相空間中の回転方向は，軌跡に矢印で示したように時計回りである。仮想的なベクトル $\boldsymbol{v} = (p, 0, 0)$，$\boldsymbol{\nabla}_{qp} = \left(\frac{\partial}{\partial q}, \frac{\partial}{\partial p}, 0\right)$ を定義する。図 4.4 の粒子の軌跡で囲まれた楕円の単位法線ベクトルが $\boldsymbol{\nabla}_{qp} \times \boldsymbol{v} = (0, 0, -1)$ で定義される。符号は，位相空間中の

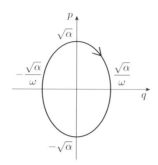

図 4.4 基準振動数 ω, 力学的エネルギー α の調和振動子の位相空間上の軌跡

粒子の軌跡の回転方向に右ネジを回したとき，ネジの進む方向が紙面を突き抜ける方向であることを反映している．位相空間中の粒子の軌跡で囲まれる領域 σ の面積を $J(\alpha)$ とする．この面の向きは，位相空間中の粒子の軌跡に沿った方向に右ねじを回したときねじが進む方向にとる必要があり，法線ベクトルは $\boldsymbol{n} = (0, 0, -1)$ となる．したがって

$$J(\alpha) = \int_\sigma \boldsymbol{n} \cdot (\boldsymbol{\nabla}_{qp} \times \boldsymbol{v}) dq dp = \oint \boldsymbol{v} \cdot (dq, dp, 0) = \oint p\, dq$$
$$= \oint \frac{\partial W(q, \alpha)}{\partial q} dq \tag{4.173}$$

となる．ここで，ストークスの定理を用いた．周回積分は位相空間中粒子が回転する向き，すなわち時計回りに計算する．積分を実行するまでもなく，J は長半径・短半径がそれぞれ $\sqrt{2\alpha}$, $\sqrt{2\alpha}/\omega$ の楕円の面積なので

$$J(\alpha) = \pi \sqrt{2\alpha}\, \frac{\sqrt{2\alpha}}{\omega} = 2\pi \frac{\alpha}{\omega} \tag{4.174}$$

である．エネルギーと基準角振動数の比が一定である限り楕円の面積は一定で J は保存量となる．この J が作用変数である．

正準運動量を α から作用変数 J に置き換えると，特性関数は以下のようになる．

$$W(q, J) = \int dq \sqrt{\omega \frac{J}{\pi} - \omega^2 q^2} \tag{4.175}$$

4.10 作用変数と角変数　217

作用変数 J に共役な座標を w とすると，母関数と正準座標の関係式から

$$w = \frac{\partial W(q, \alpha(J))}{\partial J} \qquad (4.176)$$

により求まる。この w を**角変数** (angle variable) と呼ぶ。いま，ハミルトニアンが α なので，正準運動方程式から以下の方程式を得る。

$$\dot{w} = \frac{\partial \alpha}{\partial J} = \frac{\omega}{2\pi} = \nu = \frac{1}{T} \qquad (4.177)$$

最後の変形では，関係式 (4.174) を用いた。振動の周期を T，振動の周波数を ν とした。角変数の定義式 (4.176) に式 (4.158) を代入すると

$$w(t) = \frac{\partial}{\partial J}(\alpha(J)t + S(q, \alpha(J), t)) = \nu t + \beta_J \qquad (4.178)$$

を得る。ここで

$$\beta_J = \frac{\partial S(q, \alpha(J), t)}{\partial J} \qquad (4.179)$$

は，J に対応した新座標である。式 (4.178) の右辺に 2π を掛けた量は，振動の位相に対応する量を表している。これが w が角変数と呼ばれる所以である。文献によっては，作用変数を

$$J = \frac{1}{2\pi} \oint p\,dq \qquad (4.180)$$

と定義しているものもある。この定義を用いて角変数を定義すると方程式 (4.177) に対応する方程式は

$$\dot{w} = 2\pi\nu \qquad (4.181)$$

となり，右辺は角周波数となる。この方程式の解は

$$w(t) = 2\pi\nu t + \beta_J \qquad (4.182)$$

となり，物質波の位相に該当する量になる。ここで β_J も J を再定義したことにより，以前の定義に従って得られたものの 2π 倍になっている。こちらの定義を用いた場合，角変数の時間微分が角周波数に角変数が波の位相に一致する。

付録C

//C.1 ポアンカレの積分不変式

正準運動方程式に従って運動する粒子系の積分不変量である，ポアンカレの積分不変式 (Poincaré invariants) について解説する。

C.1.1 絶対積分不変式

任意の積分範囲に対して不変性を保つ積分式で定義される量を**絶対積分不変式**と呼ぶ。2 次元空間 (x, y) 中を中心からの距離に比例する力のもとで運動する粒子を考える。簡単のため粒子の質量を 1 とすると，この粒子のハミルトニアンは以下のようになる。

$$H = \frac{1}{2}(\dot{x}^2 + \dot{y}^2) + \frac{1}{2}a(x^2 + y^2) \tag{C.1}$$

正準運動方程式から以下の運動方程式を得る。

$$\ddot{x} = -ax \tag{C.2}$$

$$\ddot{y} = -ay \tag{C.3}$$

一般解は，定数 b, c, d, e を用いて

$$x = b\,\mathrm{e}^{i\sqrt{a}t} + c\,\mathrm{e}^{-i\sqrt{a}t} \tag{C.4}$$

$$y = d\,\mathrm{e}^{i\sqrt{a}t} + e\,\mathrm{e}^{-i\sqrt{a}t} \tag{C.5}$$

と求まる。ここで $a > 0$ のときは振動解を表し，$a < 0$ のときは指数関数的に増幅する解と減衰する解の重ね合わせとなる。粒子の速度を (u, v) で表すと

$$u = i\sqrt{a}(b\,e^{i\sqrt{a}t} - c\,e^{-i\sqrt{a}t}) \tag{C.6}$$

$$v = i\sqrt{a}(d\,e^{i\sqrt{a}t} - e\,e^{-i\sqrt{a}t}) \tag{C.7}$$

と求まる。ここで，以下の式で積分 I を定義する。

$$I = \int (u\delta x - x\delta u) \tag{C.8}$$

解 (C.4)(C.6) から x, u の変分 $\delta x, \delta u$ は初期値 b, c の変分を与えることで以下のように計算される。

$$\delta x = \delta b\,e^{i\sqrt{a}t} + \delta c\,e^{-i\sqrt{a}t} \tag{C.9}$$

$$\delta u = i\sqrt{a}(\delta b\,e^{i\sqrt{a}t} - \delta c\,e^{-i\sqrt{a}t}) \tag{C.10}$$

積分 (C.8) は同時刻 t のときの様々な初期値の粒子の軌跡に対して被積分関数を計算し，重ね合わせを行うことを意味している。解 (C.4)(C.6) および変分 (C.9)(C.10) を積分 I の定義式に代入すると

$$I = \int 2i\sqrt{a}(b\,\delta c - c\,\delta b) \tag{C.11}$$

となり，確かに時間に依存しない不変量であることをが示される。ここで，初期値 c, b がとる積分範囲を指定する必要がなく，任意の積分範囲に対して I は不変量である。すなわち，式 (C.8) で定義される積分量は絶対積分不変式である。

C.1.2 ポアンカレの相対積分不変式の定理

まず自由度が1の粒子の運動について考察する。ラグランジアン $L(q(t), \dot{q}(t), t)$ により，作用積分は以下のように定義される。

$$S = \int_{t_1}^{t_2} dt\,L \tag{C.12}$$

220　付録 C

時刻 t_1 で $q_a(t_1)$ から出発して運動方程式に従って運動し時刻 t_2 で $q_a(t_2)$ に達する軌跡 a と，時刻 t_1 で $q_b(t_1)$ から出発して運動方程式に従って運動し時刻 t_2 で $q_b(t_2)$ に達する軌跡 b を考える。これらの軌跡は，同一の粒子の異なる初期条件の軌跡を表している。それぞれの粒子の軌跡に沿って積分して得られる作用は，それぞれ

$$S_a(t_1, t_2) = \int_{t_1}^{t_2} dt L(q_a(t), \dot{q}_a(t), t) \tag{C.13}$$

$$S_b(t_1, t_2) = \int_{t_1}^{t_2} dt L(q_b(t), \dot{q}_b(t), t) \tag{C.14}$$

で与えられる。これらの粒子の軌跡は隣接しており，任意の時刻 t における同時刻での軌跡の差 $dq_{ab}(t) = q_b(t) - q_a(t)$ が非常に小さいとする。図 4.2 に例を示した。この条件が成り立つためには，軌跡間の速度差 $d\dot{q}_{ab} = \dot{q}_b(t) - \dot{q}_a(t)$ も十分小さい値を保つ必要がある。これらの 2 つの隣接する軌跡の作用積分の差によって定義される作用積分の全微分を，微小量の 1 次までで展開すると以下の式を得る。

$$
\begin{aligned}
dS_{ab}(t_1, t_2) &= S_b(t_1, t_2) - S_a(t_1, t_2) \\
&= \int_{t_1}^{t_2} dt \left[\frac{\partial L(q_a(t), \dot{q}_a(t), t)}{\partial q_a(t)} dq_{ab}(t) + \frac{\partial L(q_a(t), \dot{q}_a(t), t)}{\partial \dot{q}_a(t)} d\dot{q}_{ab}(t) \right] \\
&= \left[\frac{\partial L(q_a(t), \dot{q}_a(t), t)}{\partial \dot{q}_a(t)} dq_{ab}(t) \right]_{t_1}^{t_2} \\
&\quad + \int_{t_1}^{t_2} dt \left[\frac{\partial L(q_a(t), \dot{q}_a(t), t)}{\partial q_a(t)} - \frac{d}{dt} \frac{\partial L(q_a(t), \dot{q}_a(t), t)}{\partial \dot{q}_a(t)} \right] dq_{ab}(t) \\
&= p_a(t_2) dq_{ab}(t_2) - p_a(t_1) dq_{ab}(t_1) \tag{C.15}
\end{aligned}
$$

ここで各軌跡がオイラー-ラグランジュ方程式を満たすことを用いた。さらに，ラグランジアンの $\dot{q}_a$ による偏微分により正準運動量が

$$p_a(t) = \frac{\partial L(q_a(t), \dot{q}_a(t), t)}{\partial \dot{q}_a(t)} \tag{C.16}$$

のように与えられることを用いた。ここで，$p_a(t)$ は時刻 t とその時刻の軌跡
の位置 $q_a(t)$ および速度 $\dot{q}_a(t)$ の関数である。ここまでの議論では，隣接する 2
つの軌跡の差分によって生じる作用積分の変分を求めていることを明示するた
め，差分量に dS_{ab}, dq_{ab} のように添字 ab をつけてきた。軌跡 b は軌跡間の差
分量 $dq_{ab}(t)$ を指定すれば，$q_a(t)$ から一意に指定されるため，以下では添字か
ら b を省略して式 (C.15) を以下のように書くことにする。

$$dS_a(t_1, t_2) = p_a(t_2)dq_a(t_2) - p_a(t_1)dq_a(t_1) \tag{C.17}$$

式 (C.17) 右辺第 2 項の任意の閉曲線 $C(t_1)$ に沿った積分

$$J(t_1) = \oint_{C(t_1)} p_a(t_1)dq_a(t_1) \tag{C.18}$$

を定義する。閉曲線 $C(t_1)$ は，異なる初期条件の軌跡を同時刻に跨る経路であ
る。閉曲線 $C(t_1)$ 上の初期条件で運動方程式に従って運動し，時刻 t_2 のときに
移動した先の点の集合が閉曲線 $C(t_2)$ であるとする。式 (C.17) 右辺第 1 項の
閉曲線 $C(t_2)$ に沿った積分によって

$$J(t_2) = \oint_{C(t_2)} p_a(t_2)dq_a(t_2) \tag{C.19}$$

を定義する。以下，t_2 が t_1 から微小時間 δt 経過後の時刻 $t_2 = t_1 + \delta t$ である
とする。時刻 t_2 のときの位置と速度は，時刻 t_1 のときの位置と速度と以下の
関係で結ばれる。

$$q_a(t_2) = q_a(t_1) + \dot{q}_a(t_1)\delta t \tag{C.20}$$

$$q_b(t_2) = q_b(t_1) + \dot{q}_b(t_1)\delta t \tag{C.21}$$

$$\dot{q}_a(t_2) = \dot{q}_a(t_1) + \ddot{q}_a(t_1)\delta t \tag{C.22}$$

$$\dot{q}_b(t_2) = \dot{q}_b(t_1) + \ddot{q}_b(t_1)\delta t \tag{C.23}$$

このとき，時刻 t_2 のときの正準運動量は時刻 t_1 のときの正準運動量を用いて

以下のように展開される。

$$p_a(t_1 + \delta t) = p_a(t_1) + \frac{\partial p_a(t_1)}{\partial t}\delta t + \frac{\partial p_a(t_1)}{\partial q_a(t_1)}\dot{q}_a(t_1)\delta t + \frac{\partial p_a(t_1)}{\partial \dot{q}_a(t_1)}\ddot{q}_a(t_1)\delta t$$

$$= p_a(t_1) + \frac{d}{dt}p_a(t_1)\delta t$$

$$= p_a(t_1) + \frac{\partial L(q_a(t_1), \dot{q}_a(t_1), t_1)}{\partial q_a(t_1)}\delta t \tag{C.24}$$

最後の式変形では，オイラー-ラグランジュ方程式を用いた。この結果により，t_2 のときの正準運動量を，時刻 t_1 のときの位置と速度の関数として表すことができる。これを用いると $J(t_2)$ の $C(t_2)$ 上の積分を $C(t_1)$ の積分に変換することができる。時刻 t_2 の積分路上の微小線素は時刻 t_1 の積分路上の微小線素と以下のように結ばれる。

$$dq_{ab}(t_1 + \delta t) = q_b(t_2) - q_a(t_2) = dq_a(t_1) + (\dot{q}_b(t_1) - \dot{q}_a(t_1))\delta t$$

$$= dq_a(t_1) + d\dot{q}_a(t_1)\delta t \tag{C.25}$$

これらを使って式 (C.19) を微小量の 1 次まで展開し，積分を積分路 $C(t_1)$ 上の積分に変換すると以下のようになる。

$$J(t_2) = \oint_{C(t_1)} p_a(t_1)dq_a(t_1)$$

$$+\delta t\left[\oint_{C(t_1)} \frac{\partial L(q_a(t_1), \dot{q}_a(t_1), t_1)}{\partial q_a(t_1)}dq_a(t_1) + \oint_{\tilde{C}(t_1)} \frac{\partial L(q_a(t_1), \dot{q}_a(t_1), t_1)}{\partial \dot{q}_a(t_1)}d\dot{q}_a(t_1)\right]$$

$$= J(t_1) + \delta t\oint_{C(t_1)} \Big(L(q_a(t_1) + dq_a(t_1), \dot{q}_a(t_1), t_1) - L(q_a(t_1), \dot{q}_a(t_1), t_1)\Big)$$

$$+ \delta t\oint_{\tilde{C}(t_1)} \Big(L(q_a(t_1), \dot{q}_a(t_1) + d\dot{q}_a(t_1), t_1) - L(q_a(t_1), \dot{q}_a(t_1), t_1)\Big)$$

$$= J(t_1) + \delta t\oint_{C'(t_1)} dL(q_a(t_1), \dot{q}_a(t_1), t_1)$$

$$= J(t_1) \tag{C.26}$$

時刻 t_1 のときの a の位置 $q_a(t_1)$ が周回積分路 $C(t_1)$ に沿って変化すること

C.1 ポアンカレの積分不変式 223

に伴って a の速度 $\dot{q}_a(t_1)$ の値もある閉曲線上を変化する。この周回積分路を $\tilde{C}(t_1)$ とした。2 つ目の等号の右辺第 2 項と第 3 項は，同時刻 t_1 でのラグランジアン L の全微分として，3 つ目の等号のようにまとめられる。3 つ目の等号では，$q(t_1)$ 軸での周回積分路 $C(t_1)$，$\dot{q}(t_1)$ 軸での周回積分路 $\tilde{C}(t_1)$ を，$(q(t_1)$, $\dot{q}(t_1))$ 平面での周回積分路 $C'(t_1)$ に置き換えた。全微分の周回積分は，ゼロなので最後の結果を得る。時刻 t_2 が t_1 から有限の時間経過した場合の粒子の運動は，無限小時間経過したときの粒子の運動の積み重ねで表されるので，式 (C.26) の結果から

$$\oint_{C(t_2)} p_a(t_2) dq_a(t_2) = \oint_{C(t_1)} p_a(t_1) dq_a(t_1) \tag{C.27}$$

が時刻 t_1 から任意の時刻経過した t_2 に対して成り立つことが証明されたことになる。この積分は積分する範囲が閉曲線であるときのみ不変性を保つ量であり，相対積分不変量の例である。

　積分 (C.27) が，相対積分不変量であることは以下のように証明することもできる。式 (C.15) から作用積分は始点と終点の粒子の位置 $q_a(t_1)$，$q_a(t_2)$ の関数であり

$$\frac{\partial S_a(t_1, t_2)}{\partial q_a(t_2)} = p_a(t_2) \tag{C.28}$$

$$\frac{\partial S_a(t_1, t_2)}{\partial q_a(t_1)} = -p_a(t_1) \tag{C.29}$$

の関係で作用積分の始点，終点における粒子の座標による微分で，各時刻の正準運動量が与えられることが分かる。終点の粒子の位置 $q_a(t_2)$ は，始点の粒子の位置 $q_a(t_1)$ から運動方程式によって結ばれる。言い換えると，始点の位置が与えられれば，終点の位置は一意に決定される。式 (C.17) を $q_a(t_1)$ について積分路 $C(t_1)$ に沿って周回積分を行うと，自動的に $q_a(t_2)$ についての積分路が $C(t_2)$ に指定される。式 (C.17) は，作用積分 $S_a(t_1, t_2)$ の全微分である。全微分の周回積分はゼロである。したがって，式 (C.27) が成り立ち，積分 (C.18) が相対積分不変量であることが証明される。

　ここまでの議論を自由度が f である一般の場合に拡張する。時刻 t のときの

224　付録 C

粒子の一般化座標を $q_1(t), q_2(t), \cdots, q_r(t), \cdots, q_f(t)$ と表す。ラグランジアン L を用いて，作用積分は以下のように定義される。

$$
S(t_1, t_2) = \int_{t_1}^{t_2} dt L(q_1(t), \cdots, q_r(t), \cdots, q_f(t), \dot{q}_1(t), \cdots, \dot{q}_r(t), \cdots, \dot{q}_f(t), t)
$$

(C.30)

自由度が 1 の場合にならって，各一般化座標 $q_r(t)$ の軌跡に隣接する軌跡 $q_r'(t)$ を考える。これらの軌跡の同時刻での差分 $dq_r(t) = q_r'(t) - q_r(t)$ は，非常に小さい微小量になるように隣接する軌跡を選ぶ。これらの軌跡の相対速度 $d\dot{q}_r(t)$ も $t_1 \leq t \leq t_2$ の間の全ての時間で十分小さいとする。全ての自由度の軌跡に対して，隣接する軌跡を導入し，これらの隣接した軌跡で定義される作用積分を以下のように定義する。

$$
S'(t_1, t_2) = \int_{t_1}^{t_2} dt L(q_1'(t), \cdots, q_r'(t), \cdots, q_f'(t), \dot{q}_1'(t), \cdots, \dot{q}_r'(t), \cdots, \dot{q}_f'(t), t)
$$

(C.31)

これらの作用積分の差を微小量の 1 次まで展開すると以下の式を得る。

$$
\begin{aligned}
dS(t_1, t_2) &= S'(t_1, t_2) - S(t_1, t_2) \\
&= \int_{t_1}^{t_2} dt \sum_{r=1}^{f} \left[\frac{\partial L(t)}{\partial q_r(t)} dq_r(t) + \frac{\partial L(t)}{\partial \dot{q}_r(t)} d\dot{q}_r(t) \right] \\
&= \sum_{r=1}^{f} \left(\frac{\partial L(t_2)}{\partial \dot{q}_r(t_2)} dq_r(t_2) - \frac{\partial L(t_1)}{\partial \dot{q}_r(t_1)} dq_r(t_1) \right) \\
&\quad + \sum_{r=1}^{f} \int_{t_1}^{t_2} dt \left[\frac{\partial L(t)}{\partial q_r(t)} - \frac{d}{dt} \frac{\partial L(t)}{\partial \dot{q}_r(t)} \right] dq_r(t) \\
&= \sum_{r=1}^{f} p_r(t_2) dq_r(t_2) - \sum_{r=1}^{f} p_r(t_1) dq_r(t_1)
\end{aligned}
$$

(C.32)

最後の等号では，各自由度の軌跡がオイラー-ラグランジュ方程式を満たすことを用いた。また，各自由度の正準運動量の定義を用いた。この式から分かるよ

うに，作用積分は一般化座標 $q_r(t_1)$, $q_r(t_2)$ $(r = 1, \cdots, f)$ の関数であり，始点と終点の正準運動量が

$$\frac{\partial S(t_1, t_2)}{\partial q_r(t_1)} = -p_r(t_1) \tag{C.33}$$

$$\frac{\partial S(t_1, t_2)}{\partial q_r(t_2)} = p_r(t_2) \tag{C.34}$$

で作用積分の一般化座標の微分と結び付けられる。式 (C.32) に時刻 t_1 で同時刻の一般化座標 $q_r(t_1)$ $(r = 1, \cdots, f)$ が張る f 次元空間中の任意の閉曲線 $C(t_1)$ に沿った周回積分を施す。このとき $q_r(t_2)$ は正準運動方程式により $q_r(t_1)$ と結ばれるため，終点の一般化座標 $q_r(t_2)$ $(r = 1, \cdots, f)$ が張る閉曲線 $C(t_2)$ は $C(t_1)$ から一意に決定される。全微分の周回積分はゼロなので，式 (C.32) の周回積分から

$$\oint_{C(t_2)} \sum_{r=1}^{f} p_r(t_2) dq_r(t_2) = \oint_{C(t_1)} \sum_{r=1}^{f} p_r(t_1) dq_r(t_1) \tag{C.35}$$

の関係式を得る。したがって，任意の時刻 t に対して同時刻の周回積分路で定義される

$$J(t) = \oint_{C(t)} \sum_{r=1}^{f} p_r(t) dq_r(t) \tag{C.36}$$

は相対積分不変量である。

相対積分不変量 (C.36) は，f 次元ベクトル $\boldsymbol{p}(t) = (p_1(t), p_2(t), \cdots, p_f(t))$, $d\boldsymbol{q}(t) = (dq_1(t), dq_2(t), \cdots, dq_f(t))$ を用いて以下のようにベクトルの内積の形に書き換えることができる。

$$J(t) = \oint_{C(t)} \boldsymbol{p}(t) \cdot d\boldsymbol{q}(t) \tag{C.37}$$

ベクトルの内積は座標変換に対して不変なスカラー量である。したがって，相対積分不変量 (C.37) あるいは (C.36) は，座標系のとり方に依存しないスカラー量である。

任意の曲線は，1つのパラメータによって表現することができる．例えば，1.1.2項で求めた最速降下線を表すサイクロイド曲線 (1.25) はパラメータ θ によって x-y 平面上の曲線で表されている．粒子の軌跡であれば，時間がパラメータの役割を果たす．相対積分不変量 (C.37) の積分路は，同時刻における様々な初期条件に対応する軌跡を跨がるようにとっており，時間を積分路を特徴付けるパラメータとして採用することはできない．そこで，積分路 $C(t)$ 上に基準点をとり，そこから曲線 $C(t)$ に周回積分を行う向きに沿って測った曲線の長さ s を曲線を表すパラメータとして採用する．曲線 $C(t)$ 上で微小距離離れた任意の 2 つの点の間の距離を ds とすると，相対積分不変量 (C.37) は以下のようにパラメータ s による積分に書き換えることができる．

$$J(t) = \oint_{C(t)} \boldsymbol{p}(t) \cdot \frac{d\boldsymbol{q}(t)}{ds} ds \tag{C.38}$$

ここでベクトル $\frac{d\boldsymbol{q}}{ds}$ は

$$\frac{d\boldsymbol{q}(t)}{ds} = \lim_{ds \to 0} \frac{\boldsymbol{q}(t, s+ds) - \boldsymbol{q}(t, s)}{ds} \tag{C.39}$$

のように曲線上の同時刻の隣接する 2 つの位置ベクトルの差分により計算される．図 C.1 にこの差分の様子を示した．この図から明らかなように，$ds \to 0$ の極限でベクトル $d\boldsymbol{q}(t)$ は曲線 $C(t)$ に接し，その長さが $|d\boldsymbol{q}| = ds$ で曲線の向きを向いた接ベクトルとなる．すなわち，ベクトル $\frac{d\boldsymbol{q}}{ds}$ は大きさが 1 で曲線の向きを向いた単位接ベクトルである．したがって，相対積分不変量 (C.38) は，正準運動量ベクトル $\boldsymbol{p}$ の曲線に沿った成分を積分路の長さで積分した周回積分

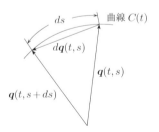

図 C.1　曲線の接ベクトル

C.1 ポアンカレの積分不変式 227

である。

ポアンカレの相対積分不変量の正準変換に対する不変性

ポアンカレの相対積分不変量 (C.27) が正準変換の前後で値を変えない，すなわち正準変換に対して不変であることを示す。正準変換 (3.48)(3.49) による正準変数の q, p から Q, P への変換を考える。母関数 W は q, Q の関数であり，その全微分は

$$dW = \frac{\partial W}{\partial q} dq + \frac{\partial W}{\partial Q} dQ = p dq - P dQ \tag{C.40}$$

と計算できる。変換前の変数 q について閉曲線 C に沿った変化に伴う変換後の変数 Q の変化は，q と Q が正準変換により結ばれているため一意に決定される。変数 q の閉曲線 C に沿った変化に伴う変数 Q が変化する点の集合を $\tilde{C}$ とすると，$\tilde{C}$ も当然閉曲線となる。式 (C.40) の閉曲線 C に沿った周回積分を行う。関数の全微分の閉曲線に沿った周回積分はゼロであるから

$$0 = \oint_C p dq - \oint_{\tilde{C}} P dQ$$

$$\therefore \oint_C p dq = \oint_{\tilde{C}} P dQ \tag{C.41}$$

を得る。この結果は，ポアンカレの相対積分不変量 (C.27) が正準変換に対して不変であることを示している。

3.6 節で述べたように，正準運動方程式に従う粒子の運動は，時間 t から $t' = t - \delta t$ への無限小時間推進の正準変換を繰り返すことで進んでいくと捉えることができる。したがって，正準変換に対する積分 (C.27) の不変性は，積分 (C.27) の積分路上の粒子の運動に従う変化を追跡している限り，時間に依らず不変であることを含有している。

グリーンの定理を用いたポアンカレの相対積分不変量の証明

周回積分 (C.37) が相対積分不変量であることのグリーンの定理を用いた証明を紹介する。まず，自由度 1 の粒子を扱う。位相空間 $q(t)$-$p(t)$ 平面内で閉曲線 $C(t)$ により囲まれる面を $S(t)$ と定義する。この平面に直交する仮想的な

228　付録 C

方向を向いた軸を ζ 軸とし，3 つの軸 q-p-ζ の順で右手系をなすように定義する。閉曲線 $C(t)$ の向きを $q(t)$-$p(t)$ 平面上で時計回りとする。面の法線ベクトル $\boldsymbol{n}$ の方向を面の縁 $C(t)$ を周回する方向に右ねじを回したときにねじが進む方向とすると面 $S(t)$ の法線ベクトルは $\boldsymbol{n} = (0, 0, -1)$ となる。仮想的なベクトル $\boldsymbol{qp} = (p(t), 0, 0)$ および勾配ベクトル

$$\boldsymbol{\nabla}_{qp} = \left(\frac{\partial}{\partial q(t)}, \frac{\partial}{\partial p(t)}, 0 \right) \tag{C.42}$$

を用いて，法線ベクトルは

$$\boldsymbol{n} = \boldsymbol{\nabla}_{qp} \times \boldsymbol{qp} \tag{C.43}$$

のようにベクトル $\boldsymbol{qp}$ の回転で計算される。閉曲線 $C(t)$ に沿った微小線素ベクトル $d\boldsymbol{qp} = (dq(t), dp(t), 0)$ とベクトル $\boldsymbol{qp}$ を用いて積分 (C.18) は以下のように書き換えることができる。

$$\Gamma(t) = \oint_{C(t)} \boldsymbol{qp} \cdot d\boldsymbol{qp} \tag{C.44}$$

ストークスの定理よりこの式は以下のように面積分に移行できる。

$$\Gamma(t) = \int_{S(t)} \boldsymbol{\nabla}_{qp} \times \boldsymbol{qp} \cdot \boldsymbol{n} dq(t) dp(t)$$
$$= \int_{S(t)} dq(t) dp(t) \tag{C.45}$$

一般に 2 次元面 x–y 内で定義されたベクトル $\boldsymbol{A} = (A_x, A_y)$ の周回積分と面積分はグリーンの定理により以下の関係で結ばれる。

$$\oint_C (A_x dx + A_y dy) = \int \int_S \left(\frac{\partial A_y}{\partial x} - \frac{\partial A_x}{\partial y} \right) (-dxdy) \tag{C.46}$$

ここで面 S は，周回積分路 C を縁に持つ面であり，向きは周回積分路の方向に右ネジを回したとき，ネジが進む方向を正とする。右辺の面積分要素 $dxdy$ の前の符号は，面の縁となる周回積分路の向きを時計回りにとっていることに由来する。グリーンの定理からも $\Gamma(t)$ が式 (C.45) のような面積分に変換できる

ことを示すことができる。

積分 (C.45) において，任意の時刻 t における位相空間中の粒子の座標は，2次元面 $S(t)$ 中の点として表される。2次元面内の任意の点は，2つの独立な変数を用いて表すことができる。ここでは，それらを μ, ν とする。例えば，これらの変数として初期時刻 $(t = 0)$ の一般化座標と正準運動量 α, β を採用し，$\mu = \alpha, \nu = \beta$ と選ぶことができる。自由度が 1 の粒子の場合，粒子の運動が正準運動方程式によって記述できる限り，初期値を指定すれば任意の時刻での一般化座標と正準運動量を一意に決定できることが，上記の「2次元面内の任意の点は，2つの独立な変数を用いて表すことができる」ことに該当する。積分 (C.45) は，以下のようにヤコビアンを用いて μ, ν による面積分で書き換えることができる。

$$\Gamma(t) = \int_{S_0} \frac{\partial(q(t), p(t))}{\partial(\mu, \nu)} d\mu d\nu \tag{C.47}$$

ここで，S_0 は変数の $q(t), p(t)$ から μ, ν 変換に伴って，面 $S(t)$ が変換された変数 μ, ν の積分範囲を指定する面である。

時刻 t のときの位相空間中の座標が $(q(t), p(t))$ だった粒子が無限小時間 δt 経過後 $(q(t + \delta t), p(t + \delta t))$ に位相空間中を移動したとすると，微小量の 1 次までの近似で，系のハミルトニアン H を用いて

$$q(t + \delta t) = q(t) + \dot{q}(t)\delta t = q(t) + \frac{\partial H(q(t), p(t), 0)}{\partial p(t)}\delta t \tag{C.48}$$

$$p(t + \delta t) = p(t) + \dot{p}(t)\delta t = p(t) - \frac{\partial H(q(t), p(t), 0)}{\partial q(t)}\delta t \tag{C.49}$$

の関係で互いに結ばれる。無限小時間間隔 δt 経過後の積分 $J(t + \delta t)$ と $J(t)$ の差分は δt の 1 次までで以下のように計算される。計算手続きの簡略化のため $q(t), p(t)$ を q, p と表記する。座標 q, p は μ, ν の関数であり，μ, ν は時間に依存せず，ハミルトニアン H は q, p, t の関数であることから μ, ν によるハミルトニアンの微分は以下のように計算される。

$$\frac{\partial H}{\partial \mu} = \frac{\partial q}{\partial \mu}\frac{\partial H}{\partial q} + \frac{\partial p}{\partial \mu}\frac{\partial H}{\partial p} \tag{C.50}$$

230 付録 C

$$\frac{\partial H}{\partial \nu} = \frac{\partial q}{\partial \nu}\frac{\partial H}{\partial q} + \frac{\partial p}{\partial \nu}\frac{\partial H}{\partial p} \tag{C.51}$$

これらを用いて J の時間経過による差分が δt の 1 次までの近似でゼロになることが示される。

$$
\begin{aligned}
&\Gamma(t+\delta t) - \Gamma(t)\\
&= \int_{S_0}\left[\frac{\partial(q(t+\delta t), p(t+\delta t))}{\partial(\mu,\nu)} - \frac{\partial(q(t),p(t))}{\partial(\mu,\nu)}\right]d\mu d\nu\\
&= \int_{S_0}\left[\left(\frac{\partial q}{\partial \mu} + \frac{\partial^2 H}{\partial\mu\partial p}\delta t\right)\left(\frac{\partial p}{\partial \nu} - \frac{\partial^2 H}{\partial\nu\partial q}\delta t\right)\right.\\
&\qquad \left. - \left(\frac{\partial q}{\partial \nu} + \frac{\partial^2 H}{\partial\nu\partial p}\delta t\right)\left(\frac{\partial p}{\partial \mu} - \frac{\partial^2 H}{\partial\mu\partial q}\delta t\right) - \left(\frac{\partial q}{\partial \mu}\frac{\partial p}{\partial \nu} - \frac{\partial q}{\partial \nu}\frac{\partial p}{\partial \mu}\right)\right]d\mu d\nu\\
&= \int_{S_0}\delta t\left[\frac{\partial p}{\partial \nu}\frac{\partial^2 H}{\partial\mu\partial p} - \frac{\partial q}{\partial \mu}\frac{\partial^2 H}{\partial\nu\partial q} - \frac{\partial p}{\partial \mu}\frac{\partial^2 H}{\partial\nu\partial p} + \frac{\partial q}{\partial \nu}\frac{\partial^2 H}{\partial\mu\partial q}\right]d\mu d\nu\\
&= \int_{S_0}\delta t\left[\frac{\partial p}{\partial \nu}\left(\frac{\partial q}{\partial \mu}\frac{\partial^2 H}{\partial q\partial p} + \frac{\partial p}{\partial \mu}\frac{\partial^2 H}{\partial^2 p}\right) - \frac{\partial q}{\partial \mu}\left(\frac{\partial q}{\partial \nu}\frac{\partial^2 H}{\partial^2 q} + \frac{\partial p}{\partial \nu}\frac{\partial^2 H}{\partial p\partial q}\right)\right.\\
&\qquad \left. - \frac{\partial p}{\partial \mu}\left(\frac{\partial q}{\partial \nu}\frac{\partial^2 H}{\partial q\partial p} + \frac{\partial p}{\partial \nu}\frac{\partial^2 H}{\partial^2 p}\right) + \frac{\partial q}{\partial \nu}\left(\frac{\partial q}{\partial \mu}\frac{\partial^2 H}{\partial^2 q} + \frac{\partial p}{\partial \mu}\frac{\partial^2 H}{\partial p\partial q}\right)\right]d\mu d\nu\\
&= 0 \tag{C.52}
\end{aligned}
$$

以上により，式 (C.18) で定義される積分量が不変量であることが示された。

上記の議論を自由度が f の場合に拡張する。仮想的な 2 次元ベクトル $\boldsymbol{qp} = \sum_{r=1}^{f}(p_r(t), 0)$，2 次元微小線素ベクトル $d\boldsymbol{qp} = \sum_{r=1}^{f}(dq_r(t), dp_r(t))$ を定義する。2 次元勾配ベクトルを $\boldsymbol{\nabla}_{qp}(t) = \sum_{r=1}^{f}\left(\frac{\partial}{\partial q_r(t)}, \frac{\partial}{\partial p_r(t)}\right)$ で定義する。相対積分不変量 (C.37) は，グリーンの定理により以下のように面積分に置き換えることができる。

$$\Gamma(t_1) = \int\int_{S(t_1)}\sum_{r=1}^{f}dq_r(t_1)dp_r(t_1) \tag{C.53}$$

ここで，2 次元曲面 $S(t_1)$ は閉曲線 $C(t_1)$ を縁とする 2 次元曲面である。任意

の 2 次元曲面は，2 つのパラメータによって表すことができる。ここでは，それらを μ, ν とする。一般化座標と正準運動量は μ, ν の関数として以下のように表現することができる。

$$q_r(t) = q_r(\mu, \nu, t) \tag{C.54}$$

$$p_r(t) = p_r(\mu, \nu, t) \tag{C.55}$$

面 $S(t)$ に対応する変数 μ, ν の積分範囲を指定する面を S_0 とする。面積分は以下のように変数 μ, ν による面積分に変換される。

$$\Gamma(t) = \int\int_{S_0} \sum_{r=1}^{f} \frac{\partial(q_r(t), p_r(t))}{\partial(\mu, \nu)} d\mu d\nu \tag{C.56}$$

ここで $\frac{\partial(q_r(t), p_r(t))}{\partial(\mu, \nu)}$ はヤコビアンである。微小時間経過後の $t + \delta t$ のときの一般化座標と正準運動量は以下のように与えられる。

$$q_r(t + \delta t) = q_r(t) + \dot{q}_r(t)\delta t = q_r(t) + \frac{\partial H}{\partial p_r(t)}\delta t \tag{C.57}$$

$$p_r(t + \delta t) = p_r(t) + \dot{p}_r(t)\delta t = p_r(t) - \frac{\partial H}{\partial q_r(t)}\delta t \tag{C.58}$$

微小時間 δt 経過後の積分 $\Gamma(t + \delta t)$ は

$$\Gamma(t + \delta t) = \int\int_{S_0} \sum_{r=1}^{f} \frac{\partial(q_r(t + \delta t), p_r(t + \delta t))}{\partial(\mu, \nu)} d\mu d\nu \tag{C.59}$$

となる。ハミルトニアンは $q_r(t), p_r(t)$ の関数なので，変数 μ, ν による微分には以下の式を用いる。

$$\frac{\partial}{\partial \mu} = \sum_{i=1}^{f} \left(\frac{\partial q_i(t)}{\partial \mu} \frac{\partial}{\partial q_i(t)} + \frac{\partial p_i(t)}{\partial \mu} \frac{\partial}{\partial p_i(t)} \right) \tag{C.60}$$

$$\frac{\partial}{\partial \nu} = \sum_{i=1}^{f} \left(\frac{\partial q_i(t)}{\partial \nu} \frac{\partial}{\partial q_i(t)} + \frac{\partial p_i(t)}{\partial \nu} \frac{\partial}{\partial p_i(t)} \right) \tag{C.61}$$

232 付録 C

関係式 (C.57)(C.58) を代入し，式 (C.60)(C.61) を用いると，微小量の 1 次まででで式 (C.59) のヤコビアンが式 (C.56) の中のヤコビアンと同じ，すなわち不変であることが証明できる。

$$
\begin{aligned}
&\sum_{r=1}^{f} \frac{\partial(q_r(t+\delta t), p_r(t+\delta t))}{\partial(\mu, \nu)} \\
&= \sum_{r=1}^{f} \left(\frac{\partial q_r(t+\delta t)}{\partial \mu} \frac{\partial p_r(t+\delta t)}{\partial \nu} - \frac{\partial p_r(t+\delta t)}{\partial \mu} \frac{\partial q_r(t+\delta t)}{\partial \nu} \right) \\
&= \sum_{r=1}^{f} \left(\frac{\partial q_r(t)}{\partial \mu} \frac{\partial p_r(t)}{\partial \nu} - \frac{\partial q_r(t)}{\partial \nu} \frac{\partial p_r(t)}{\partial \mu} \right) \\
&\quad + \delta t \sum_{r=1}^{f} \Bigg[\sum_{i=1}^{f} \left(\frac{\partial q_i(t)}{\partial \mu} \frac{\partial}{\partial q_i(t)} + \frac{\partial p_i(t)}{\partial \mu} \frac{\partial}{\partial p_i(t)} \right) \frac{\partial H}{\partial p_r(t)} \frac{\partial p_r(t)}{\partial \nu} \\
&\quad - \frac{\partial q_r(t)}{\partial \mu} \sum_{i=1}^{f} \left(\frac{\partial q_i(t)}{\partial \nu} \frac{\partial}{\partial q_i(t)} + \frac{\partial p_i(t)}{\partial \nu} \frac{\partial}{\partial p_i(t)} \right) \frac{\partial H}{\partial q_r(t)} \\
&\quad - \sum_{i=1}^{f} \left(\frac{\partial q_i(t)}{\partial \nu} \frac{\partial}{\partial q_i(t)} + \frac{\partial p_i(t)}{\partial \nu} \frac{\partial}{\partial p_i(t)} \frac{\partial q_r(t)}{\partial p_r(t)} \right) \frac{\partial H}{\partial p_r(t)} \\
&\quad + \frac{\partial q_r(t)}{\partial \nu} \sum_{i=1}^{f} \left(\frac{\partial q_i(t)}{\partial \mu} \frac{\partial}{\partial q_i(t)} + \frac{\partial p_i(t)}{\partial \mu} \frac{\partial}{\partial p_i(t)} \right) \frac{\partial H}{\partial q_r(t)} \Bigg] \\
&= \sum_{r=1}^{f} \left[\frac{\partial q_r(t)}{\partial \mu} \frac{\partial p_r(t)}{\partial \nu} - \frac{\partial p_r(t)}{\partial \mu} \frac{\partial q_r(t)}{\partial \nu} \right] \\
&= \frac{\partial(q_r(t), p_r(t))}{\partial(\mu, \nu)}
\end{aligned}
\tag{C.62}
$$

したがって，面積分 (C.59) は面積分 (C.56) と等しく，積分 (C.53) で定義される量が不変であることが示された。

C.2 アイコナール方程式の導出

　系の特徴的スケールに比べて，伝播する光の波長が十分短いとき，光の波動性を無視して 1 つの方向に進行する光線として扱うことができる。光の波動性を無視して光線の集まりとして扱う近似を幾何光学近似と呼ぶ。幾何光学近似における光の伝搬を記述する基礎方程式であるアイコナール方程式のマクスウェル方程式からの導出を行う。

　MKSA 単位系におけるマクスウェル方程式 (Maxwell equations) とは以下のものを言う。ただし，電荷や電流が存在しないとする。

$$\mathrm{rot}\, \boldsymbol{H} - \frac{\partial \boldsymbol{D}}{\partial t} = \boldsymbol{0} \tag{C.63}$$

$$\mathrm{rot}\, \boldsymbol{E} + \frac{\partial \boldsymbol{B}}{\partial t} = \boldsymbol{0} \tag{C.64}$$

$$\mathrm{div}\, \boldsymbol{D} = 0 \tag{C.65}$$

$$\mathrm{div}\, \boldsymbol{B} = 0 \tag{C.66}$$

ここで，$\boldsymbol{E}$ は電場ベクトルで電束密度ベクトル $\boldsymbol{D}$ と，$\boldsymbol{H}$ は磁気ベクトルで磁束密度ベクトル $\boldsymbol{B}$ と以下の関係で結ばれるとする。

$$\boldsymbol{D} = \epsilon \boldsymbol{E} \tag{C.67}$$

$$\boldsymbol{B} = \mu \boldsymbol{H} \tag{C.68}$$

ここで ϵ は誘電率，μ は透磁率であり，以下では空間座標には依存するが時間には依存しないとする。これらから光が伝搬する媒質の屈折率 n が以下のように定義される。

$$\frac{n}{c} = \sqrt{\epsilon \mu} \tag{C.69}$$

　真空での波長 λ_0，波数 $k_0 = 2\pi/\lambda_0$ で角振動数 ω の光の伝搬を扱う。角振動数と波数は，真空中を伝搬する光の速度 c を用いて $\omega = ck_0$ で結ばれる。以下では，時間に対する依存性が $\mathrm{e}^{-i\omega t}$ と書ける場合を扱う。空間依存性を，振幅と位相部分に分離して表すことで電場ベクトルと磁気ベクトルを以下のよう

234   付録 C

に表す。

$$E(\boldsymbol{r}, t) = \boldsymbol{e}(\boldsymbol{r})\mathrm{e}^{i\varphi(\boldsymbol{r}, \omega) - i\omega t} \tag{C.70}$$

$$H(\boldsymbol{r}, t) = \boldsymbol{h}(\boldsymbol{r})\mathrm{e}^{i\varphi(\boldsymbol{r}, \omega) - i\omega t} \tag{C.71}$$

指数に現れた φ が**アイコナール** (eikonal) である。光が伝搬する媒質の屈折率による効果も含んだ光学的光路長に該当する物理量である。光学的光路長は，真空中であれば，光が進行した物理的距離と等しい。屈折率 n が場所に依らず一様な媒質を光が伝搬する場合は，光が進んだ物理的距離を n 倍したものとなる。マクスウェル方程式に式 (C.70)(C.71) を代入することで以下の方程式を得る。

$$\frac{1}{ck_0}\operatorname{grad}\varphi \times \boldsymbol{h} + \epsilon\boldsymbol{e} = -\frac{1}{ik_0 c}\operatorname{rot}\boldsymbol{h} \tag{C.72}$$

$$\frac{1}{ck_0}\operatorname{grad}\varphi \times \boldsymbol{e} - \mu\boldsymbol{h} = -\frac{1}{ik_0 c}\operatorname{rot}\boldsymbol{e} \tag{C.73}$$

$$\frac{1}{k_0}\boldsymbol{e}\cdot\operatorname{grad}\varphi = -\frac{1}{ik_0}\left(\frac{1}{\epsilon}\operatorname{grad}\epsilon\cdot\boldsymbol{e} + \operatorname{div}\boldsymbol{e}\right) \tag{C.74}$$

$$\frac{1}{k_0}\boldsymbol{h}\cdot\operatorname{grad}\varphi = -\frac{1}{ik_0}\left(\frac{1}{\mu}\operatorname{grad}\mu\cdot\boldsymbol{h} + \operatorname{div}\boldsymbol{h}\right) \tag{C.75}$$

アイコナールの勾配は，光が伝搬する媒質中の波数ベクトルであり，その大きさは真空中の波数ベクトルの大きさに媒質の屈折率をかけたもの nk_0 である。したがって，左辺に現れた $\operatorname{grad}\varphi/k_0$ はオーダー 1 の有限な値をとる。一方，右辺は誘電率，透磁率，電場および磁場の振幅の空間偏微分に真空中の光の波長を掛けた形になっており，波長程度のスケールでの電場，磁場の振幅および誘電率，透磁率の変化量である。幾何光学近似の前提として，光の波長程度でのこれらの変化は無視できるほど小さいとしている。したがって，右辺は左辺に比べて十分小さく無視でき，以下の方程式に還元される。

$$\frac{1}{ck_0}\operatorname{grad}\varphi \times \boldsymbol{h} + \epsilon\boldsymbol{e} = \boldsymbol{0} \tag{C.76}$$

$$\frac{1}{ck_0}\operatorname{grad}\varphi \times \boldsymbol{e} - \mu\boldsymbol{h} = \boldsymbol{0} \tag{C.77}$$

$$\frac{1}{k_0} \, \boldsymbol{e} \cdot \operatorname{grad} \varphi = 0 \tag{C.78}$$

$$\frac{1}{k_0} \, \boldsymbol{h} \cdot \operatorname{grad} \varphi = 0 \tag{C.79}$$

式 (C.77) を用いて $\boldsymbol{h}$ を式 (C.76) から消去すると以下のアイコナールを決定する方程式を得る。

$$\frac{1}{c^2 k_0^2 \mu} \operatorname{grad} \varphi \, (\operatorname{grad} \varphi \cdot \boldsymbol{e}) - \frac{1}{c^2 k_0^2 \mu} \, \boldsymbol{e} \, (\operatorname{grad} \varphi)^2 + \epsilon \boldsymbol{e} = \boldsymbol{0}$$

$$\therefore (\operatorname{grad} \varphi(\boldsymbol{r}))^2 = k_0^2 n(\boldsymbol{r})^2 \tag{C.80}$$

ここで式 (C.78)(C.69) を用いた。方程式 (C.80) が**アイコナール方程式** (eikonal equation) である。真空中の分散関係式 $\omega = ck_0$ を用い，さらに左辺を陽に書くとアイコナール方程式は以下のようになる。

$$\left(\frac{\partial \varphi}{\partial x}\right)^2 + \left(\frac{\partial \varphi}{\partial y}\right)^2 + \left(\frac{\partial \varphi}{\partial z}\right)^2 = \left(\frac{\omega}{c}\right)^2 n(\boldsymbol{r})^2 \tag{C.81}$$

導出過程から分かるように幾何光学近似が成立する条件下でのみ適用できる。

参考文献

[1] 山本義隆，中村孔一 著『解析力学Ⅰ・Ⅱ（朝倉物理学大系）』朝倉書店 (1998)

[2] E. T. ホイッテーカー 著，多田政忠，薮下信 訳『解析力学 上，下』講談社 (1977)

[3] 原島　鮮 著『力学Ⅱ ─解析力学─』裳華房 (1973)

[4] H. ゴールドスタイン，C. P. ポール，J. L. サーフコ 著，矢野　忠，江沢康生，渕崎員弘 訳『古典力学 原著第 3 版 上・下』吉岡書店 (2006, 2009)

[5] V. I. アーノルド 著，安藤韶一，蟹江幸博，丹羽敏雄 訳『古典力学の数学的方法』岩波書店 (1981)

[6] C. ランチョス 著，高橋　康 監訳，一柳正和 訳『解析力学と変分原理』日刊工業新聞社 (1992)

[7] 高橋　康 著『量子力学を学ぶための解析力学入門』講談社 (1978)

[8] 須藤　靖 著『解析力学・量子論 第 2 版』東京大学出版会 (2019)

[9] 二間瀬敏史，綿村　哲 著『解析力学と相対論（現代物理学［基礎シリーズ]）』朝倉書店 (2010)

[10] 畑　浩之 著『解析力学（基幹講座物理学）』東京図書 (2014)

[11] L. D. ランダウ，E. M. リフシッツ 著，広重　徹，水戸　巌 訳『力学 増訂新版』東京図書 (1967)

[12] J. Binney, S. Tremaine "*Galactic Dynamics (Princeton Series Astrophysics)*" Princeton University Press (1987)

[13] L. D. ランダウ，E. M. リフシッツ 著，恒藤敏彦，広重　徹 訳『場の古典論 原著第 6 版』東京図書 (1978)

[14] M. ボルン，E. ウォルフ 著，草川　徹，横田英嗣 訳『光学の原理Ⅰ 原著第 5 版』東海大学出版会 (1974)

[15] 観山正見，野本憲一，二間瀬敏史 編『天体物理学の基礎Ⅱ（シリーズ現代の天文学）第 2 版』日本評論社 (2023)

[16] G. B. Rybicki, A. P. Lightman "*Radiative Processes in Astrophysics*" John Wiley & Sons, Inc. (1979)

[17] 永長直人 著『物性論における場の量子論』岩波書店 (1995)

[18] 古田　彩 著『ゲージ場の証拠を撮る』日経サイエンス 2011 年 11 月号 (2011)

[19] M. Hattori, J. -P. Kneib, N. Makino "*Gravitational Lensing in Clusters of Galaxies*" Prog. Theor. Phys. Suppl., Vol.133 (1999)

[20] 服部　誠 著『銀河団の重力レンズ現象』日本物理学会誌 Vol.55, No.7 (2000)

索 引

欧 字

sinc 関数　　69

あ 行

アイコナール　　14, 234
アイコナール方程式　　207, 235
アハラノフ-ボーム効果　　160
暗黒物質　　27

位相空間　　41
位相速度　　78
一般化座標　　41
一般化速度　　41

エイリアシング　　90
エテンデュ　　143, 176
エネルギー積分　　51
遠心力　　50
遠心力ポテンシャル　　51
エントロピー　　154

オイラーの定理　　151
オイラーの微分方程式　　3
オイラー-ラグランジュ方程式　　45

か 行

回折限界　　71
回折縞　　67
角距離　　70

角変数　　217
カシミール効果　　87
仮想変位　　63
カテナリー曲線　　11
ガリレイ変換　　46
ガリレオ衛星　　71
換算プランク定数　　28, 73
観測の不確定性関係　　72

幾何光学近似　　171
軌跡の変分　　21
軌道短半径　　205
軌道長半径　　205
ギブス自由エネルギー　　155
強磁性体　　154
強磁性転移　　154
強度　　176
銀河　　26
銀河団　　26

グリーンの定理　　228
クロネッカーのデルタ　　144
群速度　　82, 84

ゲージ変換　　159
ケプラーの第 3 法則　　203

光学的光路長　　12
光子　　13, 171

240 索 引

拘束力　62
恒等変換　127
コリオリ力　50

さ　行

サイクロイド　7
サイクロトロン振動数　185
サイクロトロン半径　186
最小作用の原理　43
作用積分　43
作用変数　177

磁化曲線　153
磁気双極子モーメント　152
磁気ベクトル　233
磁気ミラー効果　189
自発的対称性の破れ　114, 158
自明な解　78
ジャイロ半径　186
遮蔽振動数　80
重力レンズ効果　26
シュレーディンガー方程式　211
循環座標　100
常磁性体　154
衝突項　171

スカラーポテンシャル　139
スカラー量　15
ストークスの定理　228

正準運動方程式　116
正準運動量　96, 115
正準変換　124
正準変数　115

絶対積分不変式　218
摂動論　191

速度場のシアー　168
速度場の発散　167

た　行

ダランベールの原理　63
ダランベールの方程式　86
単原子分子·理想気体　181
断熱不変量　178
断熱変化　180

秩序パラメータ　157

ディスクリート変換　128
ディラック定数　28, 73
転回点　200
電磁場ポテンシャル　139
電束密度ベクトル　233

透磁率　233
ドップラー効果の公式　37
ド·ブロイ　73
ド·ブロイ仮説　73
ド·ブロイ波長　28

な　行

ナイキストのサンプリング定理　90
内部方程式　138

ネーターカレント　109
ネーターの定理　107

索引 241

は 行

ハイゼンベルグの不確定性関係　73
波群　82
ハミルトニアン　115
ハミルトンの運動方程式　116
ハミルトンの原理　43
ハミルトンの主関数　210
ハミルトンの特性関数　213
ハミルトン-ヤコビ方程式　208
パリティ変換　128
反磁性電流　186

非圧縮性流体　165
光が伝搬する媒質の屈折率　233
非分散性媒質　82
標本化定理　90
ビリアル定理　146, 149, 151

フェルマーの原理　12
プランク定数　28, 73, 198
分散関係式　78
分散性媒質　82
分布関数　170

ベクトルポテンシャル　139
ヘルムホルツ自由エネルギー　154
変分　2

ポアソン括弧式　129
ポアンカレの積分不変式　218

ポアンカレの相対積分不変量　196, 219
ホイヘンスの原理　17
母関数　124
ボルツマン定数　181
ボルツマン方程式　171

ま 行

マクスウェル方程式　138, 233

無限小変換の母関数　129
無衝突ボルツマン方程式　142, 170

モーペルテュイの原理　29

や 行

誘電率　233

ら 行

ラグランジアン　40
ラグランジュ形式　46
ラグランジュの未定乗数　9
ラグランジュの未定乗数法　8, 56
ラーモア半径　186

リウヴィルの定理　142
離心率　205
リー微分　105

ルジャンドル変換　114

著者紹介

服部 誠（はっとり　まこと）

1980 年	神奈川県立多摩高等学校　卒業
1984 年	東京都立大学理学部物理学科　卒業
1989 年	北海道大学大学院理学研究科博士課程　修了　理学博士
	理化学研究所基礎科学特別研究員，マックス・プランク研究所博士研究員，
	東北大学大学院理学研究科天文学専攻 助手・助教授を経て，
現　　在	東北大学大学院理学研究科天文学専攻 准教授
専　　門	宇宙創成期の観測的研究を目的としたミリ波観測装置開発，観測的宇宙論
共　　著	『天体物理学の基礎 II』第 2 版，日本評論社（2023）

解析力学入門
—天文学者の視点から—

Introduction to Analytical Mechanics
—From an Astronomer's Perspective—

2025 年 4 月 1 日　初版 1 刷発行

検印廃止

NDC 423.35

ISBN 978-4-320-03634-5

著　者　服部 誠　　ⓒ 2025

発行者　南條光章

発行所　**共立出版株式会社**

東京都文京区小日向 4-6-19
電話　03-3947-2511（代表）
郵便番号　112-0006
振替口座　00110-2-57035
www.kyoritsu-pub.co.jp

印　刷　藤原印刷

製　本　加藤製本

一般社団法人
自然科学書協会
会員

Printed in Japan

JCOPY ＜出版者著作権管理機構委託出版物＞

本書の無断複製は著作権法上での例外を除き禁じられています．複製される場合は，そのつど事前に，
出版者著作権管理機構（ＴＥＬ：03-5244-5088，ＦＡＸ：03-5244-5089，e-mail：info@jcopy.or.jp）の
許諾を得てください．